WARNING! 必ずお読みください

●本書掲載の情報は2021年5月10日現
ものであり、各種機能や操作方法、価格
様、WebサイトのURLなどは変更される
性があります。本書の内容はそれぞれ検証
た上で掲載していますが、すべての機種、
境での動作を保証するものではありません
本書では、Windows 10の画像を使用してい
ます。以上の内容をあらかじめご了承の上、す
べて自己責任にてご利用ください。

クラウド活用テクニック150

2021 Cloud Activate Manual 150 !!!!

2021年｜最新版!

CONTENTS

Chapter 1 記録

ページ

Chapter 2 収集

ページ Chapter 3 同期

ページ

Chapter 4 共有

ページ Chapter 5

おすすめクラウド集中講座

クラウドを活用すれば、仕事も趣味も10倍ラクになる!

クラウドを活用して快適で充実した生活環境を作る!

そもそも「クラウド」とはどのようなものなの?

現在では、すっかりPC環境に定着しつつある「クラウド」という言葉は、高速回線やスマートフォンの普及もあり、すっかりおなじみである。様々な意味で使われる「クラウド」だが、一般ユーザーにとって最も身近なのが、インターネットを経由して同期や共有など、さまざまなサービスが受けられるシステムのことだ。「Google」や「Dropbox」など、パソコンやスマートフォンを使っていれば、目にしたことがない人はいないだろう。

これらのサービスは、インターネット上のサーバ（クラウド）に情報を保存（同期）して、パソコンやスマートフォンからアクセスして利用する仕組みになっている。インターネットへ常時接続していれば、クラウドを利用していることを意識することなく利用できるのが大きな特徴だ。

クラウドの利点の一つは、サーバを通じて複数のコンピュータやスマホを簡単に結びつけられる点。アカウントを一つ取得すれば、自宅のパソコンと外出先のパソコン、スマートフォン、さらには友人や同僚のコンピュータを繋いで、いままで出来なかったような世界を体験することができる。

現在、多くのクラウドサービスが無料で提供されており、誰でも簡単に利用することができる。クラウドで、日々の生活をさらに効率化＆充実させよう！

テレワーク、在宅勤務には必須の超便利ツール!

このクラウドツールは、普段から在宅勤務やリモートワークが多い人には非常に便利である。自動的に会社のオフィスのPCとまったく同じ環境に同期でき、環境の違いを気にすることなくスムーズに会社の作業の続きが行えるのだ。また自宅のPCにMicrosoft Officeが入っていなくても、GoogleドライブのツールやOneDriveのOffice Onlineでかなりのレベルまで代用することが可能だ。

クラウドサービスの利用イメージ

インターネットへ接続した端末で、各クラウドサービスへ接続。ノートやスケジュールなどのクラウド対応アプリや、同期されたストレージを、ネット上のサーバを意識することなく自然に利用できる。作成した情報は、すべてクラウド側へ保存される。

2020年2月に発生した「新型コロナウィルス」のせいで在宅勤務を余儀なくされた方も多いと思うが、今からでも遅くないので便利なクラウド環境を準備して日々の作業を快適にしていこう。

クラウドを活用することで、多くのメリットが受けられる

クラウドを活用する 3つのメリット

1 情報を集約して一元的に管理・活用できる

スケジュール管理や仕事で使うファイルなど、日常的に扱う情報は、意識しないと色々な場所に散逸してしまい、いざという時に参照できなかったり、情報を取り出すのに時間がかかってしまう場合がある。

そのような情報をクラウドで一元管理すれば、パソコンやスマートフォンから、必要な情報を的確に取り出すことができる。

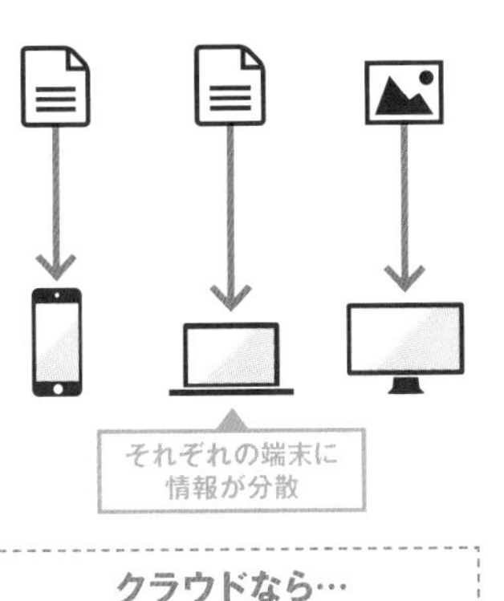

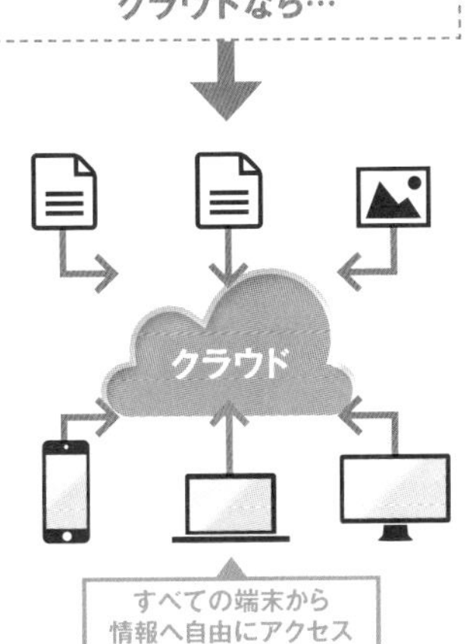

2 情報を安全に保存&スムーズに同期

クラウドでは、受け取った情報をインターネット上に保存するため、万が一パソコンがクラッシュしたりスマートフォンを紛失しても、データはバックアップされているため無事。このクラウド上のファイルは、接続したコンピュータと自動的に同期でき、どのコンピュータでデータを更新しても常にすべてのマシンで最新のデータを利用できる。

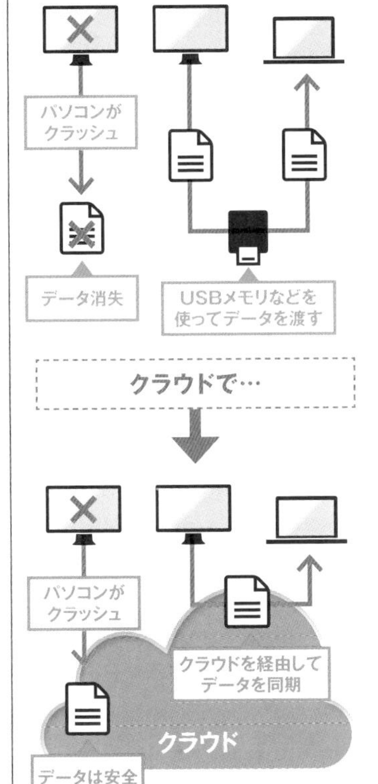

3 情報の共有を効率的に行える

一つの情報やファイルを共有しようとした時、通常はメールを使ったり、USBメモリなどを使って共有したいユーザーへ情報を渡すことになるが、ユーザー数が多いとこの方法は時間も手間も膨大にかかってしまう。

クラウドなら、サーバ上の情報を共有するだけで、必要なユーザーへ効率的に情報を伝達することができる。

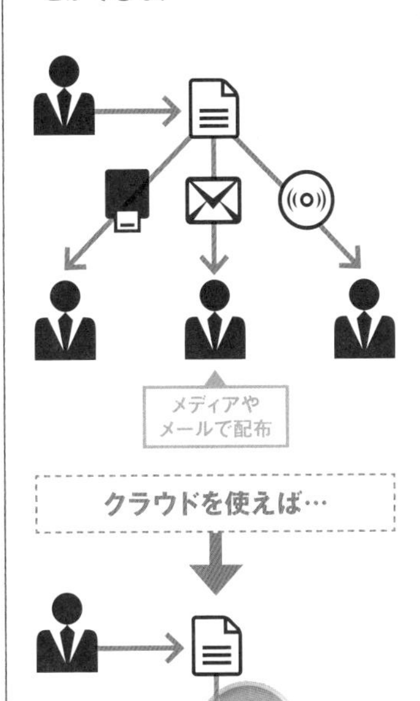

誰でも無料で使えるクラウドサービスの代表格

3大クラウドサービスの特徴

3つのサービスで クラウドの醍醐味を体験

現在、数多くのパーソナルクラウドサービスが提供されているが、その中でも多くのユーザーの支持を得ているのが、「Evernote」「Dropbox」「Googleサービス」の3つのサービスだ。

テキストや画像といった「生」のデータを中心に扱うEvernote、ファイルやフォルダといった「データ」を扱うDropbox。そして、メールやスケジュール、オフィス書類など幅広く「情報」を扱うGoogle……それぞれ全く異なる特徴を持ったサービスだが、使い勝手の良さや信頼性において、一歩抜けた存在と言えるだろう。また、OneDriveは、この3つのクラウドを融合させたようなサービスといえる。この3サービスを使いこなせば、現在個人が利用できるクラウドの世界を一通り体験することができるはずだ。

本書でも、この3サービスの活用法を中心に、クラウドの活用法を紹介している。まずはそれぞれの特徴を見ていこう。

メモ、写真、音声、ウェブ…あらゆる情報をクラウドへ集約させる究極のノートブック

Evernote

開発 ●Evernote Corporation
URL ●http://www.evernote.com/

メモや写真、ウェブなど、様々な情報を登録してクラウドへ同期するクラウドノートブック。気になった情報や、手書きのメモのような細かい情報も、クラウドへ集約することで一大データベースとして活用できる。

気になった情報はすべてクラウドノートへ放り込む

Evernoteは、クラウドと同期できるノートアプリ。買い物の備忘録やアイデア帳といった、ちょっとしたメモから、写真、音声メモ、Webサイトのクリッピングまで、あらゆる情報を「ノート」として登録し、クラウドへ同期させることができる。

スマホやタブレットからも利用できるので、自宅で収集した情報を外出先で利用したり、逆に外出先で撮影した写真やメモを自宅に帰ってから整理するなど、その使い方はさまざまだ。

最近人気の類似サービス「Notion」とは、使い方が重なる部分も多いので、今回は随所にNotionの解説も入れている。併せて参考にしていただければ幸いだ。

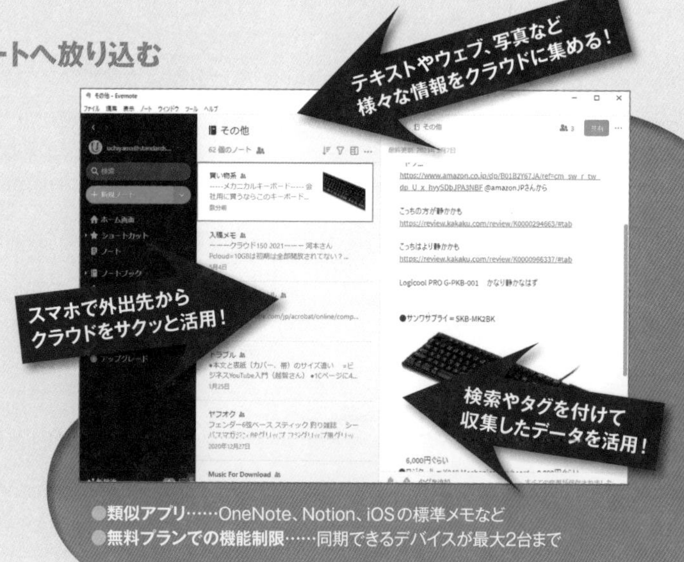

●類似アプリ……OneNote、Notion、iOSの標準メモなど
●無料プランでの機能制限……同期できるデバイスが最大2台まで

パソコンやスマートフォンのデータを自動的に同期してくれるクラウドストレージ

Dropbox

開発 ●Dropbox
URL ●http://www.dropbox.com/

大人気のクラウドストレージサービス。重要なデータのバックアップとして活用できるほか、複数マシンのデータ同期やファイル共有など、工夫次第で様々な活用法が考えられる。無料で2GBのスペースを利用できる。

●類似アプリ……Microsoft OneDrive、Box、テラクラウドなど
●無料プランでの機能制限……同期できるデバイスが最大3台まで

「入れるだけで同期」のシンプルさが魅力

無料で2GBの容量を利用できる、クラウド型のオンラインストレージサービス。設定しておいた同期フォルダにファイルを格納するだけで、データを自動的にクラウドへ同期。複数のパソコンにDropboxをインストールすれば、同期フォルダの内容を常に最新の状態にしてくれる。もちろん、スマートフォンにも対応しており、同期したデータを外出先から確認したり、スマートフォンから写真やファイルをアップロードすることも可能だ。

また、同期フォルダ内のファイルやフォルダを共有して、特定ユーザーや一般向けにファイルや写真を公開することも可能。ファイル転送サービス的な使い方もできる。

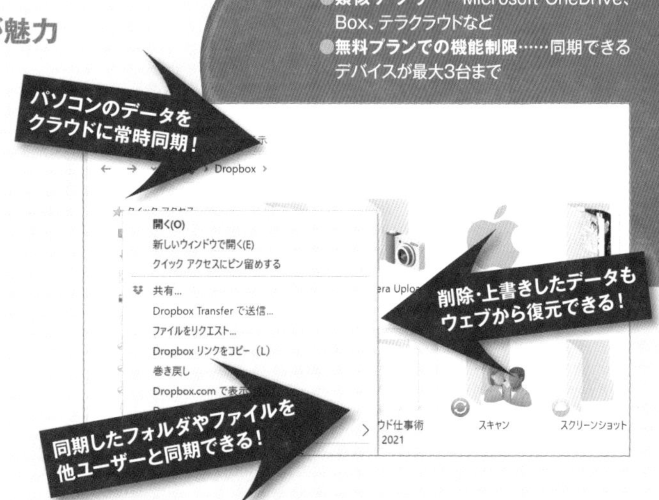

メールからドキュメント編集まで、多種多彩なクラウドサービスを提供

Google

開発 ●Google
URL ●http://www.google.com/

検索エンジンとして誰でも知っているGoogleは、様々なクラウドサービスも提供している。メールやスケジュール管理、オフィス書類を編集可能なドライブなど、多くのサービスをアカウント一つで利用することができるのが魅力。

●類似アプリ……Microsoft Office Online、Yahoo!など
●無料プランでの機能制限……特になし(ストレージはサービス全体で15GB)

「Gmail」など、魅力的なクラウドサービスが満載

Googleは、言わずとしれた検索エンジンの大手だが、それ以上にウェブベースのクラウドサービスに力を入れている。「ブラウザが使えれば、いつでもどこでも同じ環境を手に出来る」様々なサービスを提供している。

その中でも、もっともメジャーな存在がメールサービス「Gmail」。メッセージなどすべての情報をクラウドに保持することで、自宅でも外出先でも、パソコンでもスマートフォンでも、同じメール環境を利用できる。他にも、スケジュールを同期できる「Googleカレンダー」やクラウド上でドキュメントを編集・共有できる「Googleドライブ」など、魅力的なサービスを多数提供している。

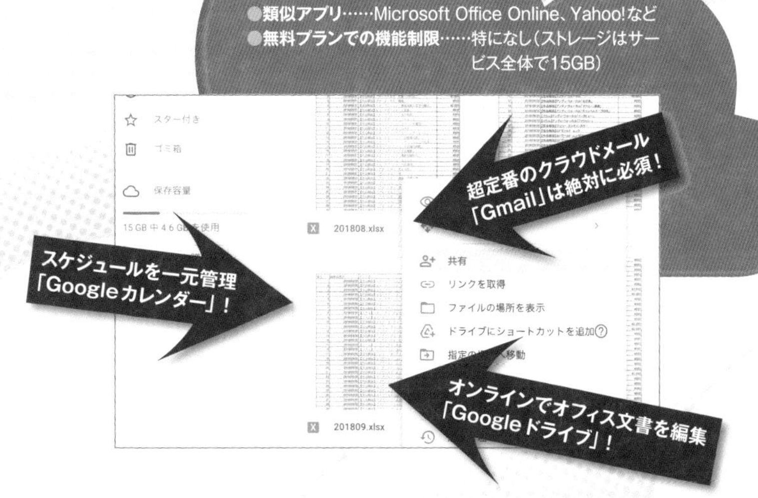

クラウドをシステマティックに使いこなそう!

クラウドサービスを活用するための4つのキーワード

1 記録

日常で起こる様々な出来事や、カメラで撮影したスナップ、会議の内容やスケジュールまで、日々発生するあらゆる情報は、クラウドに記録しておき活用できる。

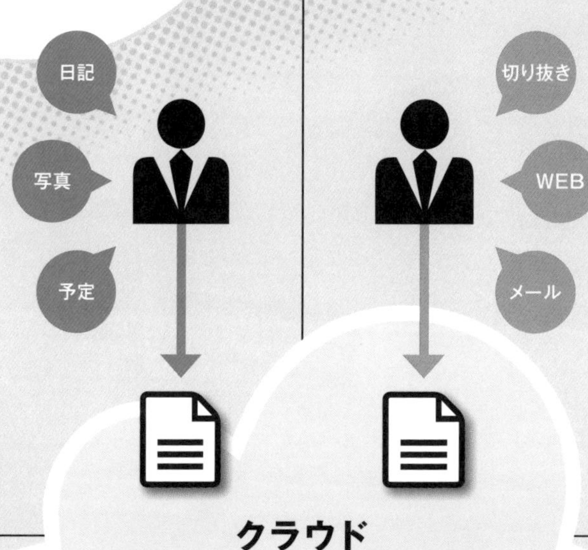

2 収集

ウェブで気になった記事や、興味のある事柄について調べた資料、雑誌の切り抜きからチラシまで、少しでも自分のアンテナに引っかかった情報は、すべてクラウドへ蓄積!

3 同期

重要なデータをクラウドへ同期させることで、データの紛失を防ぐことができる。また、データをクラウドへ同期しておけば、あらゆる手段でそのファイルや情報にアクセスできる。

4 共有

クラウドに保存された情報は、簡単な設定で他ユーザーと共有できる。撮影した写真を一般へ公開したり、1つの文書を共同で編集するなど、情報の活用の幅が一気に広がる。

一言で「クラウド」といっても、サービスによってその内容は様々。しかしその概念を考えると、クラウドの活用方法は「記録」「収集」「同期」「共有」の4つのキーワードに集約され、クラウドサービスの機能の多くをこれらに当てはめることができる。サービスを活用するうえで、この4つのキーワードを念頭に置くと「自分がクラウドで何をしたいか」が見えてくるだろう。根本的な部分が見えてきたら、そのあとは、各クラウドアプリを好みのものに変えたり、NotionやOneDriveなどの複合型サービスを検討するなど、より快適な環境を作っていこう。

クラウド活用テクニック

001-150

NEXT PAGE!!

CHAPTER 1

身の回りのあらゆる情報や、日々の行動をクラウドに**記録**する

日々の行動や、それに伴う情報はすべてクラウドに記録して蓄積しよう

私たちの日々の生活は、様々な情報を処理しながら営まれている。仕事や食事の予定があればスケジュール帳にその情報を書いておくし、打ち合わせや会議の内容を記録したり、友達の連絡先管理なども重要だ。外出時には訪れるお店の地図をプリントアウトして持って行く。移動中、ちょっとした近況や気になった情報はツイッターでつぶやくし、寝る前にはその日の出来事を日記に書いておく人もいるだろう。しかし、これらの情報はたいてい、その期限が経過するとすぐに捨てられ、忘れ去られてしまうことが多い。

そこで、日常のあらゆる情報を、クラウドに記録するようにしてみよう。これまで、手帳や日記帳、メモ帳などバラバラに管理されていた情報をクラウドに集中させることで、情報が散らばるのを防ぎ、過去の情報を蓄積して利用することができる。「あれ、どこにメモしたかなあ？」という事態も激減するはずだ。

001-037

- 思いついたことをその場ですぐにメモできる
- メモした内容をいつでもどこでも確認できる
- 買い物リストやToDoリストの管理に最適

001

EvernoteでPCと携帯端末のデータを同期する

ToDoリスト、個人情報、備忘録まであらゆるメモをEvernoteで一元管理

気になることをさらっとメモするのに便利なアプリといえばEvernote。クラウド上にメモを保存し、自宅のPCだけでなく、スマホや外出先のPCからでもメモを確認できる。自宅で買い物リストを作成して移動中にスマホでメモをチェックするといった使い方が効果的だ。

APP
Evernote

あらゆる端末に対応しているからどんな場所でもメモを確認できる

EvernoteはWindowsをはじめ、Mac OS X、iPhone、Androidなどあらゆる端末でクライアントが配布されており、異なる端末間でもメモ内容を素早く確認できるのが最大のメリットだ。買い物メモから緊急連絡先情報、日記までそのとき思いついたことを手近な端末で記録すれば、いつでもどこでもすぐに確認することが可能。もうプリントアウトや、メール転送をする必要はない。

PCでノートを記録、同期、外出先のPCやモバイルで参照

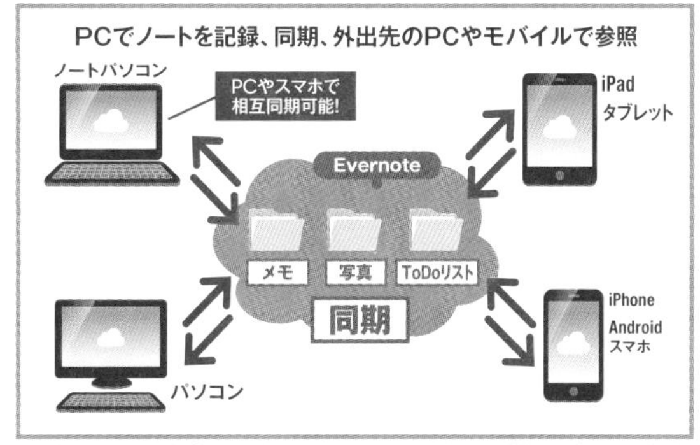

※現在、Evernoteは無料プランでは2台しか同期できないことに注意しよう。対策はある(67ページ参照)。

PCと携帯端末のEvernoteデータを同期してみよう

PC上で買い物をリストを作成して外出先でスマホで確認する

PCで作成しておいたEvernoteのメモを携帯端末で同期してみよう。PCからEvernoteを利用するには、公式サイトにアクセスしてクライアントアプリをダウンロードしよう。スマホから利用する場合はiPhoneであればApp Storeから、AndroidであればPlayストアからクライアントをダウンロードしよう。なおEvernote公式ページからブラウザ経由で利用することも可能だ。

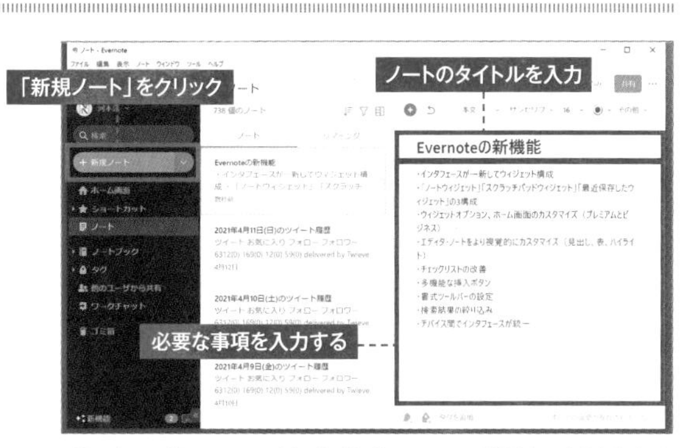

1 PC版Evernoteを起動。サイドメニューの「新規ノート」をクリックしよう。新規ノートが作成されるので、タイトルと本文を入力しよう。

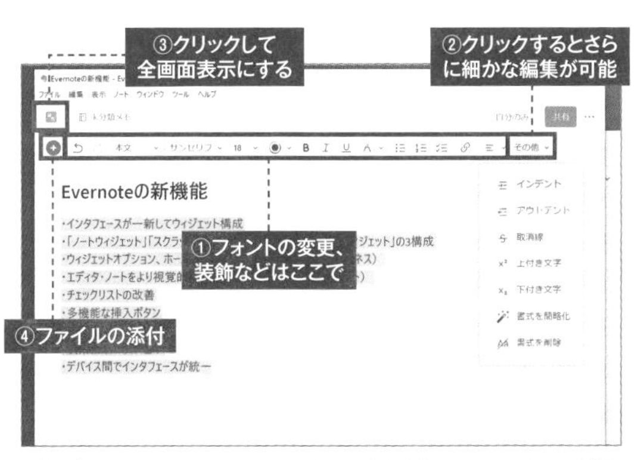

2 ノートではフォントや大きさ変更や文字装飾、またファイルの添付などが可能。ノートを全画面表示すれば入力しやすくなる。

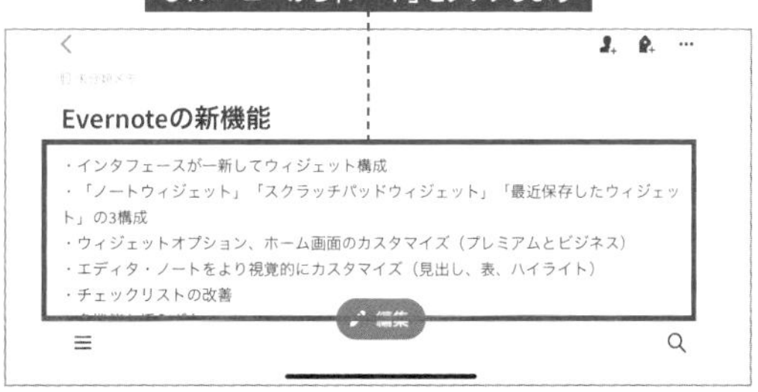

3 PCで作成したノートをiPhoneで確認するにはEvernoteのiPhoneアプリをインストールして、取得したEvernoteのアカウントでログインしよう。

Notionでやるなら!

- PCでもスマホでもすぐにメモを作成できる
- 買い物リストやToDoリストなど多彩な目的に利用できる
- 画面やインターフェースがきれいでスマート!

簡単なメモにも、詳細なリストにも、どちらにも使える!

多彩なメモ管理には人気の「Notion」もおすすめ!

APP

Notion

永らくの間、メモアプリといえばEvernoteが最も有名でユーザーも多かったが、ここに来て非常に人気を集めているのが「Notion」というアプリだ。Evernoteと同等(以上!?)の機能を持ちながら、自由に細部をカスタマイズできるのが強みで、自分好みのノートに仕上げることができる!

あらゆる機種で、いつでもどこでもメモの作成、確認ができる!

Notionは、Evernoteと同様に、Windowsをはじめ、Mac、iOS、Androidなどあらゆる端末でアプリが使え、どの機種でもメモの作成、編集、確認が可能だ。また、ブラウザで気軽に利用することもできる。

タスク管理やスケジュール、データベースなど、確固たる目的にために利用する人が多いNotionだが、買い物リストや日常的なメモだけの使用でもまったく問題ない。なお、Notionの基本は、122ページで解説している。

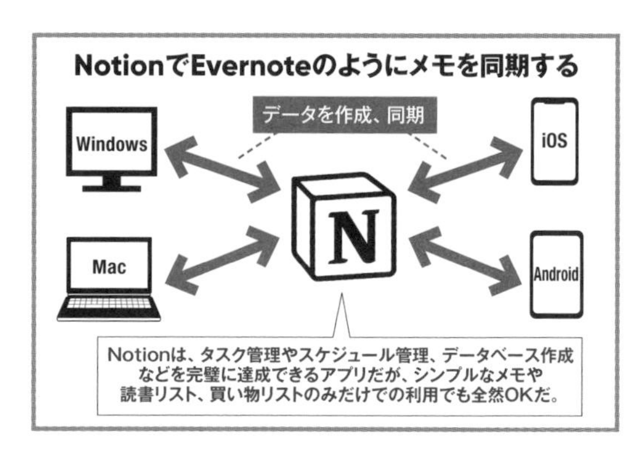

リストを作成してiPhoneと同期してみよう

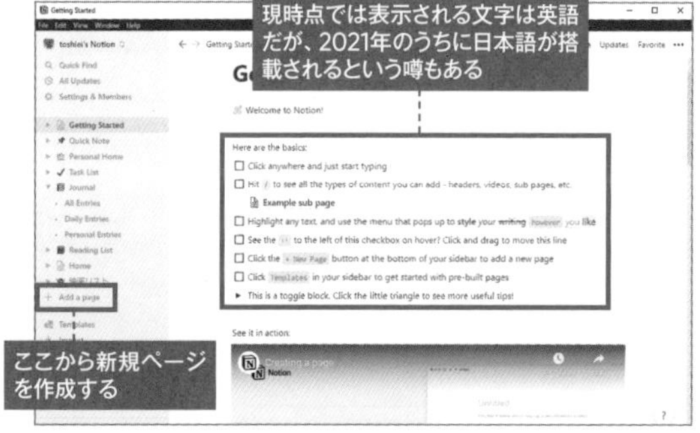

1 アプリをインストールしたら、ログイン(GoogleやAppleのIDでも可能)しよう。サイドバーにさまざまなメニューが現れるが、新規ページは「+Add a Page」から作成できる。

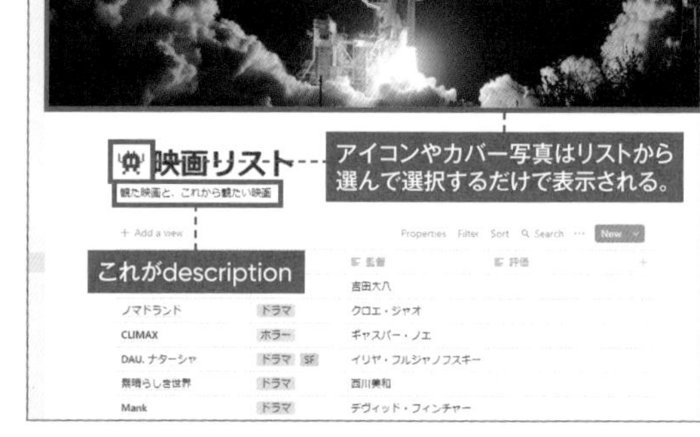

2 ここでは、「映画リスト」を作成してみた。タイトル、ジャンル、監督名などを入れてみた。アイコンやカバー写真、descriptionを入れることで俄然ノートが魅力的に見える。

3 リストの項目別に並べ替えができるのが便利で、膨大なリストになっても目的のものを探しやすい。タグは複数付与することができる。

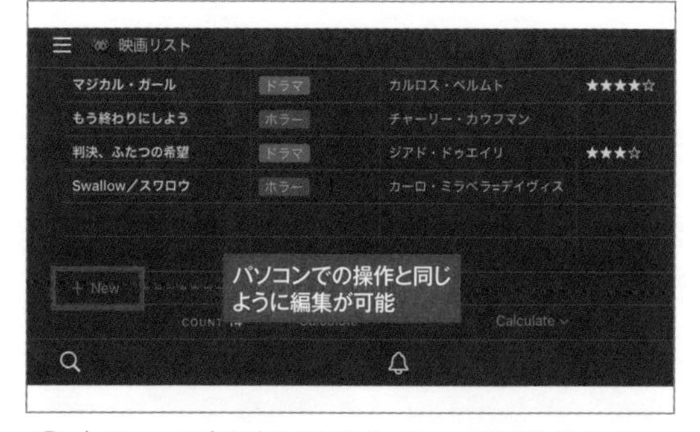

4 iPhoneアプリで表示させてみた。iPhoneでも共通インターフェースのまま、閲覧、編集ができる。Evernoteより、スマートな画面が作りやすいのがポイントだ。

- ▶ 外出先で気になることを素早くメモする
- ▶ 携帯端末の入力が苦手な人でも素早く入力
- ▶ 写真や音声入力で記録できる

002

スマホ版Evernoteの独自の機能を使いこなそう

外出先で思いついたアイデアを スマホでメモして自宅で整理

外出先で思いついたアイデアを忘れずメモしたいときはスマホ版Evernoteでサクッとメモしよう。クラウド経由で自宅のPCとノートを同期したあと、PC版Evernoteの多彩な編集機能でノートを整理・分類していこう。

APP
Evernote

撮影した写真やボイスレコーダーでの音声記録もメモできる

スマホ版Evernoteには、カメラで撮影した写真やボイスレコーダーで録音した音声をクラウドへ保存できるなど、携帯端末ならではの機能が搭載されている。ショッピング中に気になった商品や告知ポスターなど、言葉でメモするのが面倒な内容はカメラで撮影すると楽になる。またキータッチが遅い人はボイスレコーダーで、口頭で素早く記録することもできる。

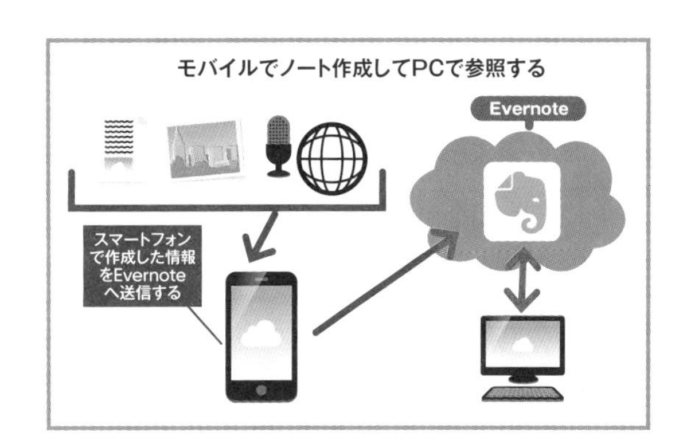

スマホで気になるものを撮影してPCへ送ろう

「カメラ」をタップして撮影

挿入
カメラ
添付ファイル
画像
リンク
表
区切り線
音声
チェックボックス
コードブロック

1 Evernoteのカメラで撮影する場合はメニュー画面で追加して「カメラ」をタップしてカメラ撮影しよう。

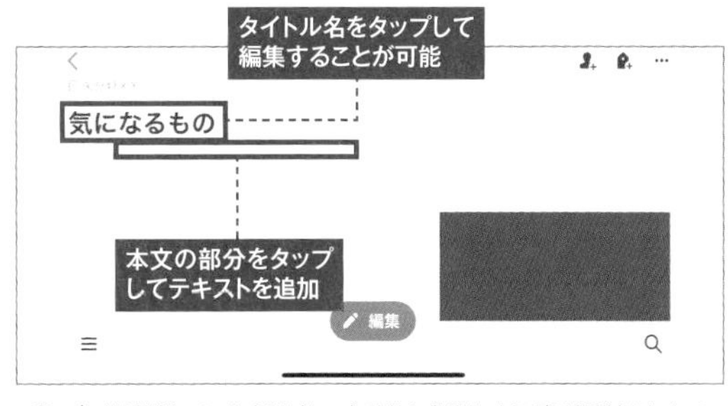

2 撮影後にノートを開くと、自動的に撮影した写真が添付されたノートが作成されている。タイトルは付けられていないので、「題名」をタップしてタイトルを入力しよう。

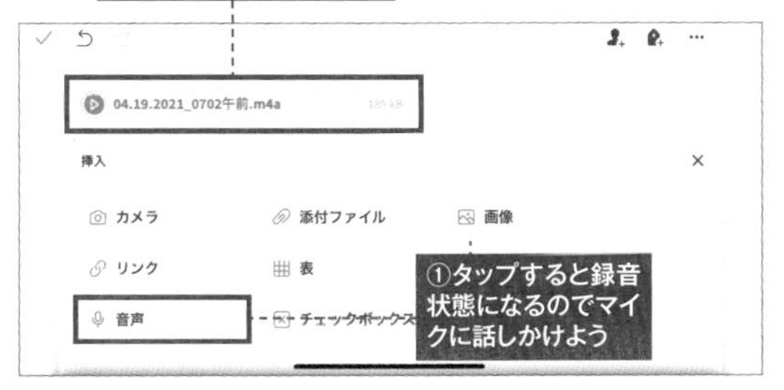

3 ボイスレコーダーを使って音声メモを作成する場合はメニューの「音声」をタップして録音しよう。

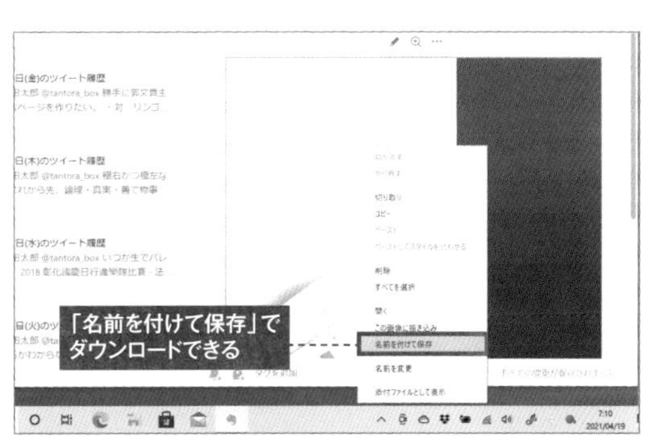

4 PC版Evernoteを起動すると、作成した写真やボイスメッセージ付きのノートが同期される。ノートに添付されたファイルは右クリックメニューの「名前を付けて保存」からダウンロードできる。

上級

003

パスワードやカード番号は隠せば安全

漏れると大変になる大切な個人情報を含んだメモは必ず暗号化する

APP
Evernote

Evernoteにログイン情報や暗証番号など個人情報を記録している場合はセキリティ面に注意したい。万が一の流出に備えて重要な箇所は暗号化しておこう。Evernoteのノートでは、指定した箇所を伏字状態にすることができる。

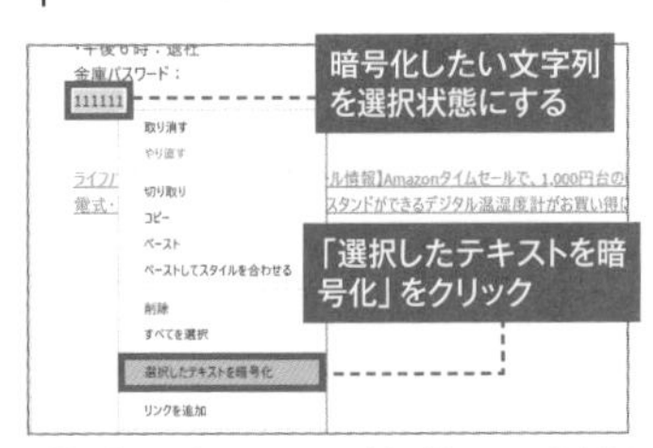

1 PC版Evernoteを起動してノートを開く。暗号化する部分を選択して右クリックメニューから「選択したテキストを暗号化」を選択。

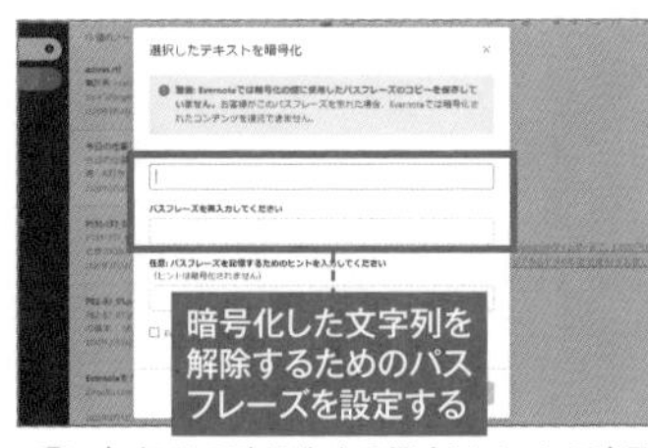

2 初めて暗号化する場合はノートの暗号化設定画面が現れる。暗号化を解除する際のパスフレーズを設定しよう。

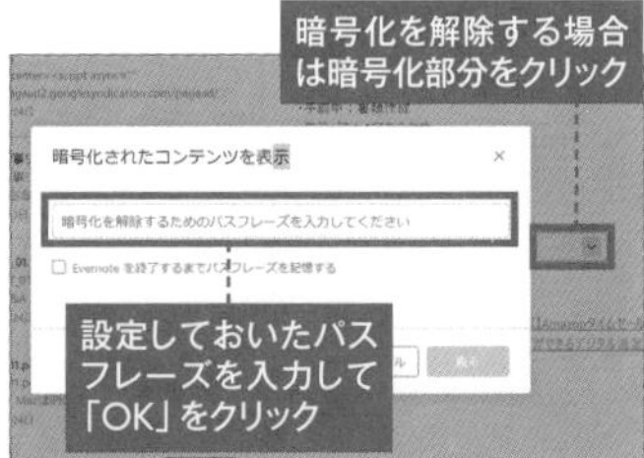

3 暗号化した文字列を解除するには、クリックすると現れるノートの暗号化解除画面で、設定したパスフレーズを入力すればよい。

上級

004

関連性のあるノートは「ノートリンク」機能で繋ごう

企画書の目次作りに便利 ワンクリックで他のノートに移動する方法

APP
Evernote

Evernoteに投稿したノートの中で、関連のあるノート同士をつなげて整理したいときは「ノートリンク」機能を使おう。ノートにEvernote独自のURLが生成され、ワンクリックでそのノートに移動できるようになる。目次を作るときに便利だ。

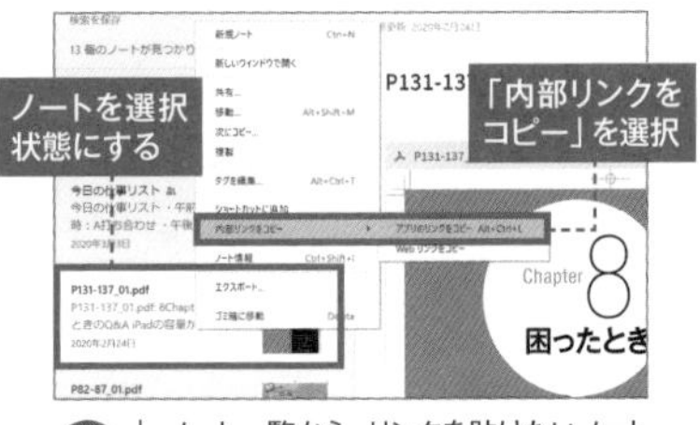

1 ノート一覧から、リンクを貼りたいノートを選択して右クリック。「内部リンクをコピー」を実行すると、クリップボードにノートリンク(evernote:/// ~)がコピーされる。

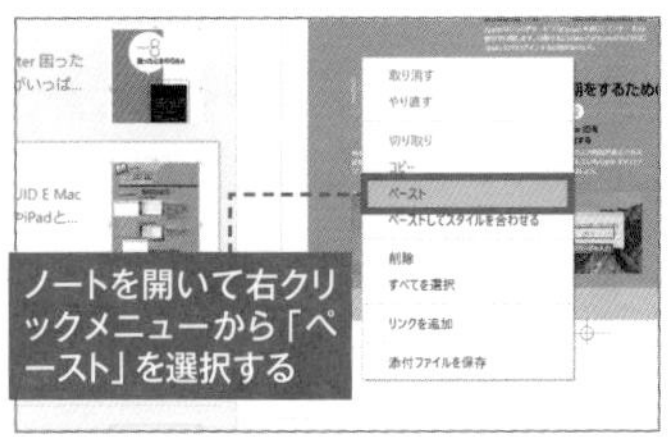

2 リンクを貼りたいノートを開き、リンクを設定する場所でペーストすると、リンクが作成される。作成されたリンクをクリックすると、リンク先のノートへ移動する。

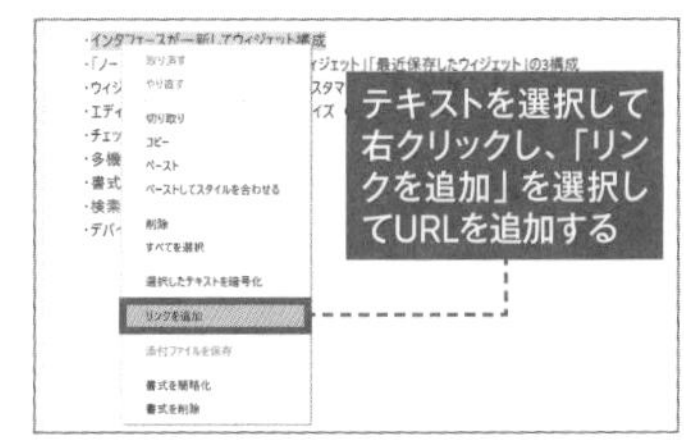

3 テキストにリンクを貼ることもできる。テキストを選択して右クリックし「リンクを追加」を選択、表示されるフォームにURLをペーストしよう。

005

ノートのタイトルは内容の要約をつけよう

ノートタイトルは具体的に書こう あとで探すときに便利になる

APP
Evernote

Evernoteのノートタイトルはあとで検索するときにかなり重要な要素となる。具体的なキーワードを使ってノート内容を要約するものを付けておくと、後で探すのが楽になる。また、関連のある画像を貼り付けておくとビジュアル的に目的のノートが探せるようになる。

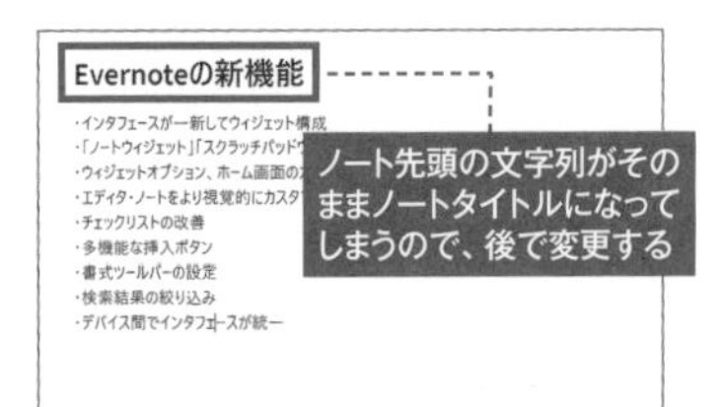

1 標準設定では、ノートの先頭部分が自動的にノートタイトルになるので、この部分を後で内容に合わせて書き換える必要がある。

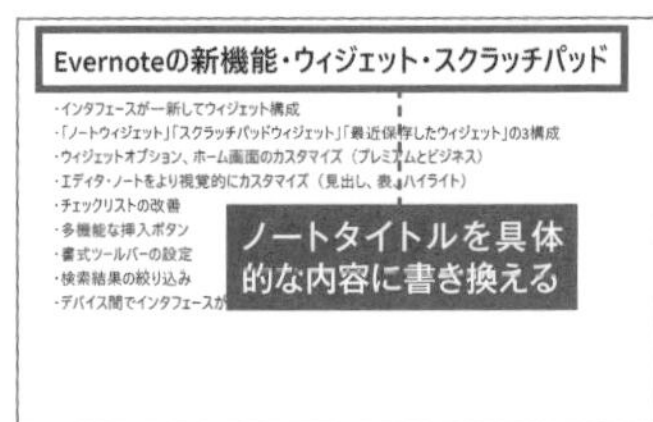

2 内容を書き終わったら、内容にあわせて分かりやすいノートタイトルに変更しよう。

3 ほかにノートリストを見たときに一目で分かるようにする方法として、関連画像を添付しておくと分かりやすくなる。

こんな用途に最適！
▶ 大切なアポを忘れないようにしたい
▶ 常に目に留めておきたいノートを管理
▶ 指定した時間にノート内容を通知したい

006

仕事の予定やToDoをクラウドでいつでも管理

ミーティングやアポなど忘れるとまずい予定はリマインダーで通知する

Evernoteはタスク管理アプリとしても使える。忘れてはいけない会議やアポイントメントをメモしたノートは、リマインダー機能を有効にしておこう。通常のノートより目立つように表示したり、指定した時刻に通知してくれるようになる。

APP
Evernote

リマインダーを有効にすればアプリ上部に常時表示

期日が気になるノートや、忘れず日頃から目に留めておきたいノートはリマインダー機能を有効にしておくのが鉄則だ。リマインダーを付けたノートは、中央のノートリスト上部にある「リマインダー」タブに追加され指定した時刻になると通知してくれる。タスクが済み、実行済みにすればリマインダーリストから消去できる。

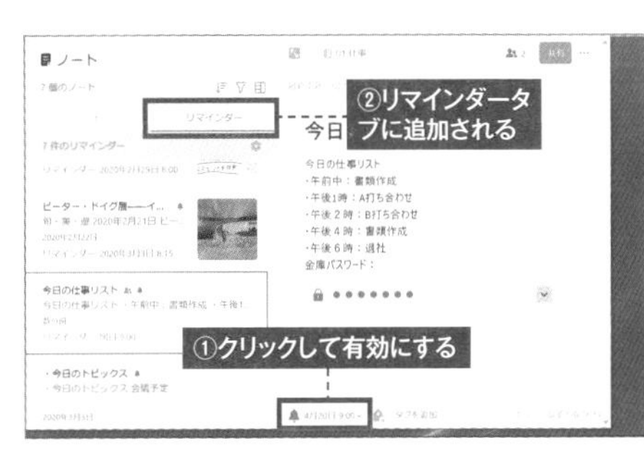

リマインダー設定を有効にするにはノート下部のリマインダーボタンをクリック。すると中央のノートリスト上部にある「リマインダー」タブにノートが追加され、目が届きやすくなる。

リマインダーに期日を設定して通知させる

デスクトップやスマホのロック画面で通知させる

リマインダーを有効にすると、指定した時刻にデスクトップ上でポップアップしてノート内容を通知させることができる。大事なミーティングや締切日が記載されたノートは通知設定をしておこう。またスマホにEvernoteアプリをインストールしておけば、リマインダーで設定した時間にロック画面で通知してくれる。さらに指定したメールアドレスに通知メールを送ることも可能だ。

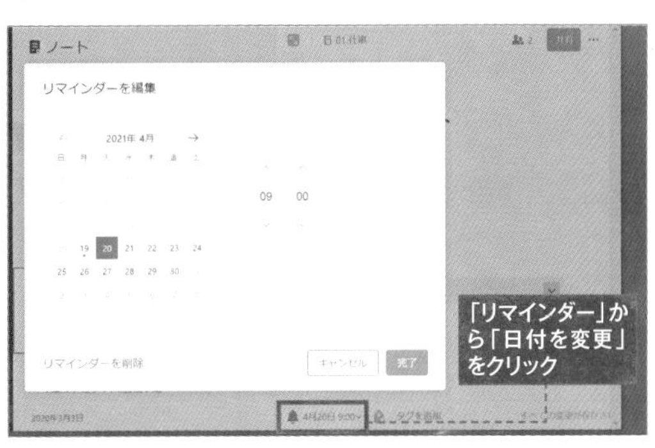

1 期日設定をするには、リマインダーを選択して「リマインダーを編集」を選択して表示されるカレンダーから日付を指定する。

2 リマインダー設定したノートは、iPhoneではタイトル下に日付が表示されるので分かりやすい。

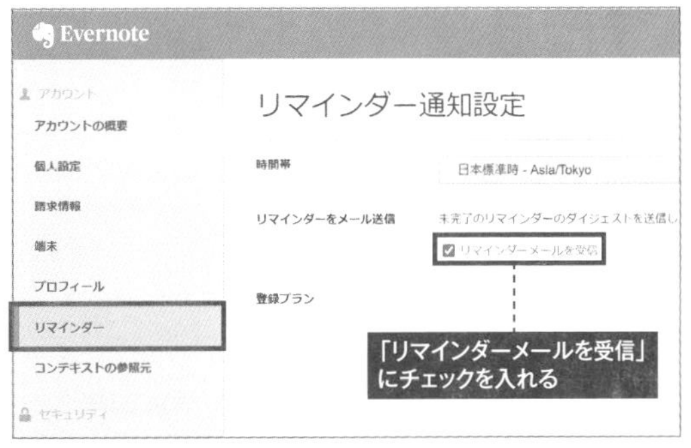

3 リマインダーをメール通知する場合、「ツール」メニューの「アカウント情報」→「リマインダー」画面でメール通知を有効にしておこう。

007

忘れ物防止に便利なチェックボックス

ToDoリストや持ち物一覧をリストアップするときに便利なチェックリスト

APP
Evernote

今日すべき仕事や出張時の持ち物一覧などを管理するときに便利なのがチェックリスト機能。Evernoteでは入力する項目の横にチェックボックスを設置して、チェックを付けることができる。各タスクの進捗状況が管理しやすくなるだろう。

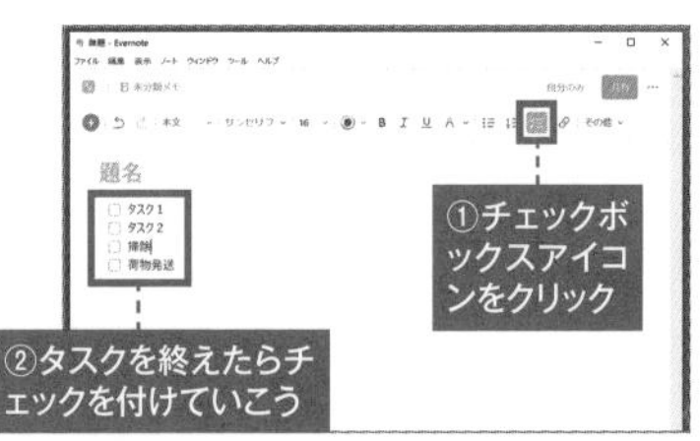

1 ノート作成画面でツールバーにあるチェックボックスをクリック。チェックボックスが追加されるのでリストを入力しよう。改行すると自動でチェックリストが追加される。

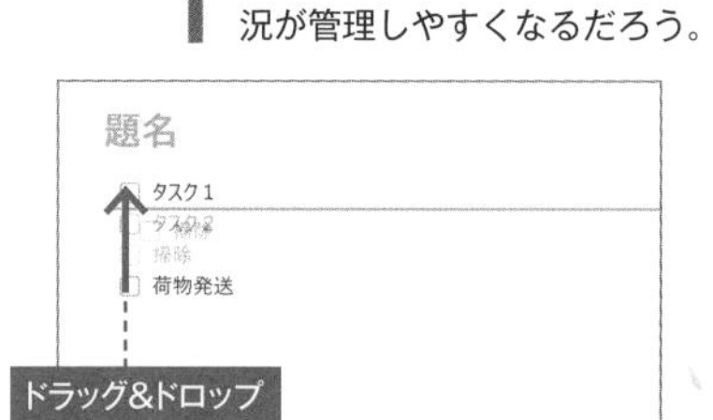

2 最新版ではチェックリストをドラッグ&ドロップで順番を入れ替えることができる。

検索結果
todo:*
検索ボックスに「todo:*」と入力する

3 検索で「todo:*」と入力するとチェックボックスを含むノートを一覧表示してくれる。「todo:false」と入力するとチェックの入っていないノートのみを表示してくれる。

008

すっきりとデータを整理できる表組み機能

エクセルライクな表をEvernoteで作ってデータを整理する

APP
Evernote

エクセルのような表データをEvernoteで管理したいときは表機能を利用しよう。行と列、表の幅を指定するだけで簡単にノート内に表を作成できる。作成後に行数や列数をカスタマイズしたり、表の中にさらに表を追加したりすることが可能だ。

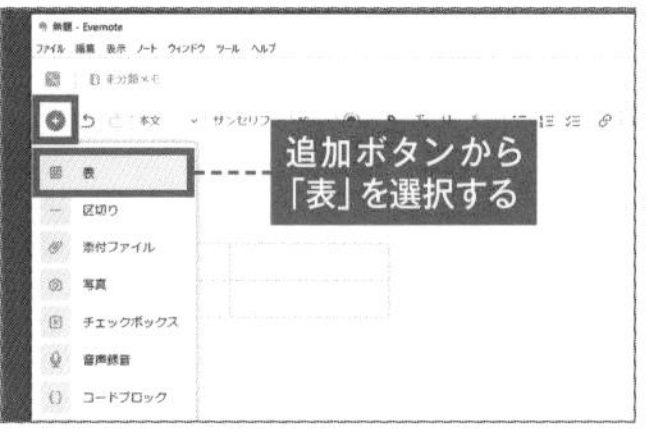

1 表を追加するにはノート左上の追加ボタンをクリックして「表」を選択。ノートに表が追加される。

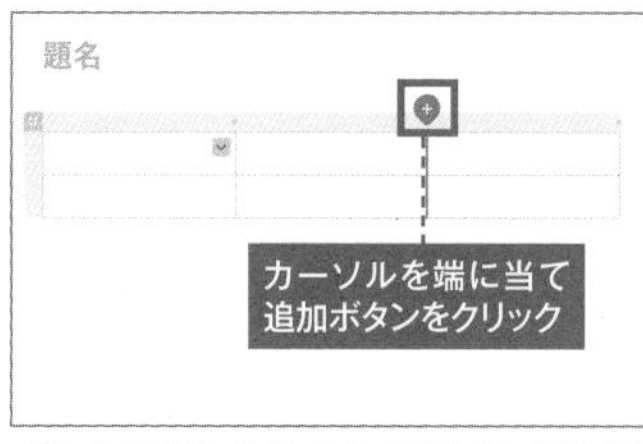

2 表が作成されるので各セルに情報を入力していこう。行や列を追加する場合は、追加する場所の表の隅にカーソルを当てる。追加ボタンが表示されるのでクリックしよう。

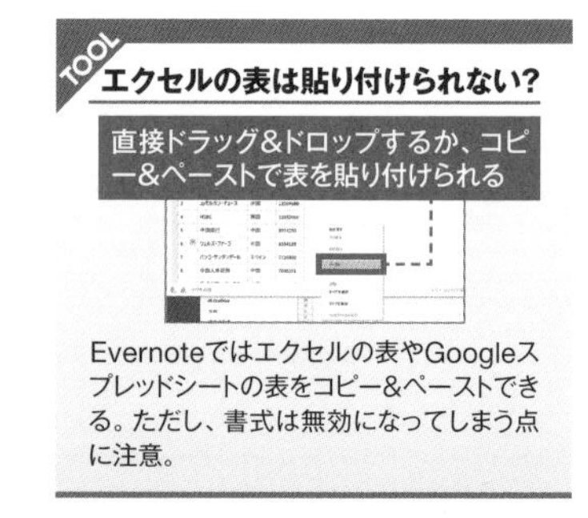

TOOL

エクセルの表は貼り付けられない?

直接ドラッグ&ドロップするか、コピー&ペーストで表を貼り付けられる

Evernoteではエクセルの表やGoogleスプレッドシートの表をコピー&ペーストできる。ただし、書式は無効になってしまう点に注意。

豆テク

009

リマインダーを別の目的に使う

リマインダーをお気に入り代わりに利用する

APP
Evernote

よく使うノートはショートカットに登録しておけばよいが、ショートカットはタイトルしか表示されず内容が分かりづらい。視覚的によく使うノートにアクセスしたいならリマインダーに登録しておこう。リマインダー画面ではノートリストと同じく、添付ファイルやリンク先のページをサムネイルで表示してくれる。

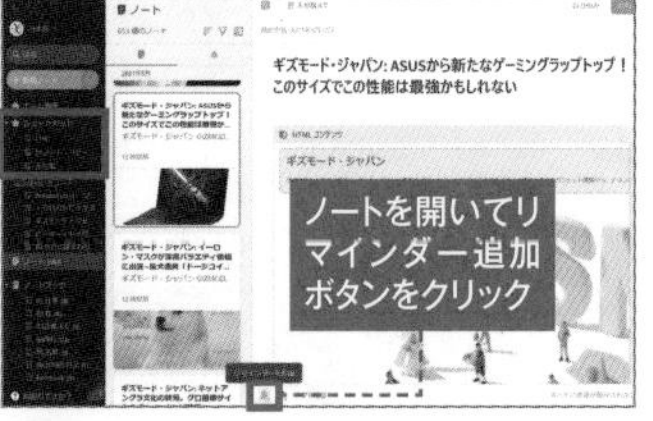

1 ショートカットだとタイトルしか表示されず内容がわかりづらい。そこで、お気に入りのノートはリマインダーに登録しよう。

2 リマインダー設定画面では、「日時指定なし」を指定しておこう。

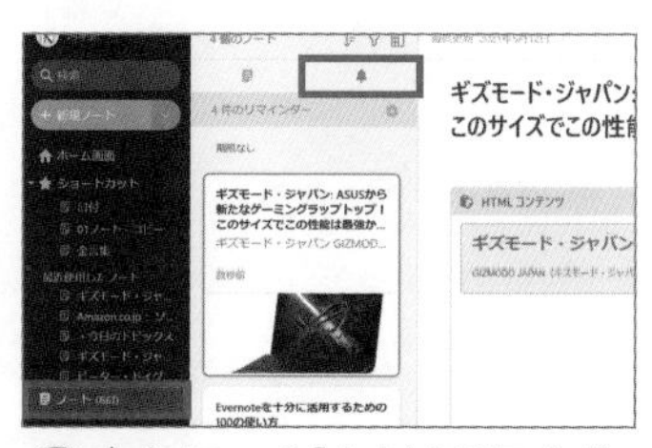

3 左メニューの「ノート」からリマインダータブを開こう。リマインダーリストならノートリストと同じく添付画像が表示され内容がわかりやすい。

こんな用途に最適！
- ▶ 紙情報を素早く記録したい
- ▶ 名刺を管理したい
- ▶ スキャナーを持っていないときに代用したい

010

手書きメモや名刺はスマホのカメラで取り込む

仕事の資料やクライアントの名刺はカメラで撮影してペーパーレス保存しよう

毎日溜まっていく膨大な仕事の資料やクライアントの名刺を管理するのは面倒。紙の資料はすべてデジタル化してEvernoteに放り込んでしまおう。モバイル版Evernoteのカメラで撮影すれば、Evernoteに自動保存が可能。紙の内容に合わせてトリミングもしてくれる。

APP
Evernote

紙の内容に合わせて撮影できる便利なドキュメントカメラ

モバイル版Evernoteの撮影機能は豊富。自動的に書類の輪郭を検出して、周囲の余白を削除したり、紙のゆがみを補正して取り込むことができる。影ができても自動で明るさやコントラストを最適な形で調整することが可能だ。また撮影する紙の種類に応じて自動的に最適な形で情報を取り込むことができ、たとえば名刺を撮影すると、写真と一緒に名前や住所、電話番号など文字情報をインポートすることが可能だ。

一目でわかるEvernoteのカメラ機能

❶フラッシュのオン・オフ
❷撮影した写真一覧
複数の書類を連続して撮影する場合は保存
❸編集ボタン
❹自動モード・手動モード切り替え

自動モードを有効にすると、写真、文書、カラー文書、ポスト・イット・ノート・名刺など紙の種類に応じて最適化した形で取り込むことができる。

❺撮影ボタン

レシートの保存や名刺の保存はEvernoteを使おう

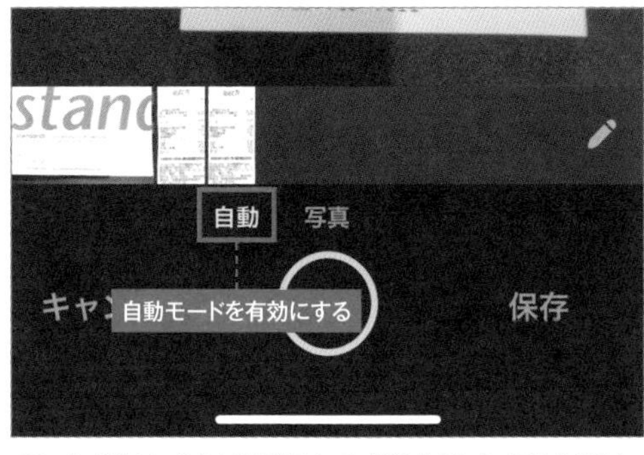

1 自動モードを有効状態にして、撮影対象にカメラを向けると、自動で紙の輪郭を検出して撮影してくれる。

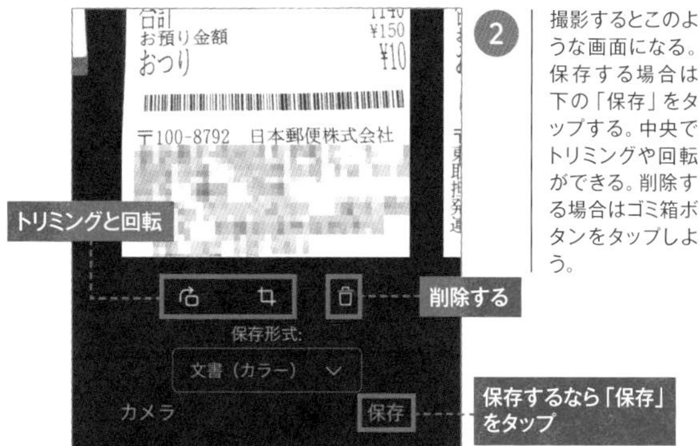

2 撮影するとこのような画面になる。保存する場合は下の「保存」をタップする。中央でトリミングや回転ができる。削除する場合はゴミ箱ボタンをタップしよう。

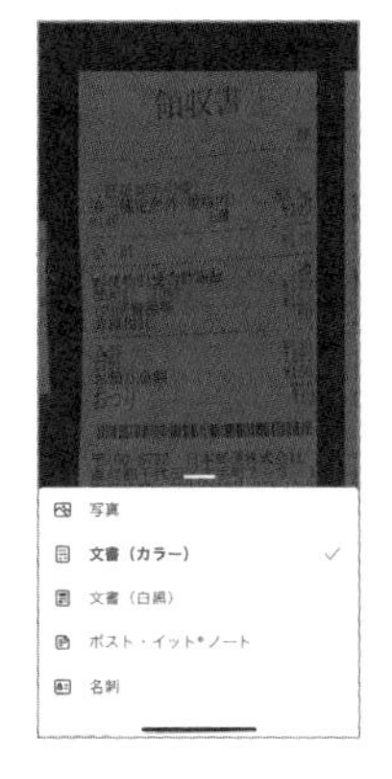

3 手順2の画面で中央にある「保存形式」から取り込み形式を変更できる。トリミングなしで保存するなら「写真」に変更しよう。

4 自動モードで名刺を撮影した場合は、このように紙面上の名前や住所などの文字情報も一緒に取り込むことが可能。間違っている箇所は修正もできる。

011

Googleマップで調べた位置情報をメモしておこう

出張先などを事前にチェックして Googleマップ情報を保存しておく

APP Evernote

Googleマップで出張先や宿泊先の場所をチェックした際は、地図や住所情報をEvernoteに保存しておくと便利。PCのGoogleマップで目的の場所を開いたら、メニューを開き「共有」ボタンをクリックする。表示される共有リンクのURLをEvernoteにコピーしよう。そのURLをタップすると目的の地図をすぐに開くことができる。

1 Googleマップで対象の地図情報を開いたら、メニューを開き、「共有」ボタンをクリックする。

2 共有画面が表示される。「リンクをコピー」をクリックすると地図情報のURLがクリップボードにコピーされる。

3 Evernoteを起動してコピーしたURLをペーストしよう。このリンクをクリックするとGoogleマップが開き目的の場所を表示してくれる。

012

Evernoteのスケッチ機能を使って手描きメモをノートに保存する

簡単な案内図や指示図を素早く作成するなら スマホ版アプリを使おう

APP Evernote

簡単な地図や指示図などの手描きメモを作成したいときはスマホ版Evernoteのスケッチ機能を使おう。指やスタイラスペンで手書きの文字やイラストが書ける。自動で線の歪みを補正してきれいな図形が描けるオートシェイプ機能は便利。ほかにもペンの太さやカラーの自由変更など役立つツールが満載だ。

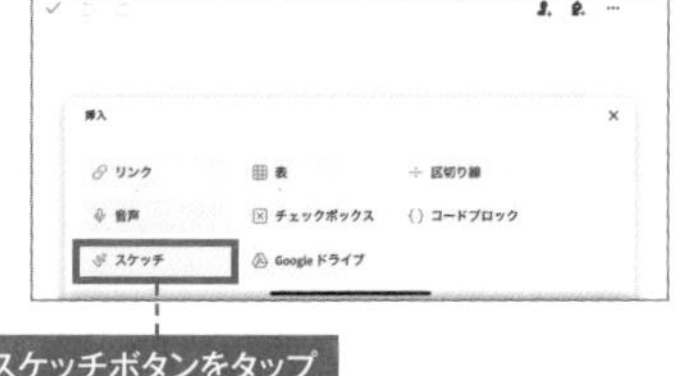

1 スマホ版Evernoteの新規ノート作成画面を開き、下部メニューからスケッチをタップしよう。

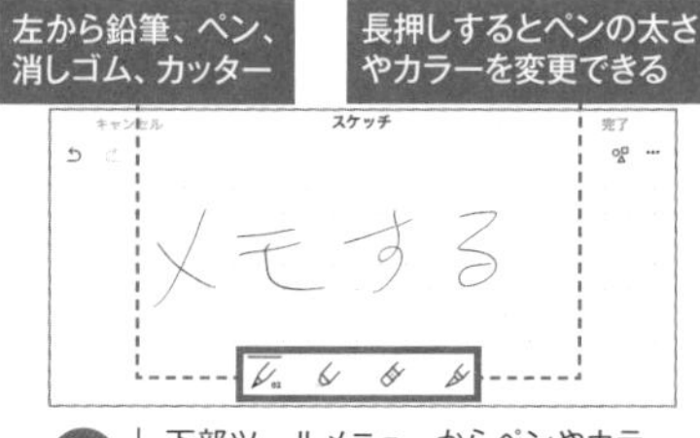

2 下部ツールメニューからペンやカラーを選択して手書きしよう。四角や丸などの図形を描くとオートシェイプ機能が働き、自動できれいな図形に調整してくれる。

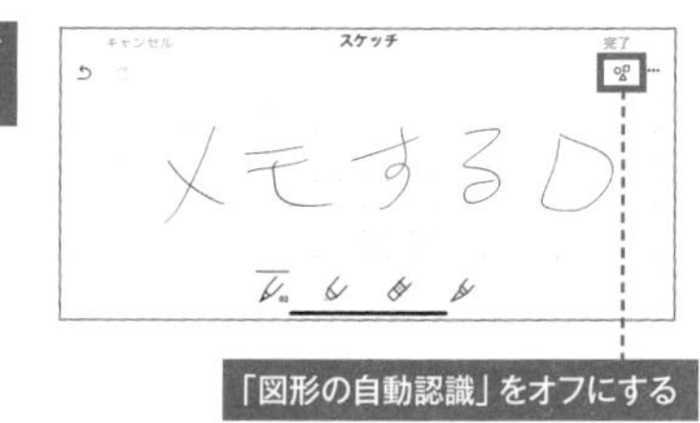

3 オートシェイプ機能をオフにしたいときは、右上にある図形ボタンををオフにすればよい。

013

ノートにするほどでもないメモを書き留める

Evernoteの新機能「スクラッチパッド」に作業中のアイデアを書き留める

APP Evernote

Evernoteでちょっとしたメモを取るのに毎回新規ノートを起動するのが面倒な人は、2021年に新しく追加された「スクラッチパッド」を使おう。ホーム画面に設置されたスクラッチパッドをクリックしてすぐにメモを書き留めることができ、作業を中断する必要がない。内容はあとでノートに変換することもできる。

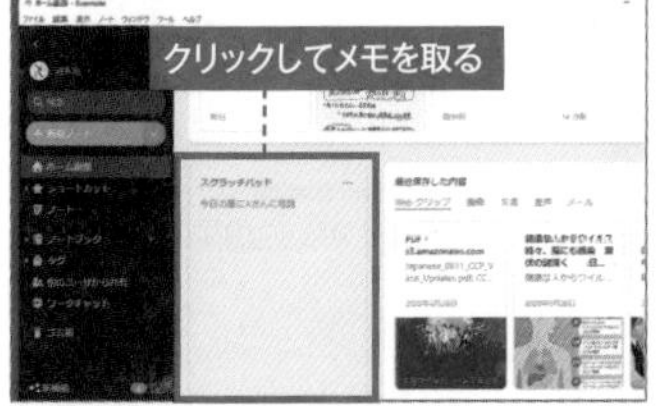

1 ホーム画面にある黄色のカードがスクラッチパッド。ノートを作成せず素早くテキスト入力できる。

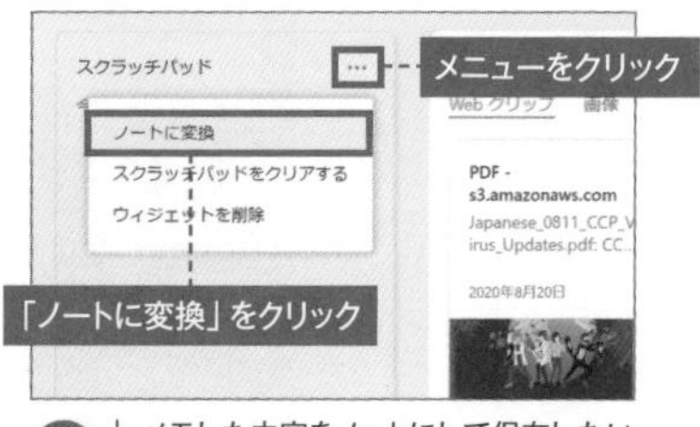

2 メモした内容をノートにして保存したい場合は、右上のメニューボタンから「ノートに変換」をクリックしよう。

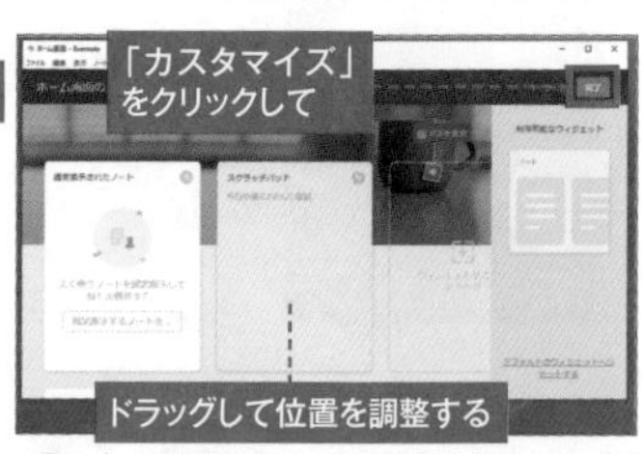

3 スクラッチパッドの位置をカスタマイズするには右上の「カスタマイズ」ボタンをクリックして、スクラッチパッドをドラッグしよう。

▶ カテゴリ別にノートを分類する
▶ PCのフォルダ感覚で整理する
▶ タグを付けてノートを分類する

蓄積したノートを最大限に活用する整理術

ノートブックやスタックを使って記録したノートを分かりやすく整理する

Evernoteにノートを追加していくと、そのままではさまざまなジャンルのカードが乱雑に並び、せっかくメモした内容も探しづらくなる。ノートが貯まってきたら一度整理しよう。Evernoteは整理機能も豊富に用意されている。

APP
Evernote

ノート整理のポイントは「ノートブック」と「スタック」

Evernoteでの情報整理の基本は「ノートブック」と「スタック」を使っての分類だ。ノートブックとはフォルダのようなもの。「日記」「写真」「ニュース」など好きなカテゴリ名を付けて溜まったノートを分類することで、目的のノートが探しやすくなる。スタックは複数のノートブックをまとめたもの。ノートブックの数が増え過ぎたときは「スタック」でまとめていこう。

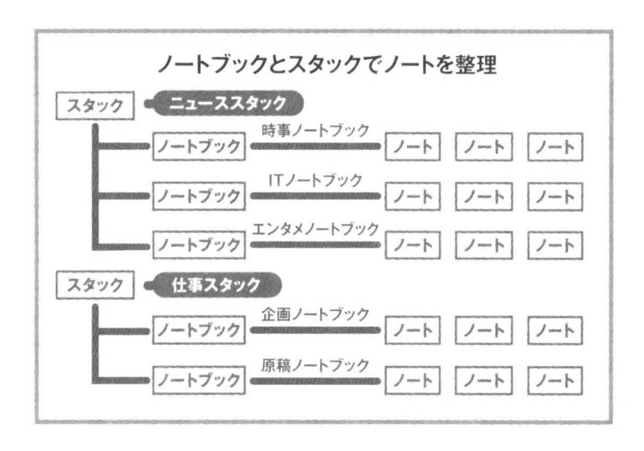

ノートブックとスタックでノートを整理しよう

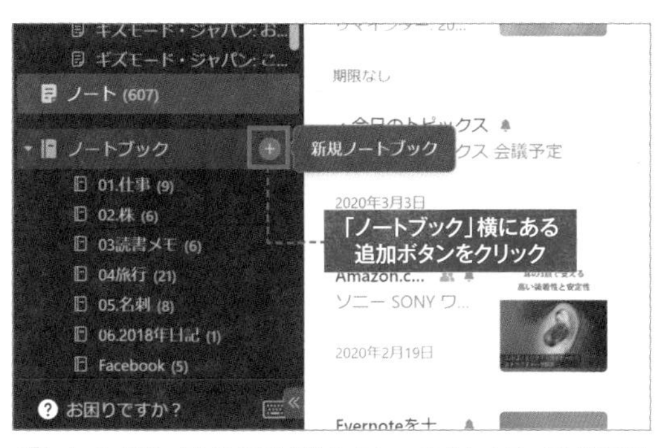

1 ノートブックを作成するには左メニューの「ノートブック」横にある追加ボタンをクリックして、新規ノートブックを作成しよう。

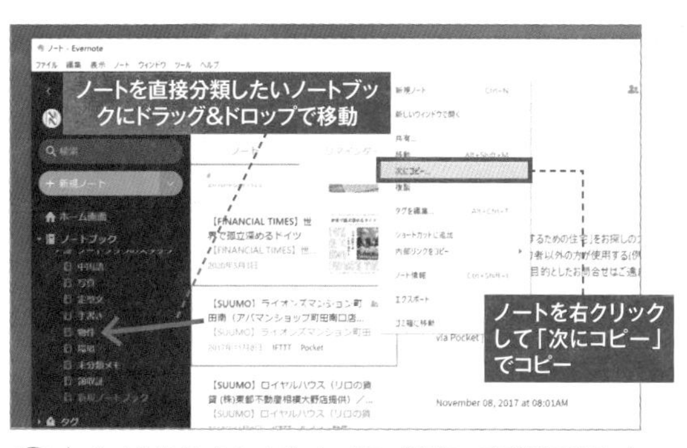

2 ノートを作成したノートブックへドラッグ&ドロップで移動できる。右クリックして「次にコピー」でも移動もできる。

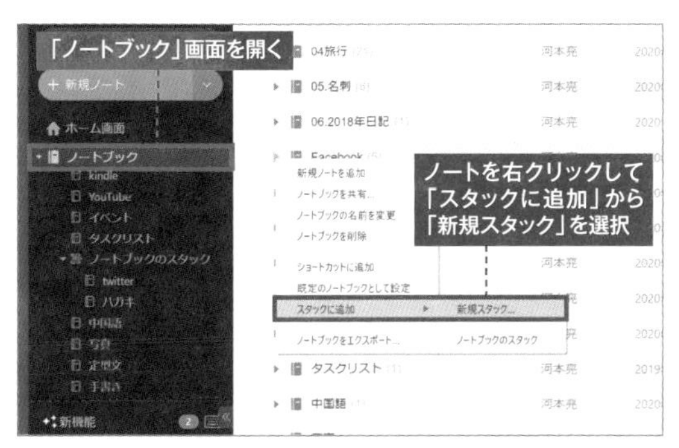

3 スタックを作成するにはノートブックの編集画面を開く。スタックに追加するノートブックを右クリックして「スタックに追加」から「新規スタック」を選択する。

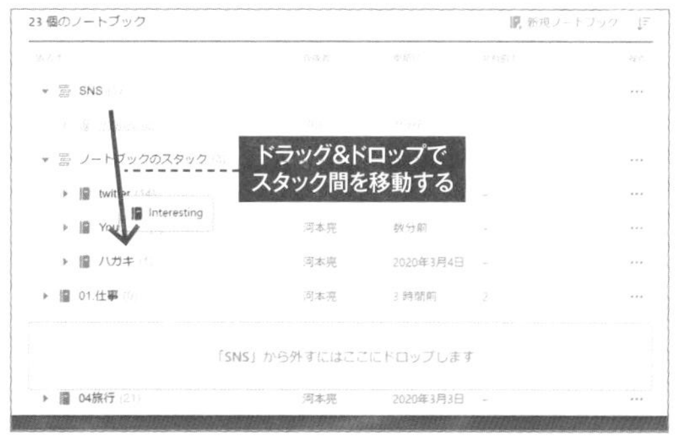

4 ノートブック画面上部にスタックが作成され、スタック内にノートが追加される。ノートはドラッグ&ドロップでスタック間の移動ができる。

Notionでやるなら!

▶ カテゴリや内容別にページを分類する
▶ 目的のページをすばやく開く
▶ サイドバーの表示をスッキリさせる

「ページが増えすぎて使いにくい」を解消するテクニック

ページの「入れ子」やページ間リンクを活用して、Notionのデータをわかりやすく整理する

APP
Notion

「ページ」単位でさまざまな情報を蓄積、活用できる人気アプリのNotion。しかし、ページをどんどん作っていくと、それに伴いサイドバーのページタイトルも増えてしまい、視認性が悪くなってしまう。ページの「入れ子」やリンクで、これを解消しよう。

サイドバーに並ぶページをできるだけ少なくするのがコツ

Notionでのページ管理や情報活用の基本は、増え続けるサイドバーのページタイトルをいかに少なくして、スッキリさせるかだ。Notionにはページをまとめておくフォルダーのような機能はないものの、ページ内に別ページを入れ子にできるので、この方法を覚えておくといいだろう。また、よく使う、参照するページへのリンクをまとめた、目次ページを作るのも効果的だ。

ページを「入れ子」にする

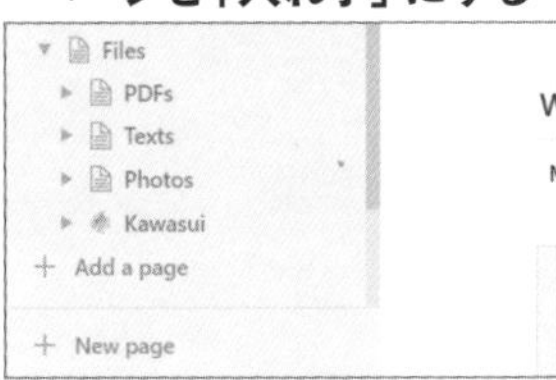

ページを他のページの「入れ子」にすれば、サイドバーに表示されるページタイトルを減らしてスッキリとした見た目にできる。入れ子にしたページは、サイドバーで親ページの▶をクリックして展開すれば表示できる

リンクをまとめた目次ページを作る

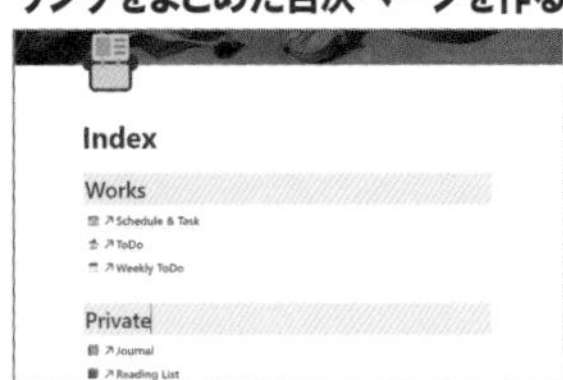

ページには、他のページへのリンクを挿入できる。この機能を利用すれば、主要ページへのリンクをまとめた目次ページを作成でき、目的のページをすばやく開くことができる。

サイドバーのページをまとめて、スッキリさせよう

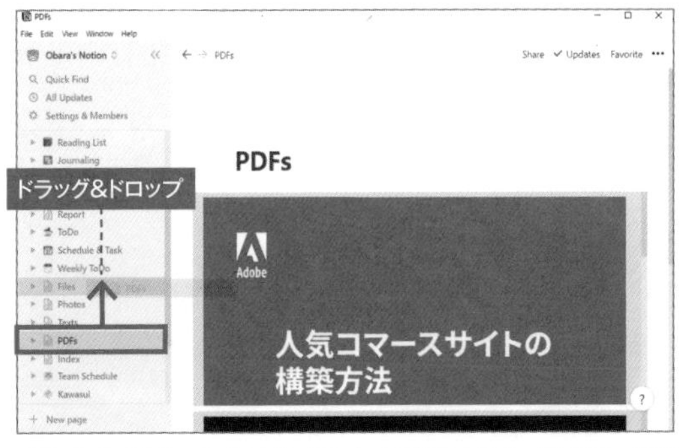

1 サイドバーで、入れ子にするページを親になるページにドラッグ&ドロップする。

2 サイドバーで親ページをクリックすると、その中身が表示され、入れ子にしたページが含まれていることが確認できる。

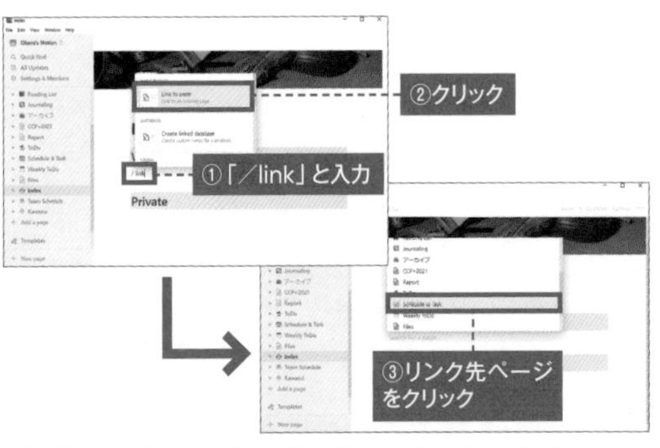

3 ページ本文で「/」に続けて「link」と入力すると、スラッシュメニューに「Link to page」が表示されるので、これをクリックする。続けて、リンク先のページタイトルをクリックする。

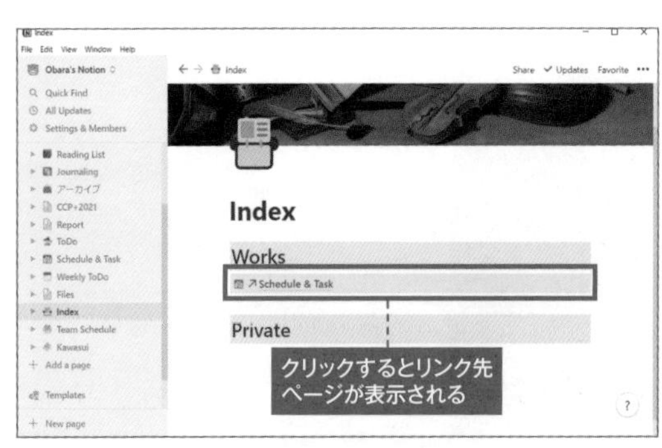

4 選択したページへのリンクが挿入される。このリンクをクリックすると、リンク先のページの内容が表示される。

豆テク

よく使うノートはショートカットで素早くアクセス

ビジネスマナーや金言集など毎日のように開くノートはショートカットに登録する

015

APP
Evernote

ネタ帳やビジネスマナー集など、頻繁に開いて確認するノートはショートカットに登録しよう。登録したノートは常にサイドバーのショートカットエリアに表示され、素早く開いて閲覧したり編集することが可能。事前にメニューの「表示」からサイドバーを表示させておこう。

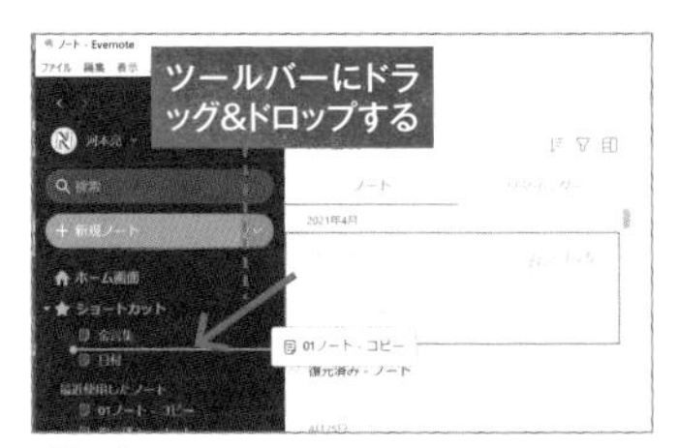

1 ショートカットに登録したいノートをサイドバーのショートカットの部分にドラッグ&ドロップしよう。

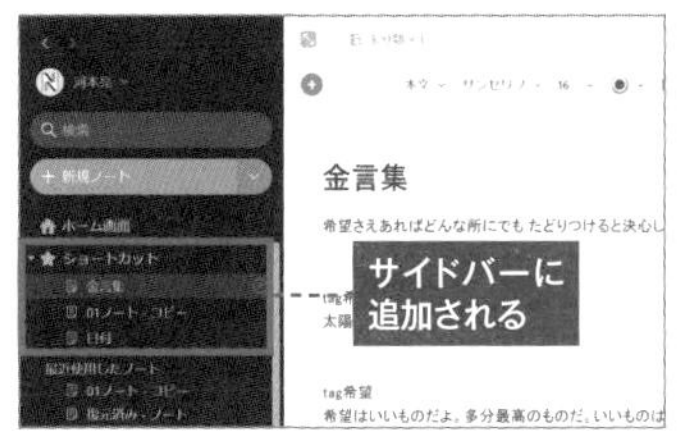

2 ショートカットにノートが登録される。クリックするとすぐにノートを開くことが可能だ。同じように登録していこう。

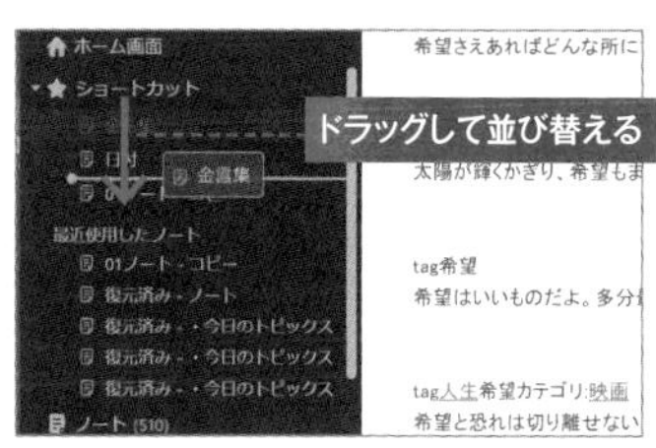

3 サイドバーに登録したショートカットの順番はドラッグして並び替えることができる。ノートを好きな順に表示したい場合にもショートカットは便利だ。

必要な情報をとっさに引き出す検索テクニック

膨大な数のノートから検索条件を絞って目的のノートを探し出す

016

APP
Evernote

ノートの数が増えすぎると分類だけでは目的のノートが探しづらくなる。検索機能を利用しよう。Evernoteの検索はノート内の文字列を対象に含む検索はもちろんのこと、さまざまな検索演算子を併用することで検索対象をかなり絞り込むことができる。

1 検索ボックスにキーワードを入力すると、キーワードを含むノートが一覧表示される。ノートを開くとキーワードの部分がハイライト表示される。

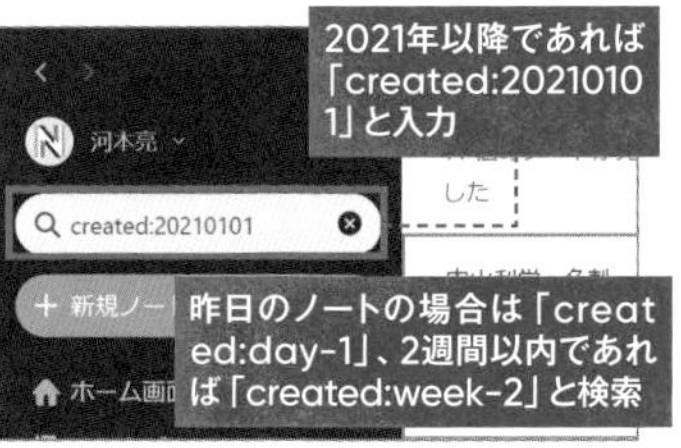

2 指定された日付以降に作成された文書の検索する場合、「created:」と「YYYYMMDD（年4桁、月2桁、日2桁）」形式で入力して検索しよう。

演算子	説明	例
intitle:	ノートタイトルを検索	「intitle: コーヒー」と入力すると、タイトルに「コーヒー」が含まれているノートを検索
notebook:	指定されたノートブック内のノートを検索	「notebook: 金融」と入力すると、「金融」ノートブック内のノートのみを対象に検索
todo:	チェックボックスを含むノートの検索	「todo:false」では、チェックされていないチェックボックスを含むノートが表示
resource: image/	画像付きノートのみを検索	JPEG のみ検索するときは「resource:image/jpeg」と検索
tag:	タグ名で検索	「tag: 出張」と入力すると「出張」タグを含むノートを検索

上級

ノートブックを好きな順番に並び替える

ノートブック名の頭を数字にして好きな順番に並びかえる

017

APP
Evernote

Evernoteのノートブックは標準ではアルファベット順（あいうえお順）に固定表示されており、自分の好きな順に並び替えることができない。どうしても並び替えたいならノートブックの先頭を数字にして、その後に上から順番に並べたいノートブック名を入力しよう。

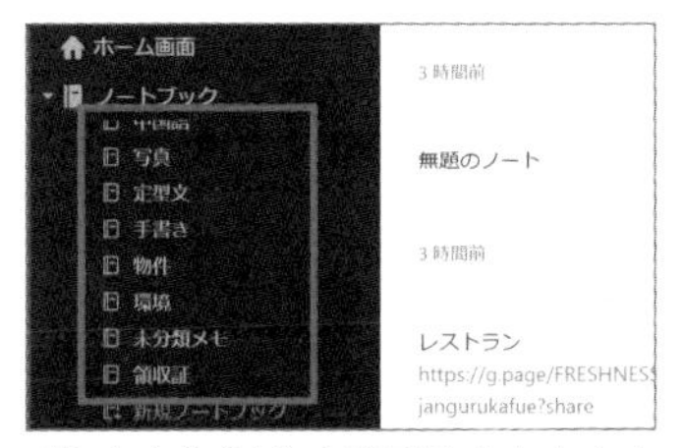

1 左サイドバーに表示されるノートブックは並べ替えができない。このノートブック名を変更して並べ替えてみよう。

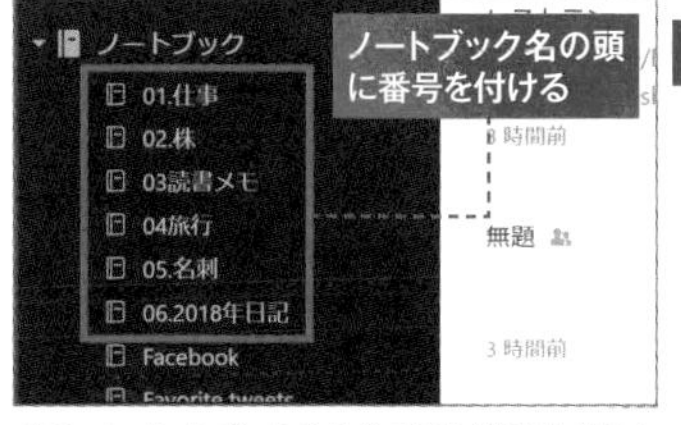

2 ノートブックの名前の頭に数字を付けよう。若い番号順ほど上から表示されるようになる。

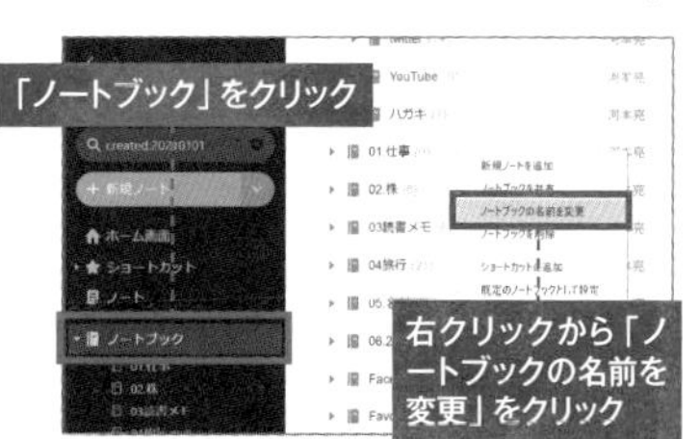

3 なおノートブック名を編集するには、ノートブック画面から行う必要がある。ノートを右クリックして「ノートブックの名前を変更」を選択しよう。

018

こんな用途に最適!
- 見栄えのよいノートを作成できる
- 決まった様式のノート入力が楽になる
- 業務日報やタスク管理に便利

テンプレートを活用して見栄えのよいノートを書こう

タスクや日記など目的別にテンプレートを探して利用すると楽になる

APP
Evernote

タスクや業務日報など毎日決まった形式で投稿するノートがあるならテンプレートを利用しよう。あらかじめ用意された入力フォームに必要事項を入力していくだけなのでスムーズにノート作成が行える。Evernoteには標準で多彩なテンプレートが用意されている。

Evernote用のテンプレートがダウンロードできる

Evernote用のテンプレートを自分で作成するのもよいが、デザイン的なセンスやPC知識が必要になり面倒だ。そんなときはテンプレートを利用しよう。あらかじめ用意されているテンプレートから好きなものをダウンロードするだけですぐに利用できる。タスク管理用、日記用、議事録用など50種類以上のテンプレートがある。同じ形式のノートを何度でも作成でき作業効率がアップするだろう。

TOOL

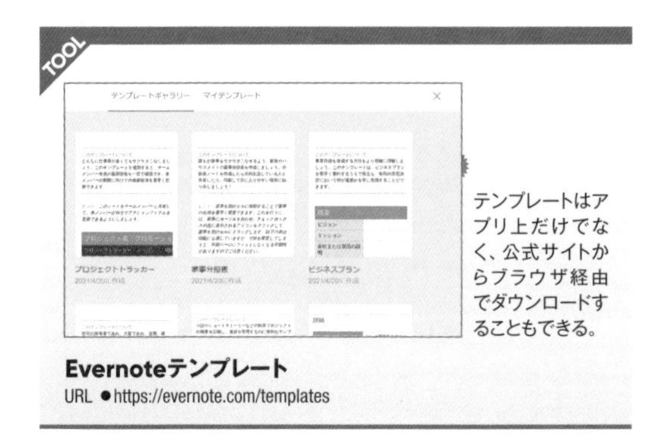

テンプレートはアプリ上だけでなく、公式サイトからブラウザ経由でダウンロードすることもできる。

Evernoteテンプレート
URL ●https://evernote.com/templates

Evernoteテンプレートをダウンロードする

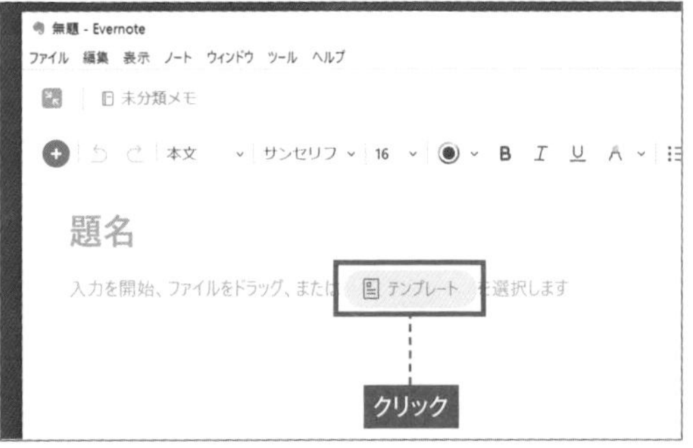

1 新規ノートを作成したら、ノート上部の「テンプレート」をクリック。テンプレートのダウンロード画面に移動するので、好きなテンプレートを選択しよう。

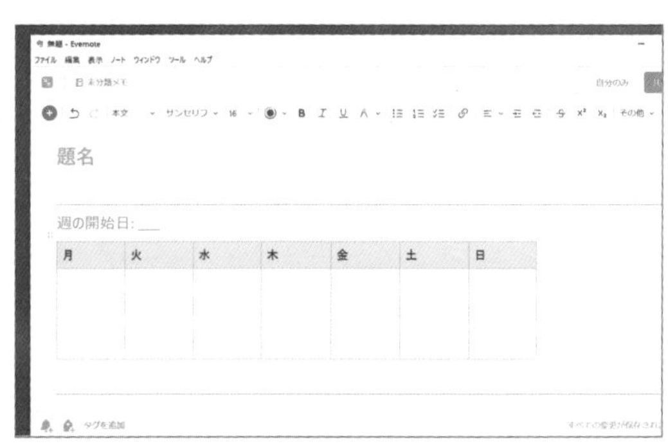

2 テンプレートがノートに貼り付けられる。あとはテンプレート上に直接テキストを入力していこう。

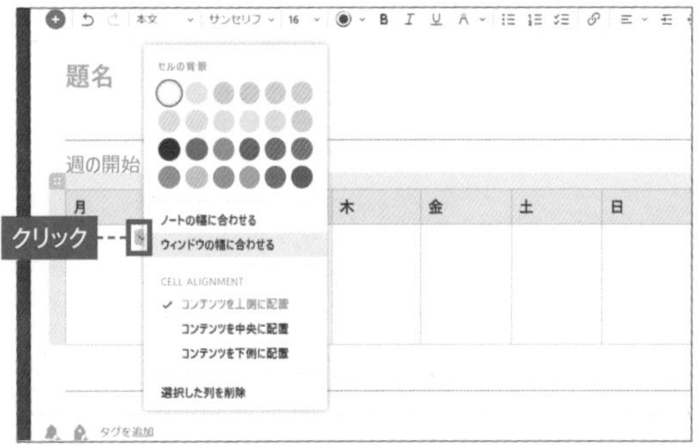

3 テンプレートで作成された表は、セルを追加したり削除したり、結合できる。セル右端にカーソルをあわせると表示されるメニューボタンをクリックしよう。

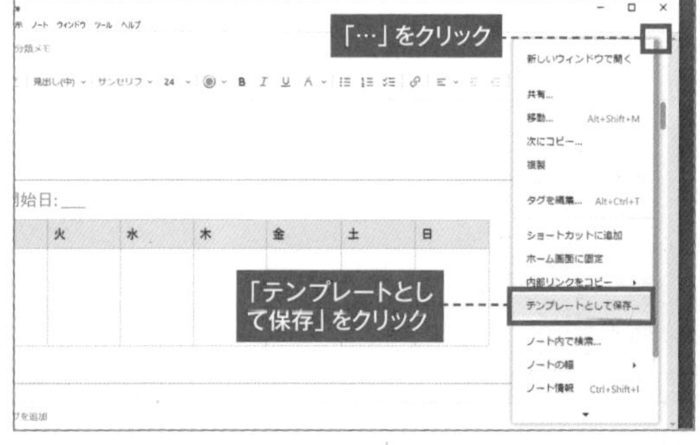

4 テンプレートを保存して、使い回したい場合は、右上の「…」をクリックして「テンプレートとして保存」をクリック。テンプレートサイトの「カスタムテンプレート」に保存される。

こんな用途に最適！
▶ 見栄えのするページをすばやく作成できる
▶ 目的に合うページのひな形が利用できる
▶ Notionならではのカスタマイズも可能

標準のテンプレートだけでなく、有志ユーザーの日本語テンプレートも使える

あらかじめデザイン済みの用途別テンプレートを活用して、作業効率を高めよう

Notionは、ページデザインの自由度が高く、使える機能も豊富なため、さまざまな用途のページを作成できる一方、見栄えや便利さを追求すると際限なく時間がかかってしまう。デザイン済み、機能が設定済みのテンプレートを使えば、この手間を大幅に解消できる。

APP
Notion

自分の利用スタイルにマッチしたテンプレートを選択しよう

タスク管理や業務日報など、定型的なページを毎日のように作るのであれば、テンプレートが便利。テンプレートはあらかじめデザイン済み、用途に応じた機能が設定済みのページのひな形で、Notionでは標準で数十種類のテンプレートが利用できる。標準テンプレートはすべて英語版だが、国内Notionユーザーが日本語テンプレートを無償配布しているので、これらを使ってもいい。

TOOL
標準のテンプレートは英語版のみ

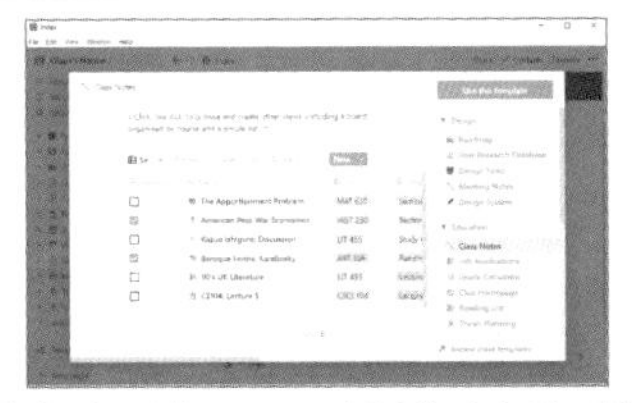

Notionのサイドバーで「Templates」をクリックすると、標準で付属するテンプレートを利用できる。画面右側のカテゴリ一覧から目的のものをクリックすると、そこに含まれるテンプレートが画面左に表示される。

日本語テンプレートを入手、利用する

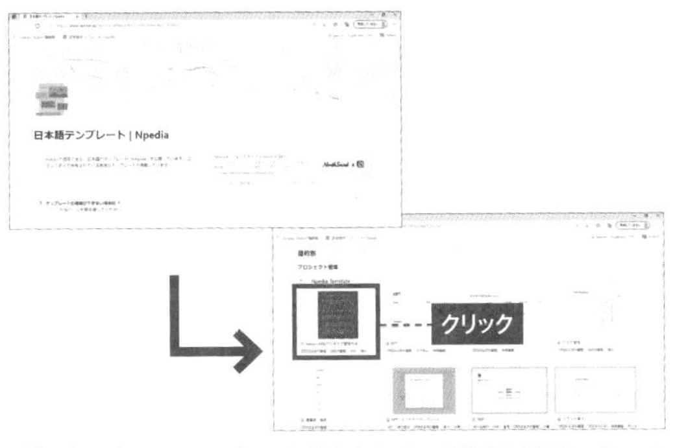

1 日本語のテンプレートが充実している「日本語テンプレートNpedia」を検索してアクセスし、使用したいテンプレートをクリックする。

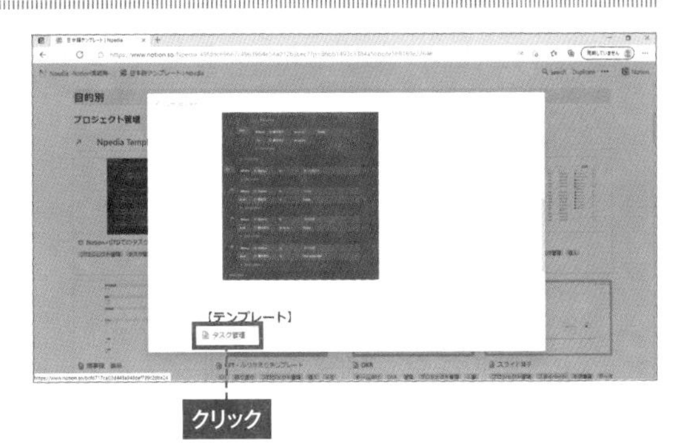

2 テンプレートの説明が記載されたページが表示されるので、テンプレートへのリンクをクリックする。

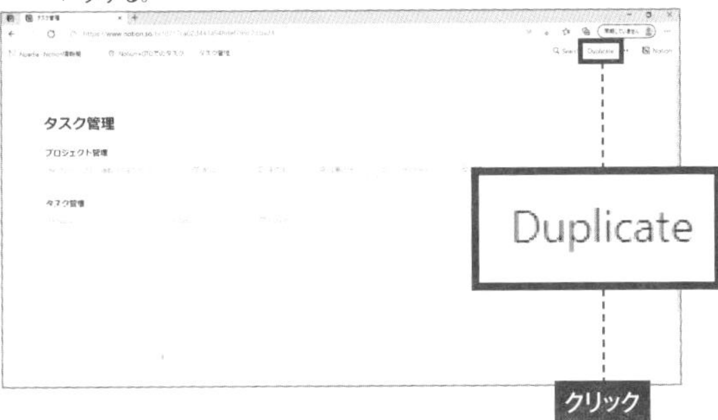

3 データなどが未入力のページが表示されるので、画面右上にある「Duplicate」をクリックする。事前にNotionの公式サイトでログインしておこう。

4 自分のNotionにテンプレートのページが複製されて、通常のページと同様に利用できるようになる。

019

ノート内の文字数を調べる

Evernoteでは文字数をカウントできる

APP
Evernote

Evernoteでノート内の文字数を確認するには、ノートメニュー画面から「ノート情報」を選択すれば、ノート内の文字数を確認できる。Windows、Mac、スマホ、さらにEvernote Web版すべて同じ操作で確認できる。ただし、この場合ノート内全体の文字数しか把握できない。範囲選択した部分の文字数だけを確認したい場合は、Chromeの拡張機能「文字数カウンター」を使おう。

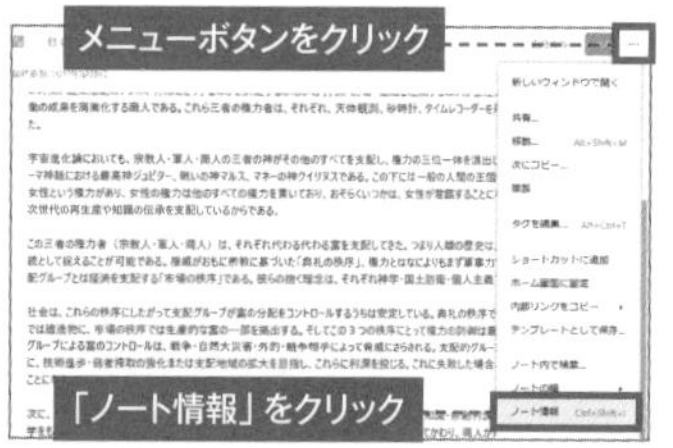

1 文字数を数えたいノートを開いたら、右上のメニューボタンから「ノート情報」をクリック。デスクトップアプリ、スマホアプリ、Web版すべて対応している。

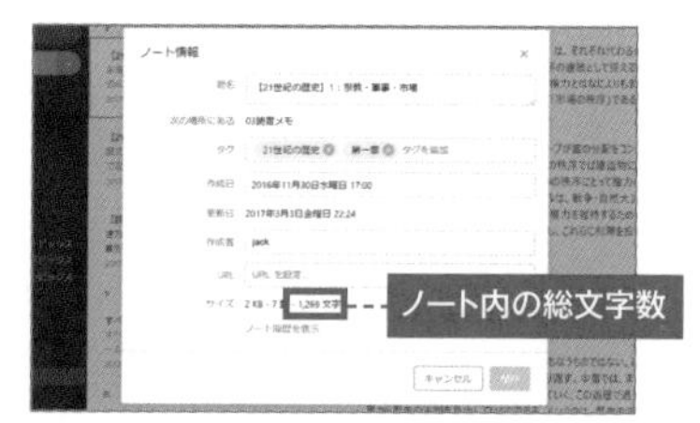

2 ノート情報画面が表示される。「サイズ」の部分にノート内の総文字数が表示される。

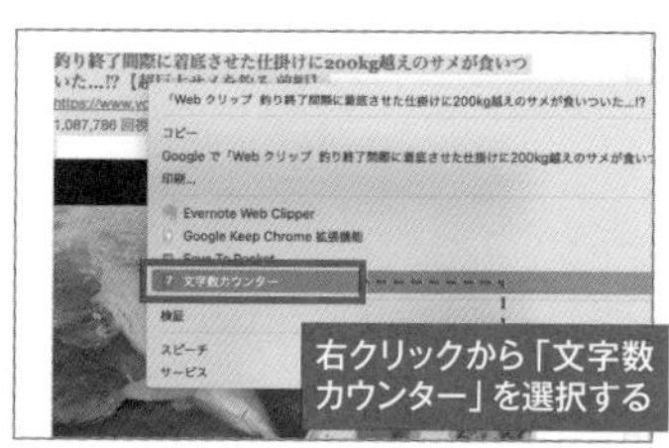

3 Chromeの拡張機能「文字数カウンター」をインストールすれば、Evernote Web版に限って右クリックから範囲選択した文字の数を数えることができる。

020

音声録音機能を使いこなそう

Evernoteは録音機能も高機能! 議事録や会議を録音しよう

APP
Evernote

スマホ版Evernoteには音声録音機能が搭載されているが、インタビューや議事録といった長時間の音声録音にも向いている。10分間で約1MB程度の音声ファイルが作成され、ほかの録音アプリよりもサイズが小さいのがメリット。ファイル形式はiPhoneの場合、m4aファイルで出力される。

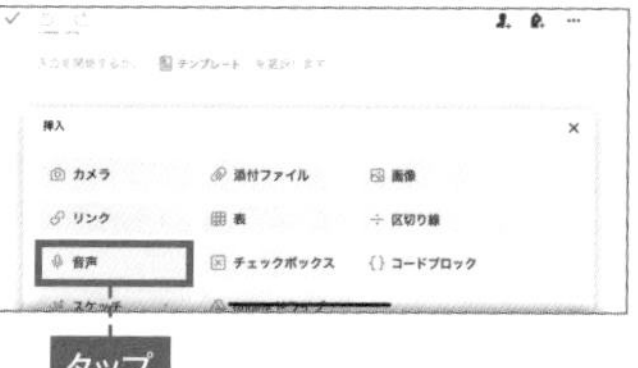

1 音声録音を行うには、挿入メニューから「音声」をタップしよう。

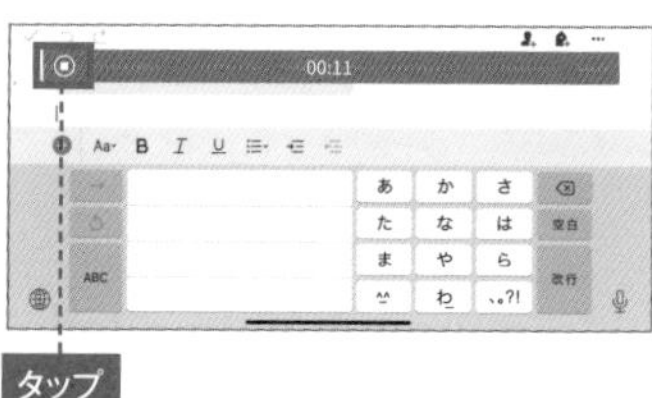

2 録音が始まる。ノート上部に録音時間や波形が表示される。録音を終了する場合は停止ボタンをタップしよう。

3 ノートに音声ファイルが添付される。長押しして「コピー」でクリップボードにコピーしてほかのアプリに保存することができる。

021

ミスや失敗があったら必ずノートに記録する

犯しやすいミスはノートに内容を記録して毎日確認することで減らせる

APP
Evernote

同じミスを繰り返さないようにするのにEvernoteは役立つ。何かミスをしたときはすぐにミス内容をノートに記録して、タグやショートカットに登録しておこう。毎日Evernoteを起動し、ショートカットで確認することで、自然と犯しやすいミスを防ぐことができるはずだ。

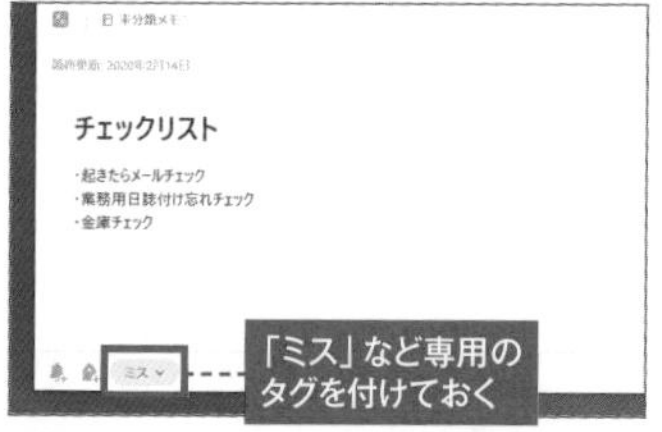

1 ノートに仕事のミス内容を記録しよう。このときミス専用のタグを付けておくとあとで探しやすくなる。

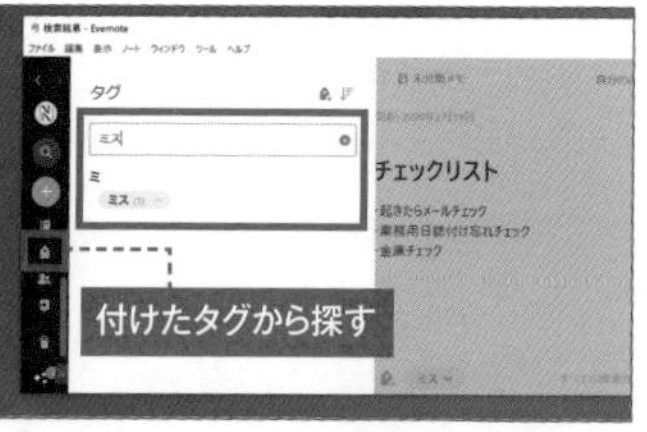

2 左サイドバーにある「タグ」をクリックして、ノートに付けたタグ名を検索すると素早くミスの内容のノートを見つけることができる。

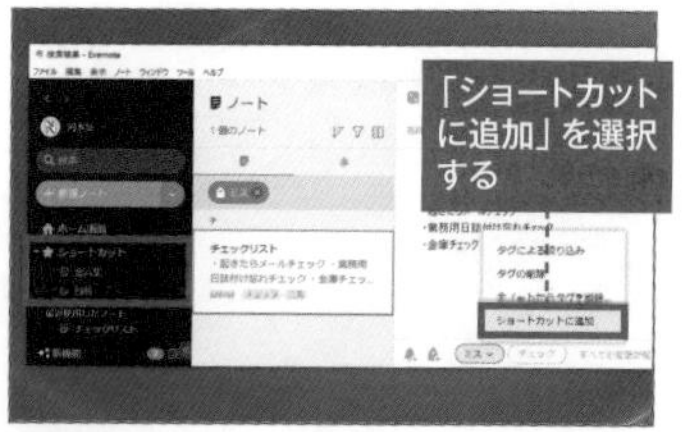

3 ショートカットに登録しておけば、サイドバーから常に素早くノートを表示させることが可能だ。

手書きノートを作成・管理するならこのiOSアプリ

iPadユーザーなら手書きメモアプリとEvernoteを連携させたい

022

APP Evernote

「Penultimate」はiPad用の手描きメモアプリ。iPadの大画面にスムーズな線で手描きすることが可能。保存後は自動的にEvernoteにアップロードしてくれる。授業中や会議中にメモをとったり、思いついたことを素早く記録しよう。

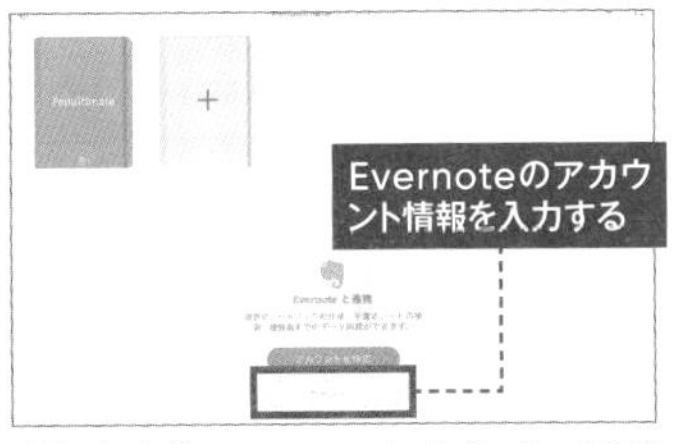

1 まずPenultimateにサインインする必要がある。トップ画面左上のアイコンをタップして画面を移動し、サインイン作業を行おう。

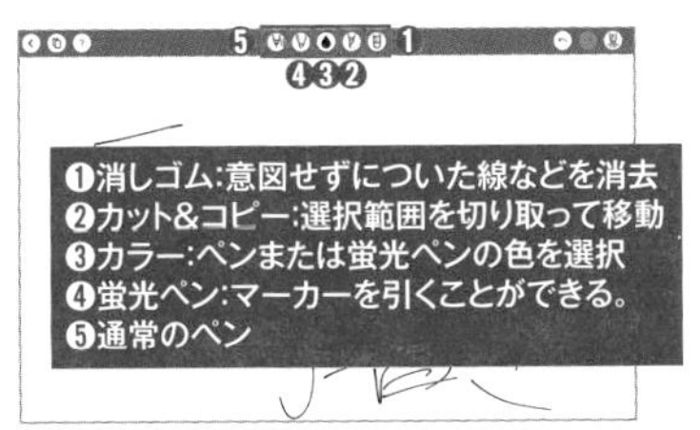

2 画面に指かスタイラスペンで直接描こう。上部にあるツールメニューからペンの太さやカラーを変更できる。

TOOL Evernoteとの連携性が高いメモアプリ

iOS版Evernoteの手書き機能よりもう少し高機能なものが欲しい人におすすめ。

APP Penultimate
作者●Evernote
料金●無料
種別●iPadアプリ

手書きアプリをEvernoteに保存する

iPadの手書きアプリで作成したノートをEvernoteに保存する

023

APP Evernote

iPadやiPhoneの手書きアプリで作成したコンテンツの多くは、Evernoteにエクスポートすることができる。各アプリの共有メニューを開いて「Evernote」をタップしよう。保存設定画面が表示され、添付ファイルとしてEvernoteに保存する形となる。また、保存先のノートブックを指定したり、タグを設定することもできる。

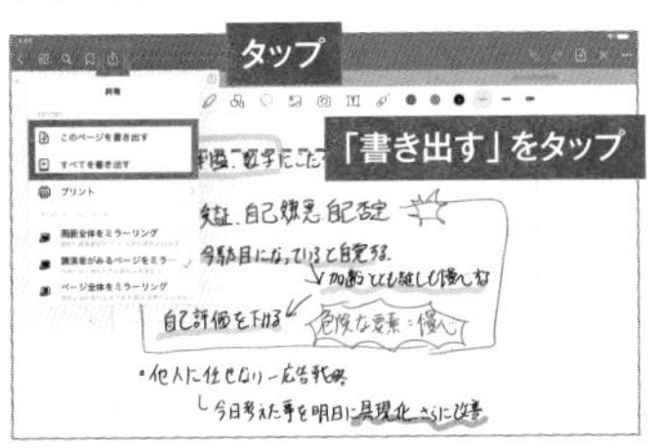

1 人気ノートアプリGoodNotes 5内のページをEvernoteと共有する場合は、エクスポートボタンをタップして「書き出す」をタップする。

2 インポート先画面が表示されるので、「Evernote」を選択しよう。

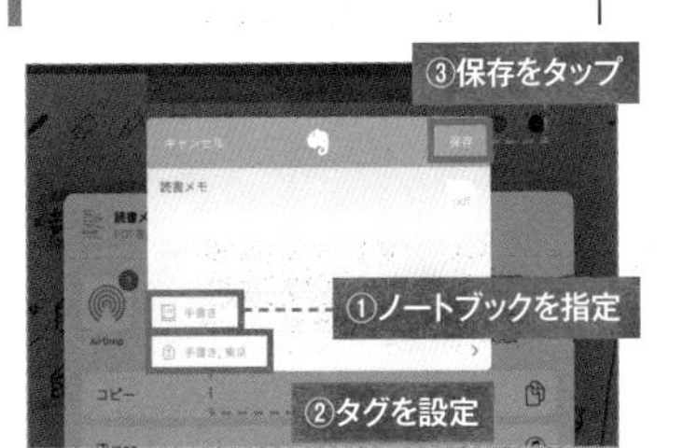

3 保存するノートブックを指定し、タグを設定したら右上の「保存」をタップしよう。

豆テク

ノートタイトルに自分で選んだ記号を付ける

重要なノートのノートタイトルはカラフルな絵文字を付けよう

024

APP Evernote

ノートタイトルはテキストだけでなく絵文字を使うことも可能。タイトルの頭にカラー絵文字を付けておくと、目的のノートが探しやすくなる。特に重要なノートに付けるのがおすすめ。絵文字入力時は表示できないことがあるが、入力後のノートリストにはきちんと表示されるので問題ない。

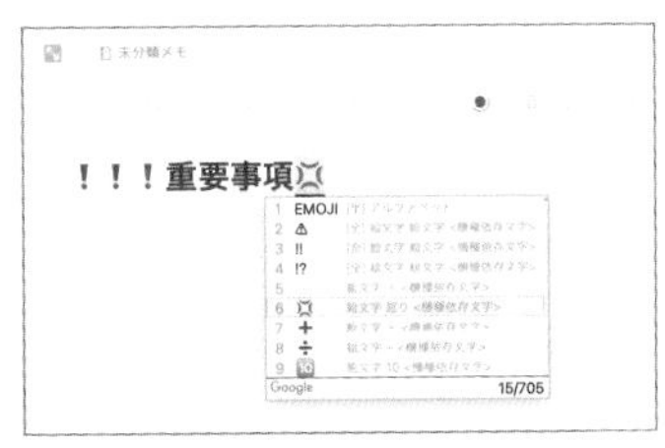

1 Google日本語入力を使っている場合、「絵文字」で入力するとさまざまな絵文字が表示されるので、好きなものを追加しよう。

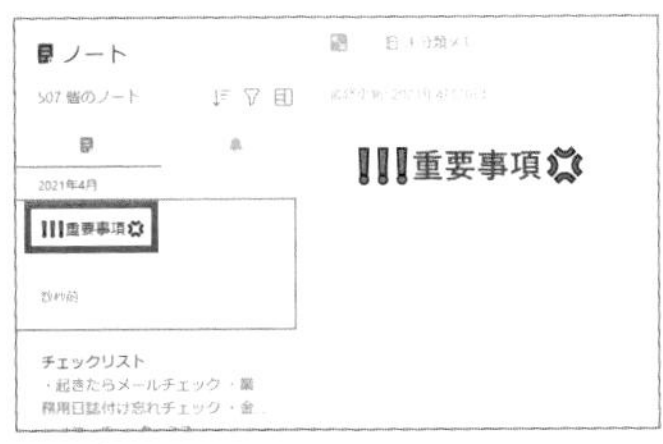

2 Macで作成した絵文字をWindowsで表示したところ。文字化けせずに問題なく表示されている。

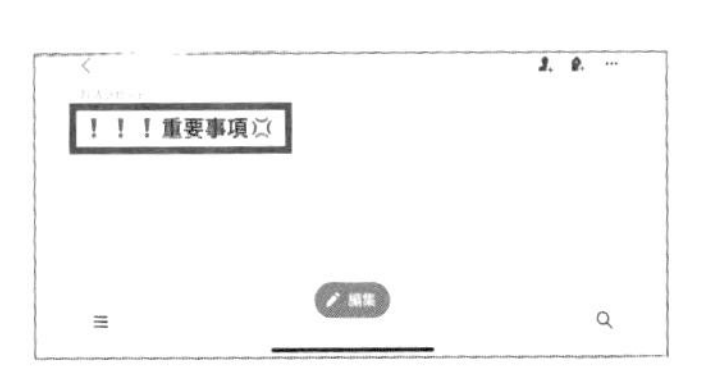

3 iPhoneで確認してみよう。iPhoneのほうが絵文字のカラーがきちんと表示される。なおウェブブラウザ経由でEvernoteにアクセスしてもきちんと表示される。

025

企画やアイデアをじっくり練り上げEvernoteに同期

アウトライン作りに最適! 高度なチェックボックスを作成してEvernoteで管理

APP
Evernote

Evernoteで階層をつけたアウトラインを作成したい場合は、インデント機能を利用しよう。字下げしたい箇所にカーソルを合わせ上部メニューからインデントボタンをクリックすれば1文字字下げしてくれる。逆に1文字上げることも可能だ。企画書作りや論文などを書く前にアウトライン作りは役立つだろう。

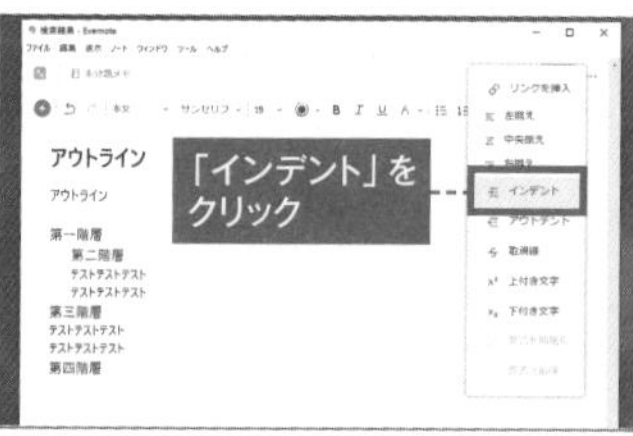

1 字下げしたい項目の頭にカーソルをあわせ、「インデント」をクリック。一字下がる。

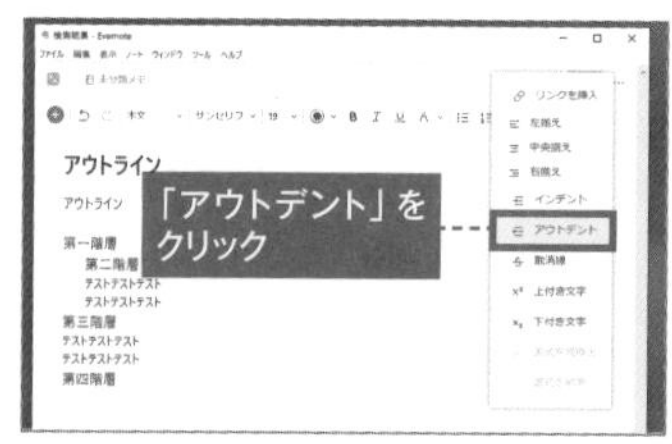

2 逆に一字上げたい場合はメニューから「アウトデント」を選択しよう。項目の入れ替えはドラッグ&ドロップで行える。

3 スマホ版でインデント機能を利用するには、下部メニューにあるインデント･アウトデントボタンを操作しよう。

上級

026

特定の文字入力をキーボードで行う

オートフォーマットを活用! 素早くリストや番号付きリストを作成

APP
Evernote

Evernoteには特定の文字入力を効率的に行える「オートフォーマット」という機能がある。この機能を使うことで、チェックリストや番号付きリスト、表、水平線などをキーボード入力で簡単に作成することが可能で、毎回メニューボタンに触れる必要はなくなる。また、一般的な絵文字も特殊なキー入力で入力できる。

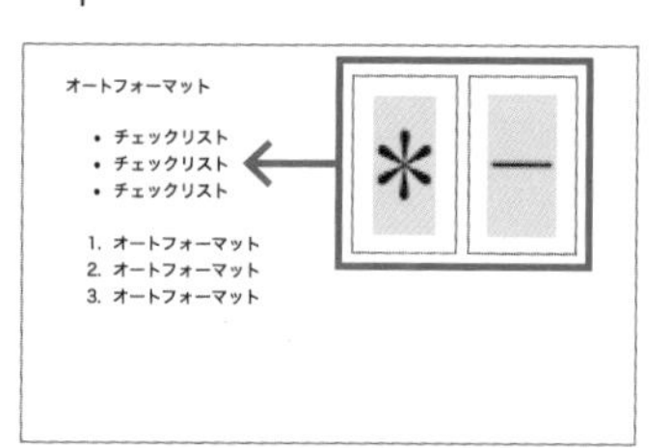

1 箇条書きリストを入力する場合は半角英数で*または-を文頭に入力してエンターキーを押す。番号付きリストは1.または1)で入力を始めよう。

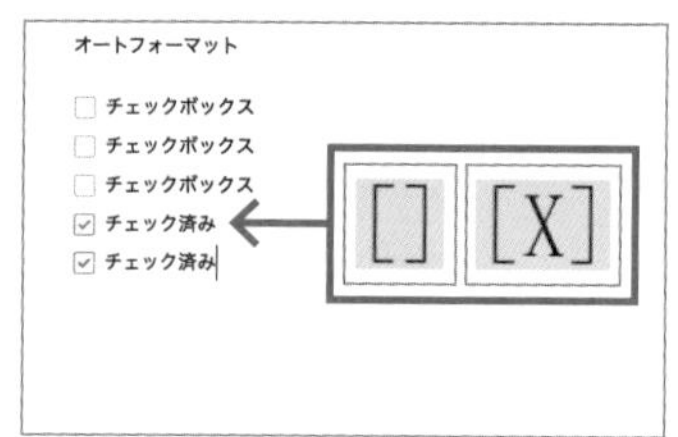

2 Todoリスト（チェックボックス）を入力するには、[] で入力しよう。なお、[x]と入力するとチェック済みのチェックボックスが作成される。

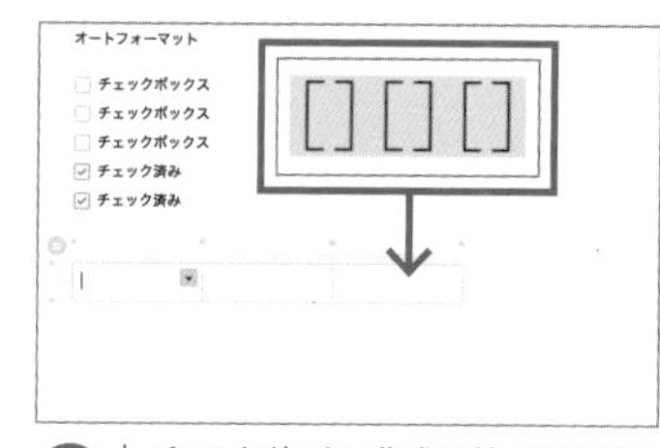

3 チェックボックス作成に利用する[]を3回連続入力すると表を作成することができる。

027

ホーム画面をカスタマイズする

新しくなったインターフェースでウィジェットを使いこなそう

APP
Evernote

Evernote最新版では「ホーム画面」が追加され、最近使用したノート、スクラッチパッド、ショートカット、タグなどをウィジェットとして管理できるようになった。各ウィジェットはサイズを変更したり、好きな位置に自由に配置させることができる。ホーム画面を使いやすくすることで、これまで以上に作成したノートから効率的に情報を探すことができるだろう。

1 サイドバーから「ホーム画面」をクリックするとホーム画面が表示される。カスタマイズするには右上の「カスタマイズ」をクリックする。

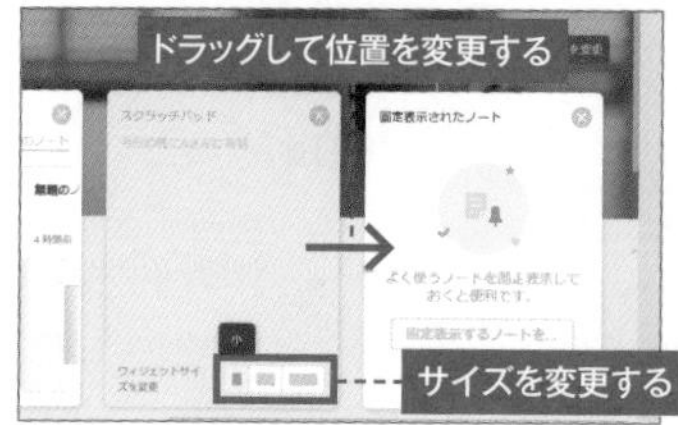

2 カスタマイズ画面が表示される。各ウィジェットのサイズを変更したり、ドラッグしてウィジェットの位置を変更することができる。

3 カスタマイズ画面で右上にある「背景を変更」をクリックするとホーム画面の背景を変更することができる。PCに保存している写真を設定することもできる。

こんな用途に最適!
- ▶ あらゆる環境で最新の予定をチェックする
- ▶ ダブルブッキングなどのトラブルを防ぐ
- ▶ 仕事用やプライベート用などの分類ができる

028

用途ごとにカレンダーの使い分けも可能

スケジュールはクラウドで一括管理する

Googleカレンダーは無料で利用できるカレンダーサービス。入力した予定はクラウド上に保存されるので、異なる環境からでも常に最新の予定を確認することができる。会社で、自宅で、モバイルでと環境を変えて仕事をしたいならば、必須のスケジューラーだ。

APP
Googleカレンダー

Googleカレンダーを使えばスケジュールミスは無くなる!

Googleカレンダーならば、全ての予定を一元管理可能。どの端末からチェックしても最新の予定が表示されるため、ダブルブッキングなどのトラブルを未然に防ぐことができる。また、複数のカレンダーを追加して表示･非表示を切り替えられるのもポイント。ビジネス用スマホとプライベート用スマホで、同期するカレンダーを変更するといった使い方も便利だ。

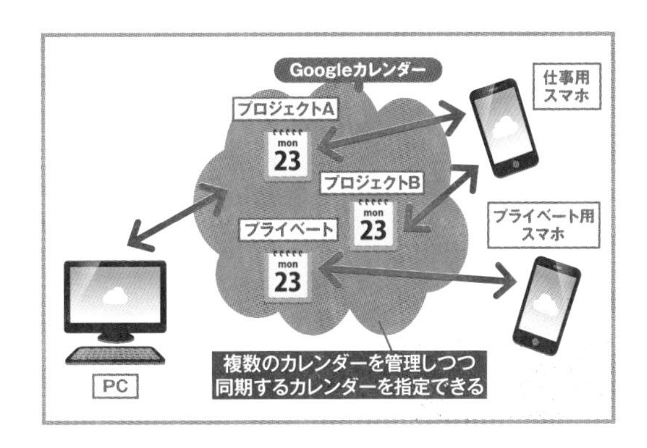

予定をGoogleカレンダーで管理して効率アップ

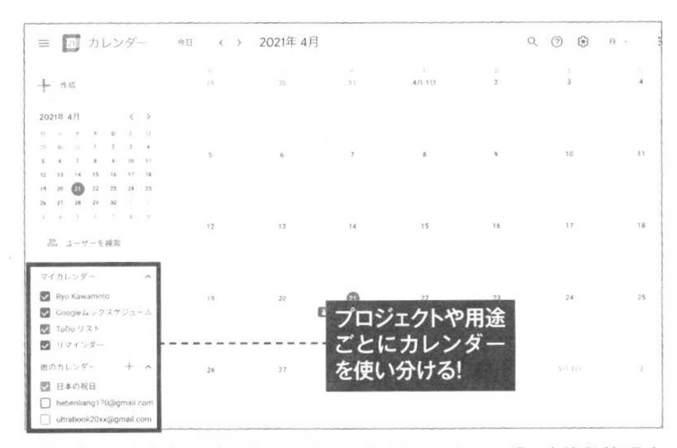

1 業務内容やプライベートといったように、カレンダーを複数管理するのも簡単。同期するカレンダーを選択することも可能だ。

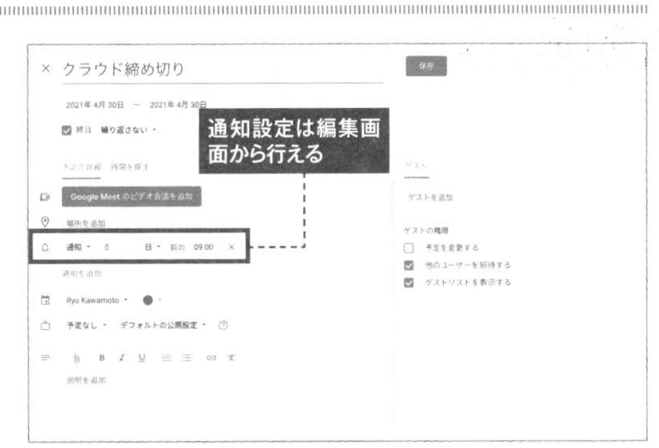

2 スケジュール入力時に通知を設定しておけば、時刻になると画面への通知でお知らせしてくれる。

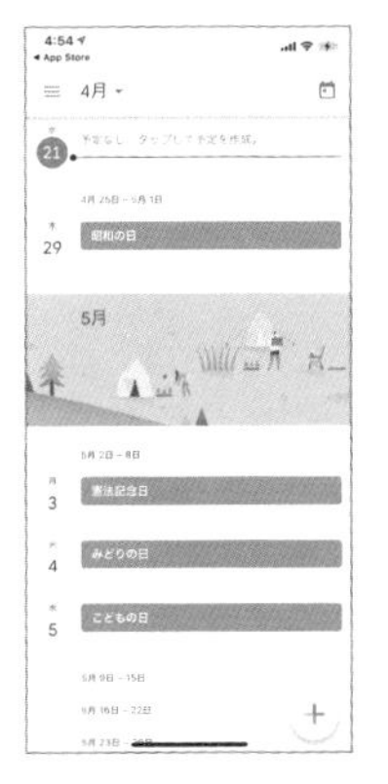

3 スマホアプリもリリースされており、双方向で常に最新のカレンダーを管理可能。表示するカレンダーを選択することもできる。

TOOL

Googleカレンダー公式アプリ

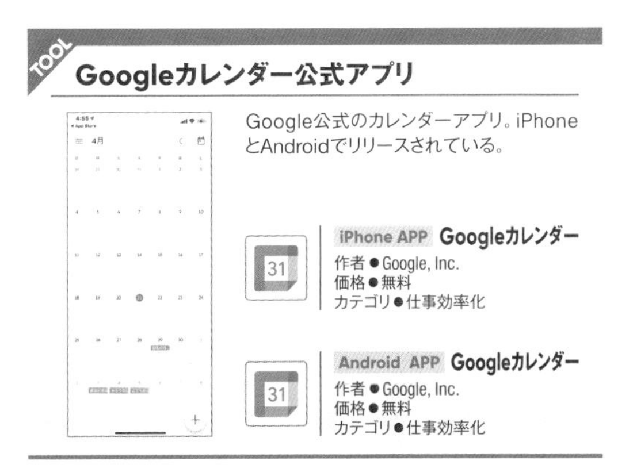

Google公式のカレンダーアプリ。iPhoneとAndroidでリリースされている。

iPhone APP Googleカレンダー
作者●Google, Inc.
価格●無料
カテゴリ●仕事効率化

Android APP Googleカレンダー
作者●Google, Inc.
価格●無料
カテゴリ●仕事効率化

029

地図を保存して検索時間も効率化を!

得意先やよく訪問する場所はマイプレイスに保存する

APP
Googleマップ

Googleマップにはスポットを保存するマイプレイスという機能がある。頻繁に訪れる訪問先がある場合は、そちらをマイプレイスに保存しておこう。以降は素早くその場所を呼び出すことができる。またスマホを使えば外出先でも素早くチェックできるので便利だ。

1 Googleマップで保存したい場所をクリックして、左から現れるメニューで「保存」をクリックする。

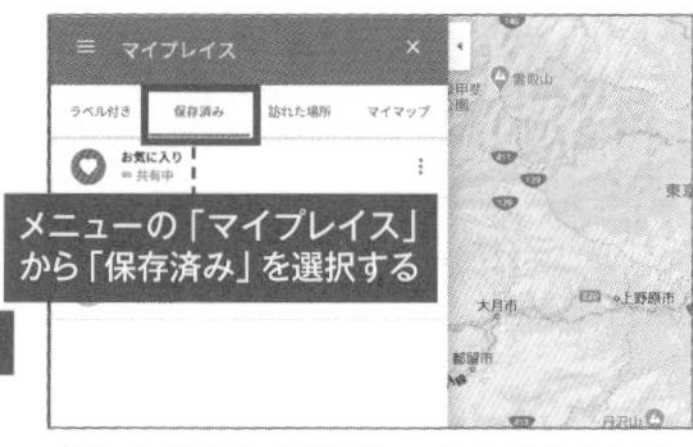

2 保存した場所にアクセスするには、Googleマップのメニューを開き「マイプレイス」を開く。「保存済み」から保存した場所を選択しよう。

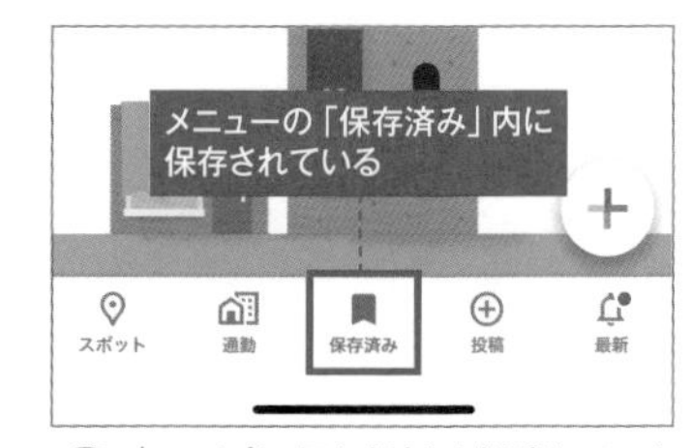

3 マイプレイスに保存した場所は、スマホ版Googleマップと共有できる。ただし同じGoogleアカウントでログインしておくこと。

030

移動時間の短縮化や、行動のログを取るのに便利!

日々の行動履歴をトラッキングして記録する

APP
Googleマップ

Googleマップには「ロケーション履歴」を自動保存する機能がある。これを使えば、その日は何処に行ったのか? をマップ上で確認できる。じっくりと移動ルートを確認すれば、より最適なルートが見つかったり、あとから行動のログを振り返るにも役立つ。

1 スマホ版Googleマップを起動し、右上のアカウントアイコンをタップ。「Googleアカウントにアクセス」をタップする。

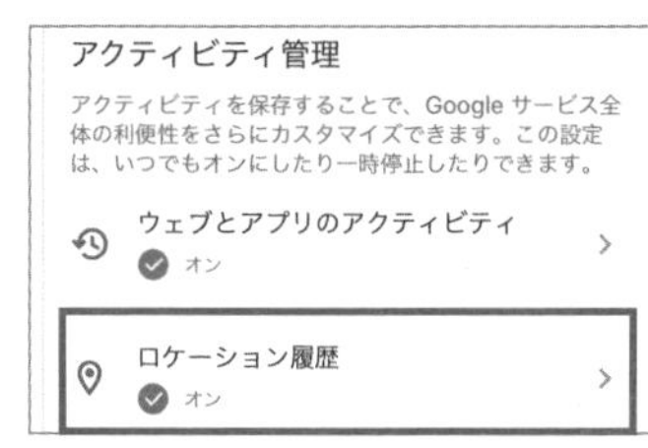

2 「データとカスタマイズ」から「アクティビティ管理」内にある「ロケーション履歴」を有効にしよう。これで自動的にルートを記録してくれる。

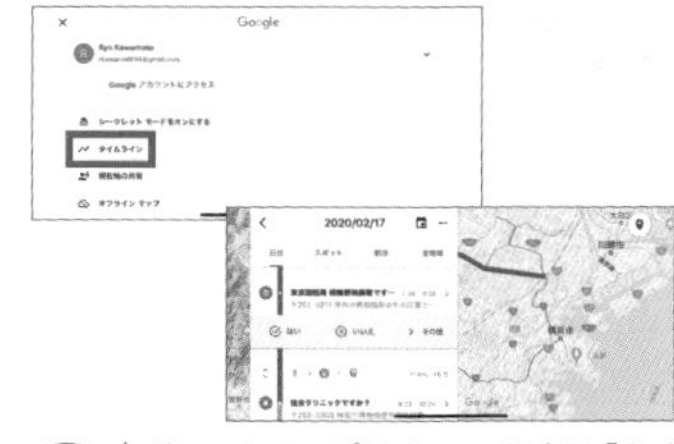

3 Googleマップのメニューにある「タイムライン」をクリックし、表示される日付を選択するとその日の自分の行動が視覚的にわかる。

031

豆テク

移動の記録をとるためにスマホで写真を撮っておく

位置情報や日付を付けてEvernoteに記録する

APP
Googleマップ

営業先や旅行先の訪問記録は、テキストよりもEvernoteで現地を撮影するのがおすすめ。スマホの位置情報サービスを有効にすれば位置情報や撮影日時を付けてノートに記録できるので、あとで行動の記録を見直しやすい。メモも取れるので業務日報としても利用できる。

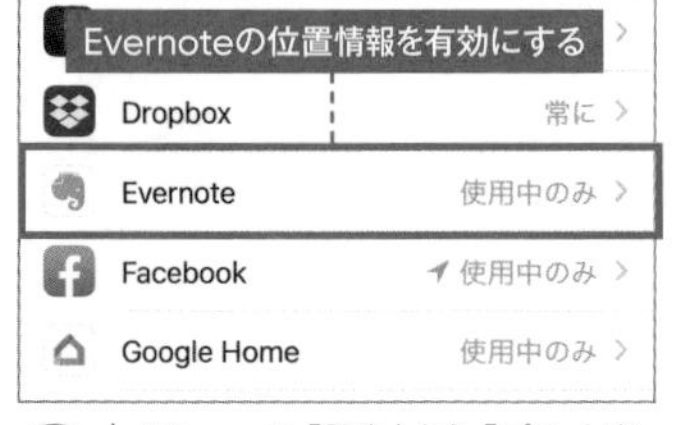

1 iPhoneの「設定」から「プライバシー」→「位置情報サービス」を開き、「Evernote」の位置情報を有効にしておこう。

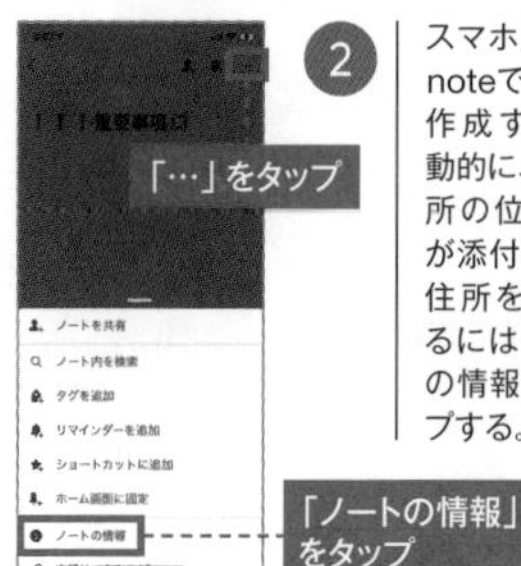

2 スマホ版Evernoteでノートを作成すると自動的に、その場所の位置情報が添付される。住所を確認するには「ノートの情報」をタップする。

3 位置情報の地図が表示され、撮影日時も記録される。タグで「写真」や「訪問先」など入れておくとあとで整理が楽になるだろう。

こんな用途に最適!
- ▶ Wordと同等の機能が無料で使える
- ▶ ブラウザ経由でどこからでも利用できる
- ▶ Office形式で保存してダウンロードできる

032

クラウドで使えるOffice互換アプリの大本命!

外出先で急いでビジネス文書を作成する

外出先のパソコンでとっさにWordを使って企画書や文書を作成したいことがある。そんなときに便利なのがGoogleが提供しているクラウドサービス。Googleのアカウントさえあれば無料でブラウザ上でOfficeアプリ同等の機能が使える。

APP
Googleドキュメント

Office互換アプリでドキュメントの作成と保存

Googleのクラウドサービスはさまざまあるが、Wordのようなワープロアプリを利用したいなら「Googleドキュメント」を使おう。インターネットとパソコンが使える環境があれば、ブラウザ上から文書の作成、編集、共同作業が無料でできる。インターフェースはWordとよく似つつ、シンプルなため使い方に迷うことはない。作成した文書はGoogle独自のファイル形式だけでなく、Word形式やPDF形式で保存することが可能だ。

Googleドキュメントのトップページにブラウザでアクセスすると「パーソナル」と「ビジネス」が用意されている。「パーソナル」をクリックしよう。

Googleドキュメントを使いこなそう

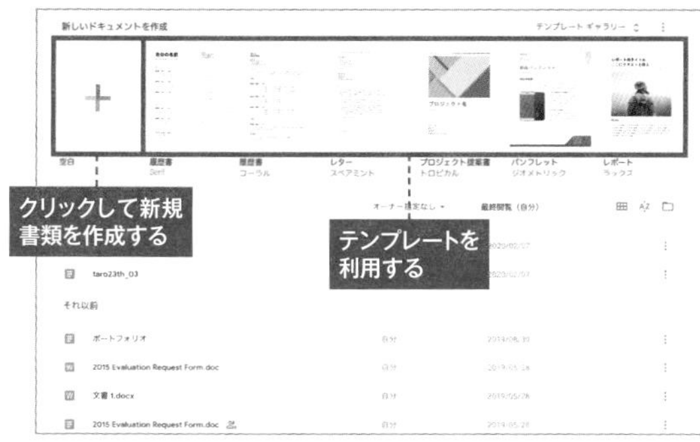

1 空白の新規書類を作成する場合は、「空白」をクリックしよう。テンプレートも用意されており、テンプレートを使って書類を作成することもできる。

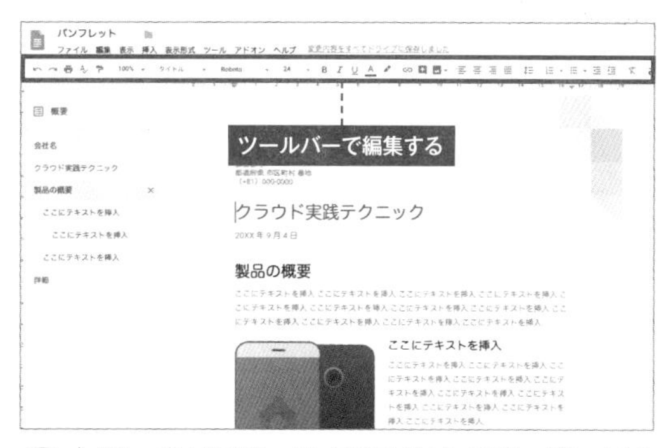

2 ドキュメントならWordライクなエディタ。スプレッドシートならExcelと同様の表計算が利用できる。

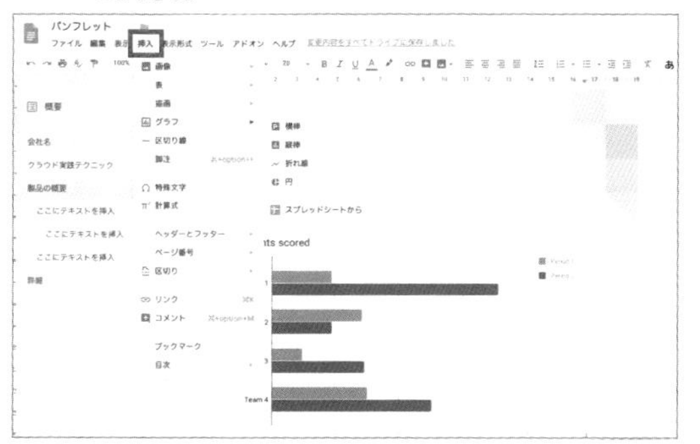
3 メニューの「挿入」から画像、表、描画、グラフなどの挿入が行える。グラフは横棒、縦棒、折れ線、円が利用できる。

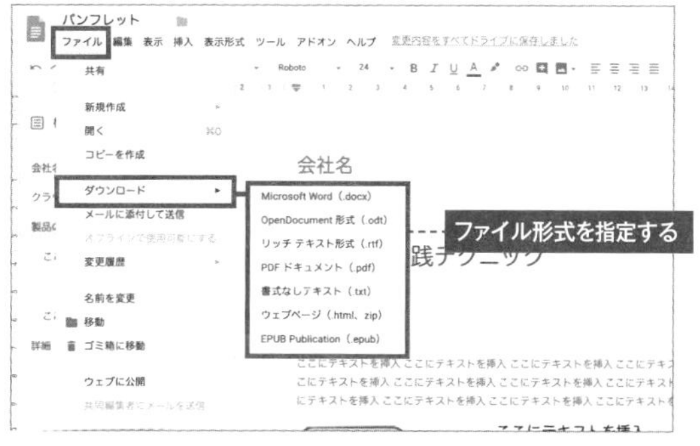

4 作成したドキュメントをWord形式やPDF形式でダウンロードしたい場合は、メニューの「ファイル」から「ダウンロード」でファイル形式を指定しよう。

Office Onlineでやるなら!

- ▶ 既存ファイルの編集だけでなく、ファイルの新規作成も可能!
- ▶ Microsoft Officeフォーマットの書類が作成できる
- ▶ 最近のアップデートで、アプリの動きが大幅に改善されている

Wordも、Excelも、PowerPointもOK!

Office Onlineでも ビジネス文書を快適に作成できる

APP
OneDrive

Googleドキュメントで文書を作成、編集するのも便利だが、周囲や会社とのやりとりの関係などでMicrosoft Officeのファイルである必要がある場合もあるだろう。そういった場合は、ネットにつながってさえいればOffice Olineから新規でビジネス文書を作成でき、非常に便利だ。

Microsoft Officeのフォーマットが必須なら Office Onlineを使おう!

会社や自宅のデスクトップではMicrosoft Officeを使っているが、モバイル用途のノートPCではOfficeを入れていない人も多いだろう。そんな環境でも、外出先でネット回線さえつながっていればOfficeフォーマットの書類を作成できることを知っておくと便利だ。

Word、Excel、PowerPointなど、どの書類も作成できるが、オンライン版ならではの制約もあるので頭に入れておこう。

Office Onlineで文書を作成する

Word / Excel / PowerPoint → オンライン上で 新規文書の作成、編集が可能!

ファイルはOneDrive上に作成し、利用する

ただし、機能制限もある。Excelならば、●マクロの実行/●パスワード付きファイルの閲覧/●条件付き書式の設定変更/●データの入力規則の設定…などが行えない。

Office Onelineで新規文書を作成する

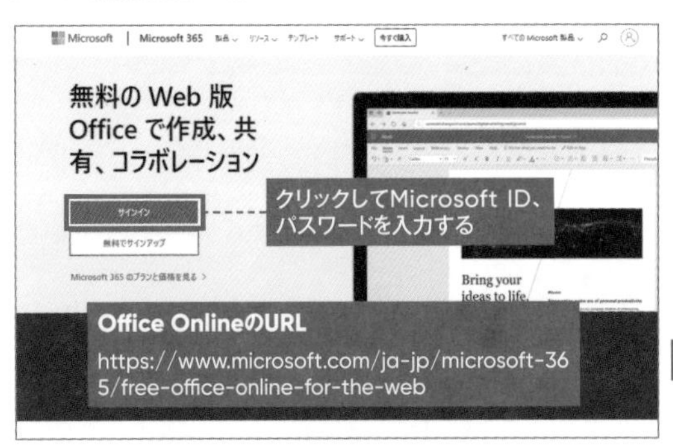

1 ブラウザを開いて、検索窓に「Office Oneline」と入力するか、上記のURLを入力して、「サインイン」にMicrosoft IDを入力しよう。

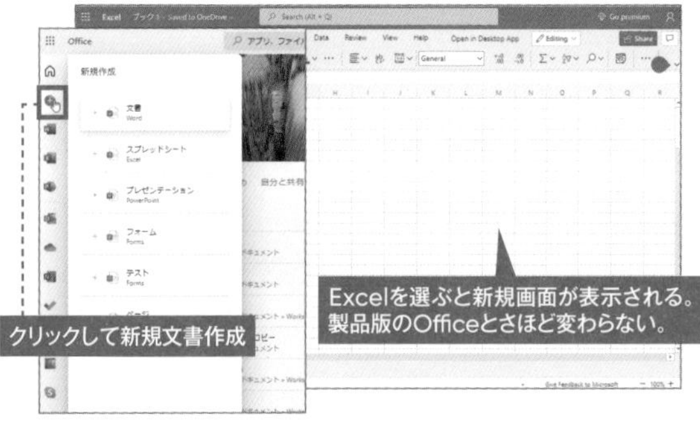

2 新規文書は「+」から作成できる。Word、Excel、PowerPoint以外にも、「Forms」(アンケートフォーム作成ツール)「Sway」(プレゼンテーションツール)の文書も作成できる。

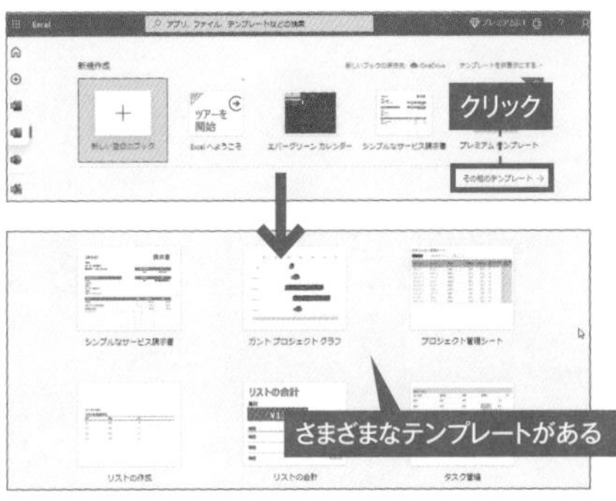

3 各アプリのアイコンをクリック→「新規作成」→「その他のテンプレート」から、テンプレートを使うこともできる。使えそうなものがあるか、事前に調べておこう。

リンクの送信
メールアドレスを入力して送信する
編集の権限や有効期限などを設定する
メッセージ...
送信
リンクのコピー
ここからリンクを作成して、コピーして、相手に送る形でもOKだ。

4 Online版で作成した文書は、デスクトップ版のOfficeのようにメール添付でファイルを送る必要はなく、メニュー上部右側の「共有」からメールアドレスを入れて相手に送信しよう。編集の権限なども調整できる。

- ▶ Dropbox上のオフィスファイルを編集できる
- ▶ 外出先からでもネット経由で編集できる
- ▶ Microsoft Officeをインストールする必要がない

033

編集機能のないDropboxでビジネス文書を編集する

Dropboxに同期したドキュメントをブラウザ上で編集する

Dropboxはビジネスユースとして人気が高く、仕事で使う文書をクラウドに保存しているという人も多い。DropboxではOfficeドキュメントの閲覧はできても、編集ができないという欠点があるが、Microsoft Office Onlineの連携機能によりブラウザ上で直接編集も行なえる。

APP
Dropbox

Microsoft Office OnlineでDropboxファイルを編集

Dropboxではストレージ内のOfficeドキュメントの閲覧は可能でも、編集する機能は持っていない。そのため、外出先でファイルの修正が求められた場合など、急なトラブルに対応できないという欠点があった。しかし、現在はMicrosoft Officeとの連携が強化。Office Onlineを使って素早く編集が行える。編集したファイルはDropbox上のファイルとして上書き保存できる。

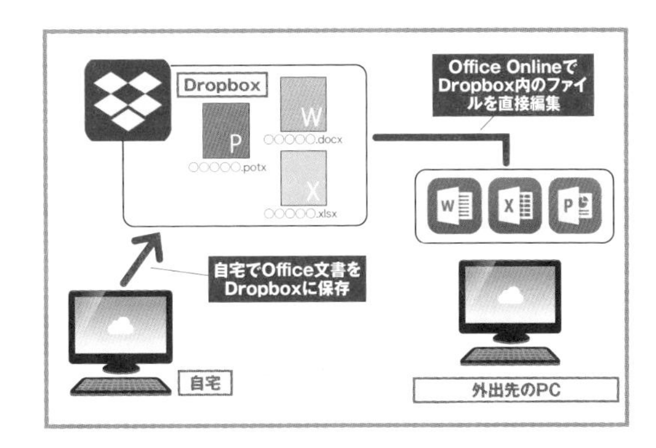

Microsoft Office OnlineでDropboxのファイルを編集する

1 ブラウザでDropboxにログインして、編集したいオフィスファイルを開き、右上の「開く」横のプルダウンメニューから「Excel for the web」を選択する。

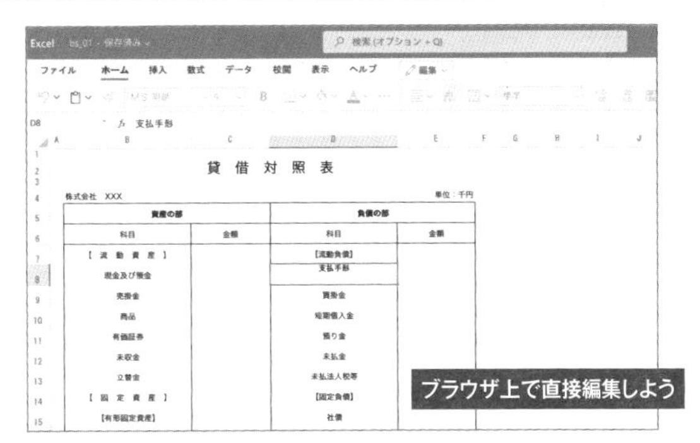

2 Microsoft Office Onlineのページが起動して、ブラウザ上でオフィスファイルの編集が直接行える。

3 現在はOffice Onlineだけでなくさまざまなアプリを利用できる。Googleスプレッドシートで開きたい場合は「Google Sheets」を選択しよう。

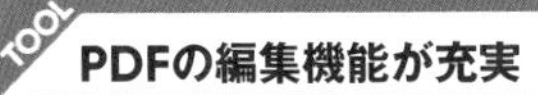

TOOL

PDFの編集機能が充実

DropboxではPDFの編集機能が充実している。「開く」から「Small PDF」を選択するとブラウザ上でPDFを編集したり圧縮したりできる。

こんな用途に最適！
- ▶ 使い心地を無料で試せる
- ▶ Googleフォトの退避先として利用できる
- ▶ 一度の買い切りで2TBのストレージが使える

買い切り型のクラウドストレージサービス

Googleフォト以降の写真バックアップサービスとして別のクラウドを利用する

APP
pCloud

Googleフォトの規約改正で6月から無制限に写真をアップロードできなくなり、代替のサービスを探している人は多いだろう。2TBの大容量を買い切りで使えるクラウドサービスを紹介しよう。

一度購入したらずっと使える2TBのオンラインストレージ

「pCloud」は無料で10GBのストレージが利用できるストレージサービス。格安な大容量プランが用意されており、2TBのストレージ容量を現在350ドル（約38,000円）で購入できる。価格が高く思えるが、DropboxやGoogleドライブなどのサブスクリプションタイプではなく買い切りタイプで、一度支払ってしまえば（サービスが終了しない限り）ずっと利用できるのが大きなメリットだ。

TOOL
pCloudの機能と特徴

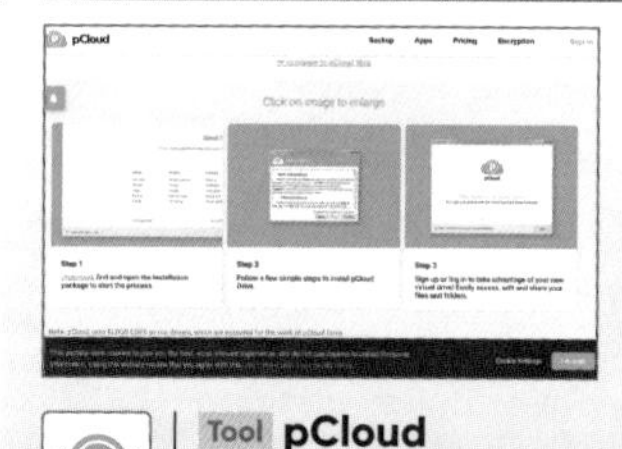

●無料で最大10GB利用できる
●共有リンクを作成して他のユーザーとファイルを共有できる
●買い切りで2TBのストレージ容量を利用できる
Dropboxとインターフェースや使い方は似ているので、DropboxやGoogleドライブの代替サービスと考えても良いだろう。

Tool pCloud
作者●pCloud LTD　価格●無料
URL ●https://www.pcloud.com/

（※）…最初から使える容量は4GBで、ファイルのアップロードや、スマホアプリのインストールなどのミッションを達成することで10GBの利用が可能になる。

pCloudの基本的な使い方

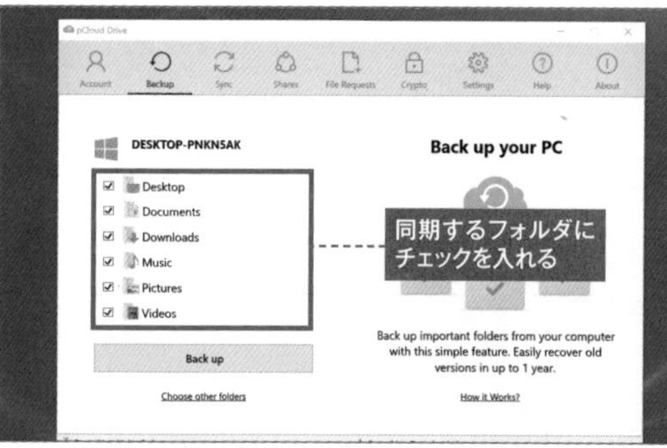

1 アプリをインストールすると初期設定画面が表示される。使い方はDropboxやGoogleドライブと似ているので迷うことはない。同期するフォルダにチェックを入れよう。

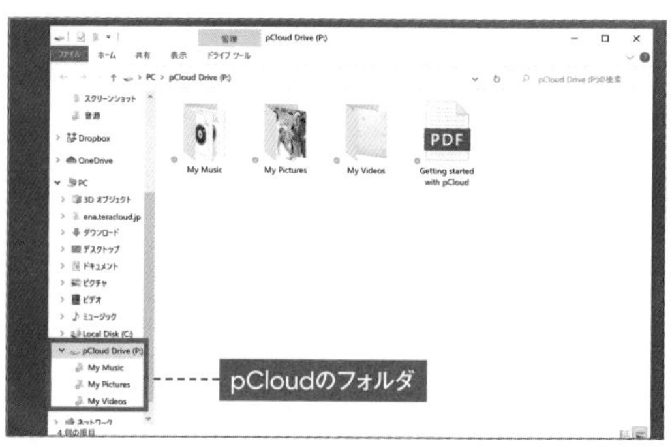

2 インストール後、エクスプローラを起動するとpCloudのフォルダが作成されている。このフォルダにファイルをコピーすると同期が始まる。写真の自動保存機能もある。

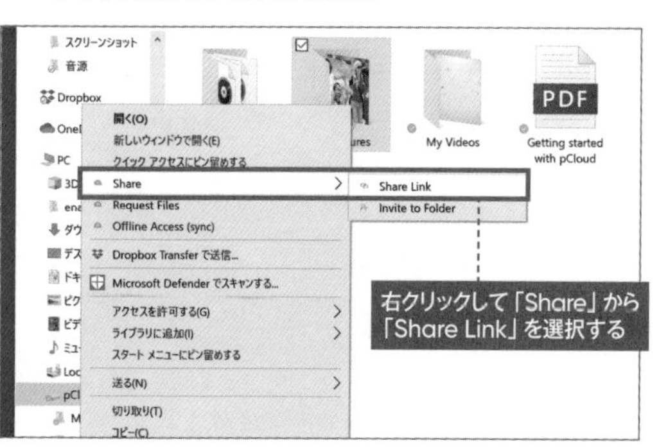

3 公開URLを作成する方法はDropboxと同じように、右クリックメニューから行う。「Share」から「Share Link」で公開URLを作成できる。

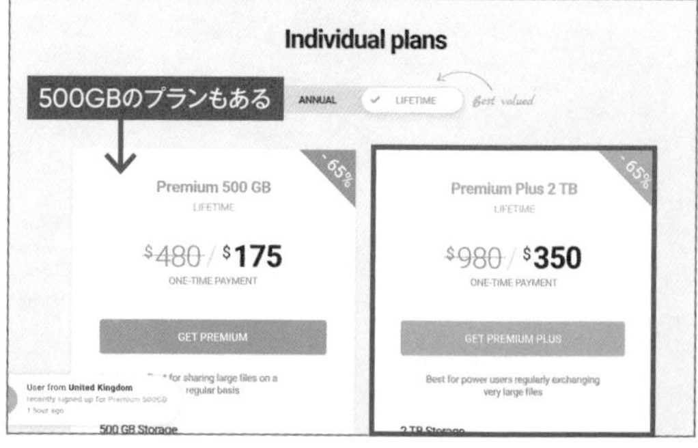

4 標準では無料で10GBのストレージ設定になっている。公式サイトにアクセスして「Premium Plus 2TB」を購入すれば一度の購入で2TBをずっと使える。

FlashAirを使えばデジカメ写真の使い方も広がる!

035 デジカメで撮影した写真をサクッとスマホに転送する

デジカメの写真を撮ってすぐスマホで利用したいのであれば、「FlashAir」というSDカードを購入しよう。スマホにアプリを導入することで、デジカメ内の写真をすぐにスマホに転送可能。その場にいる多数の人に写真を共有してもらうことも可能だ。

APP FlashAir

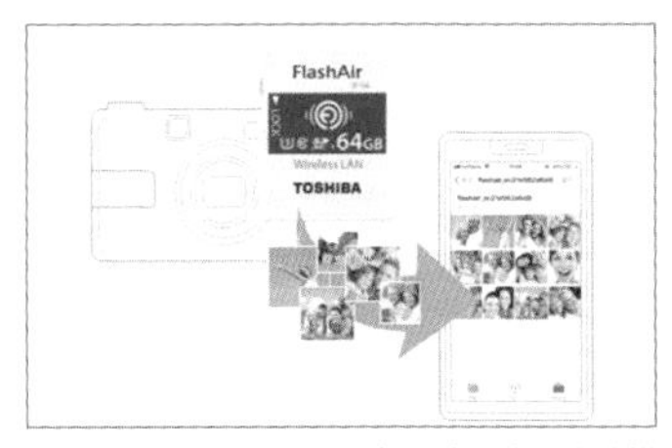

FlashaAirを挿入したデジカメを写真再生状態にして、スマホ側のWi-FiをFlashAirに接続するとデジカメの写真を転送できる状態になる。

デジカメに撮った新しい写真を全部自動的にダウンロードするか、好みのものだけ選択してダウンロードするかなども設定可能だ。

TOOL **デジカメの写真をスマホに転送!**

無線LAN機能を搭載したSDカード「FlashAir」とこのアプリを利用すればデジカメの高精細画像もすぐに利用、共有できる。

APP **FlashAir**
作者●KIOXIA Corporation
料金●無料
種別●iOS/Androidアプリ

使いやすかった前のEvernoteに戻そう

036 Evernoteを前バージョンにダウングレードする

2020年末からEvernoteのアプリは一新されたが、動作が不安定だったり使えなくなってしまった機能がたくさんある。以前のバージョンに戻したい場合は、公式サイトから「Evernote Legacy」アプリをインストールしよう。起動して利用しているEvernoteのアカウントを入力するだけですぐに以前のバージョンを利用できる。

APP Evernote

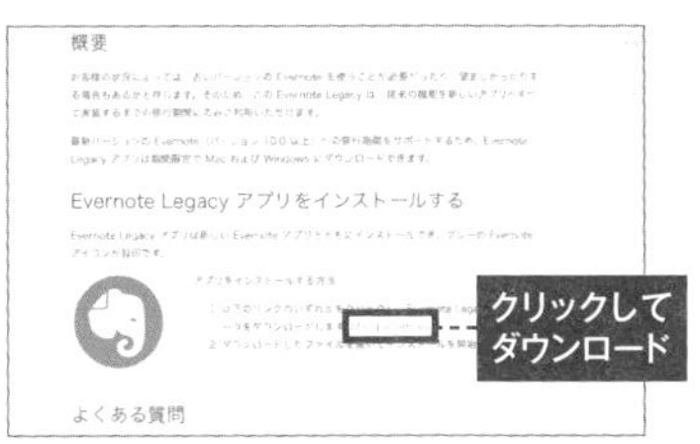

1 Evernote Legacyのページにアクセスして、アプリをダウロードしよう。Windows、Mac両方に対応している。

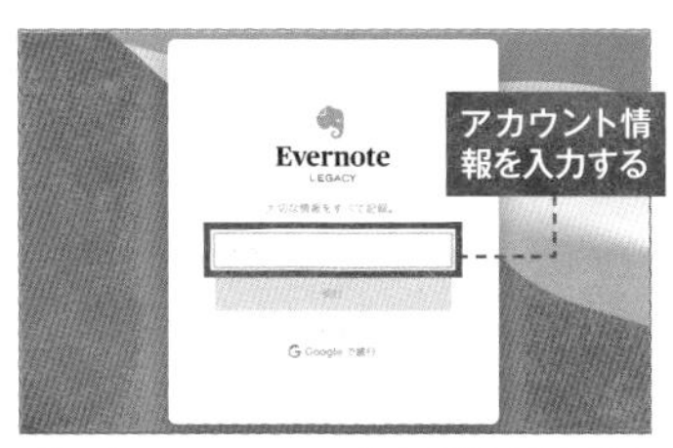

2 Evernoteのログイン画面が表示される。アカウントとログインパスワードを入力しよう。

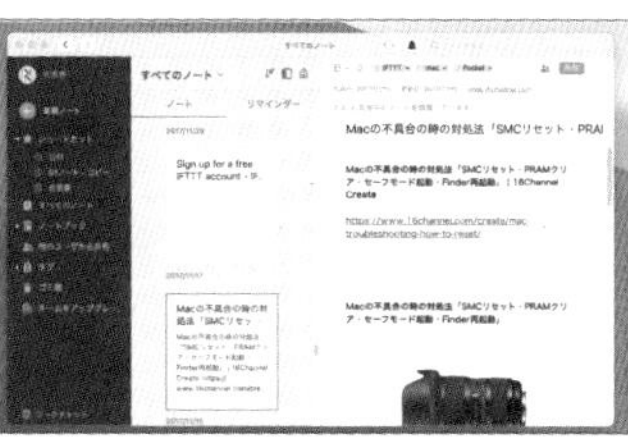

3 旧Evernoteアプリが起動する。ノートもきちんと同期される。最新アプリよりも動作が軽いのでスペックの低いパソコンでの使用がおすすめだ。

Google性のメモアプリを使いこなそう

037 Googleサービスと連携性の高いGoogle製メモアプリ

「Google Keep」はGoogleが提供しているクラウドベースのメモアプリ。Evernoteとよく似ているが、最大のメリットはGoogleサービスと連携し、GoogleドライブやGmail、Googleカレンダーのアドオンバーからメモした内容を呼び出せること。メモした内容を素早くほかのサービスに活用できる。

APP Google Keep

PCからGoogle Keepを利用するには、Googleのアカウントにログインして、メニューからGoogle Keepをたどろう。スマホアプリは各ストアからダウンロードしよう。

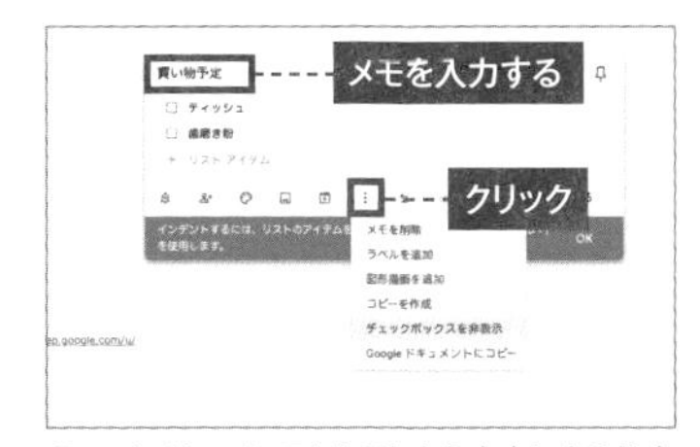

Google Keepにアクセスしたら中央にある入力ボックスをクリックしてメモを入力しよう。「…」からチェックボックスやラベルを追加できる。

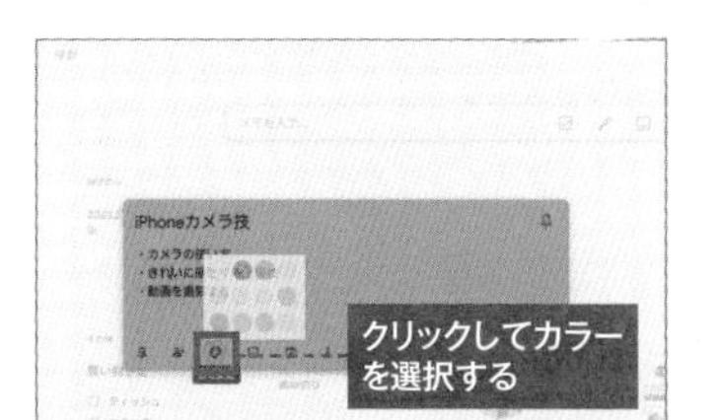

作成したメモの色を変更して見やすくするには、パネルボタンをクリックしてカラーを選択しよう。

CHAPTER 2

Webサイトからレシートまで、クラウドにあらゆる情報を収集する

今はあまり重要ではない情報もクラウドに収集することで役に立つ

クラウドの活用方法として重要視されているものの一つが、日々集まってくるあらゆる情報を集約・収集し、蓄積する活用法だ。電子メールやWebサイト、さらにはTwitterといったSNSサービスなどの、インターネットを通じて集まってくる情報はもちろん、ビジネス文書から雑誌の切り抜き、スーパーのチラシなどの紙に至るまで、少しでも有用だと思った情報は「とりあえず」クラウドへ登録しておくのが便利だ。クラウドの最大のメリットは、情報を一カ所にストックして収集し、後で検索して取り出すことができるという点。今はそれほど重要ではないと思う情報でも、後日その情報がとっても役立つ可能性はある。普通のノートやメモではバラバラに散らばってしまう情報も、クラウドで管理しておけば、いざというときにスムーズに活用することができるはずだ。

ここからは、クラウド技術を使ったメールサービス「Gmail」をはじめ、クラウドを使った情報収集術を解説していこう。コツコツ集めた情報は、いつかきっと貴方の味方になる。

038-082

こんな用途に最適!

- ▶ 仕事も趣味もメールはGmailで一括管理
- ▶ ラベルをつければ整理も簡単
- ▶ 全てのメールをまとめて検索できる

038

いま使用しているメールはすべてクラウドに集約

バラバラに管理しているメールアドレスをGmailへ集約させ一括管理する

複数のアドレスをバラバラに管理するのは、重要なメールを見逃したり、必要なメッセージが見つからないトラブルの原因。使っているメールを一ヶ所にまとめれば、メール処理の効率は一気に向上する。Gmailなら、いつでもどこでも同じ環境のメールが利用可能だ。

SITE
Gmail

メールをクラウド化することで「あのメールどこ?」問題を解消

プロバイダメールや会社のメール、フリーメールなど、複数のメールアドレスを使い分ける場合、それぞれのメールをバラバラに管理していると、とっさに必要なメールを探せないなど非効率的だ。メールをクラウド上で管理するGmailには、外部メールを取り込む機能があり、これを活用することで複数のメールを集約させ、一ヶ所でまとめて管理できるようになる。

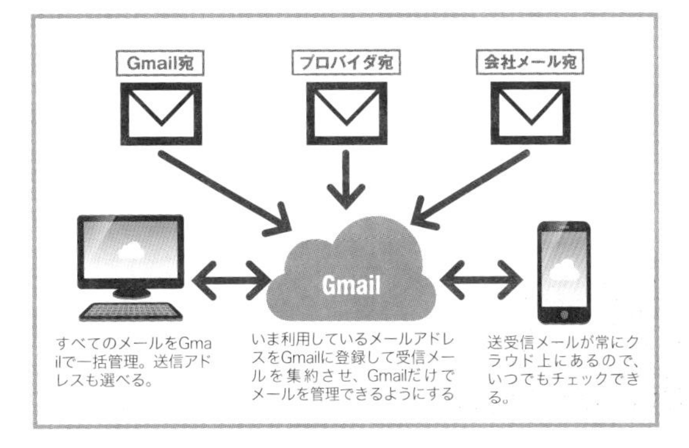

Gmailに使用している他のメールを登録して受信できるようにする

受信したメールには、必ず独自のラベルを付けて整理しやすくしよう

メールアドレスを追加して受信するには、Gmailの設定を開き、「アカウントとインポート」の項目にある「他のアカウントのメールを確認」から登録する。ラベルの設定を忘れずに行うことと、他のメールソフトでもメールを受信したい時は、サーバにメールを残す設定にしておくのが大切だ。また、追加したアドレスをデフォルトに設定すれば、このアドレスからメール送信できる。

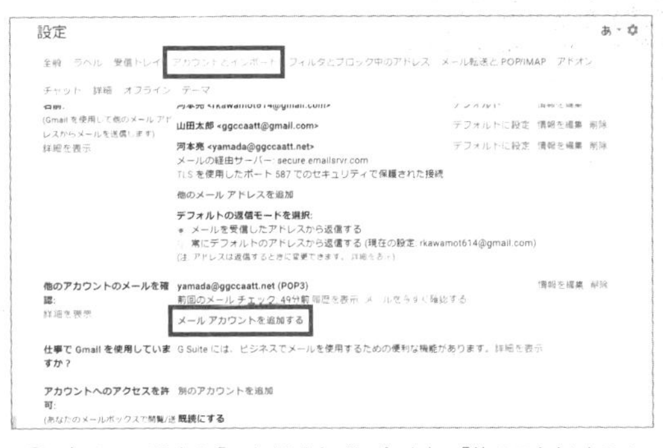

1 Gmail設定の「アカウントとインポート」>「他のアカウントのメールを確認」>「メールアカウントを追加」をクリック。

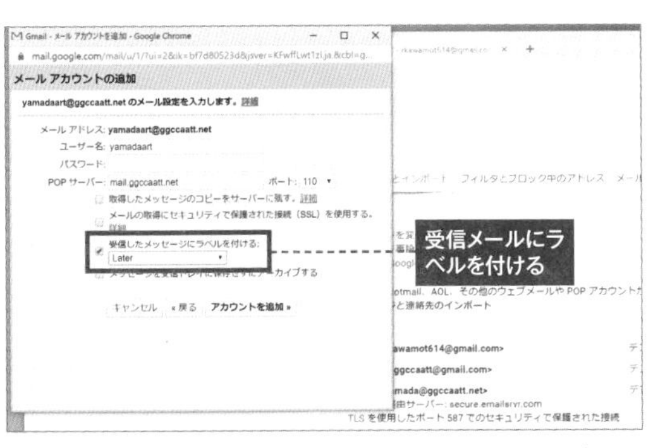

2 Gmailで受信したいメールアドレスを入力し、次のステップでメール受信設定を入力。ラベルとメールを残す設定は注意しよう。

3 これで、プロバイダ宛のメールがGmailで受信される。ラベルを設定しておけば、プロバイダ宛メールだけを表示できて便利だ。

039

- 秘密のメールはGmailにこっそり処理させよう
- 鬱陶しい不急メールの通知を止めよう
- 転送や削除などメールを自動処理

受信したメールの分類はクラウドに任せてしまおう

フィルタを駆使してメールを自動的に分類し重要なメールだけを優先的に受信する

SITE
Gmail

大量のメールを受信していると、メールの整理だけで時間を消費してしまう。重要度の低いメールは、Gmailのフィルタ機能で自動的に処理させてしまえば、受信トレイに重要なメールだけが入るようになり、スマートフォンで不要な通知にイライラすることもない。

メールの分類をGmailに任せれば、メール整理の手間が一気に省ける

Gmailのフィルタ機能は、指定した条件に沿って受信したメールを自動的に処理してくれる機能。ダイレクトメールやメールマガジンといった、すぐにチェックする必要のないメールは、フィルタ機能を利用してメインの受信トレイをスキップさせ、ラベルを付けて後でまとめてチェックできるようにしよう。受信トレイに入るメールを絞ることで、モバイル機器でのメール受信も効率化できる。

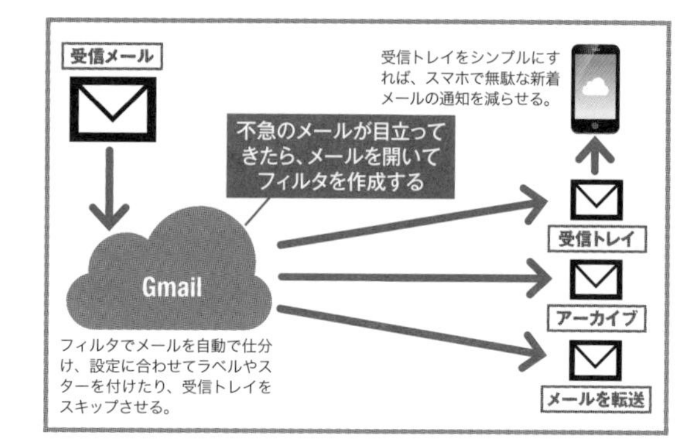

重要でないメールをGmailで開き、フィルタを作成する

邪魔に感じたメールが受信トレイに届いたら、フィルタを作成しよう

Gmailフィルタの作成は、手動で条件を指定して作成することもできるが、自動振り分け処理したいメールを開いて指定する方法が簡単。受信トレイに同じような不要メールが届くようになったら、そのメールを開いてフィルタを作成してしまおう。作成したフィルタは、Gmail設定の「フィルタとブロック中のアドレス」から内容を編集したり、フィルタの削除、無効化などを設定できる。

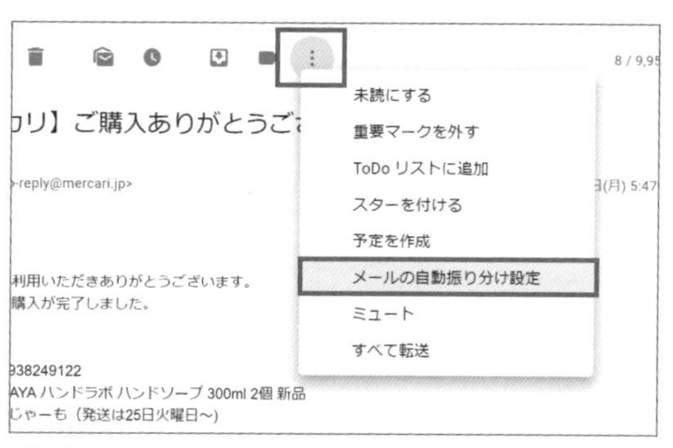

1 フィルタ処理したいメールを開き、メニューの「…」をクリック。「メールの自動振り分け設定」を開く。

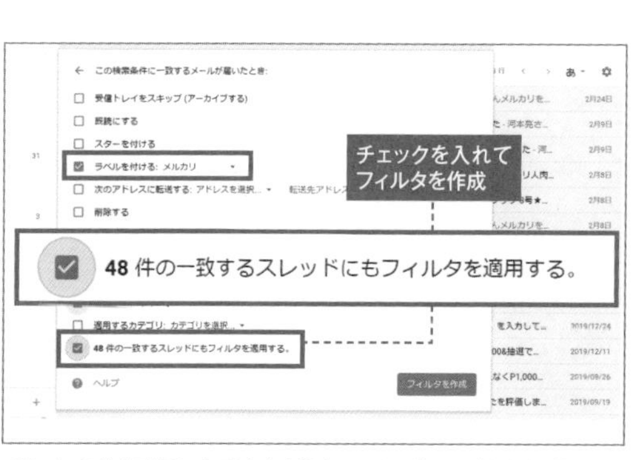

2 条件を確認し、処理内容を設定。ラベル付けなどを指定。「一致する～」にチェックを入れてフィルタを作成。

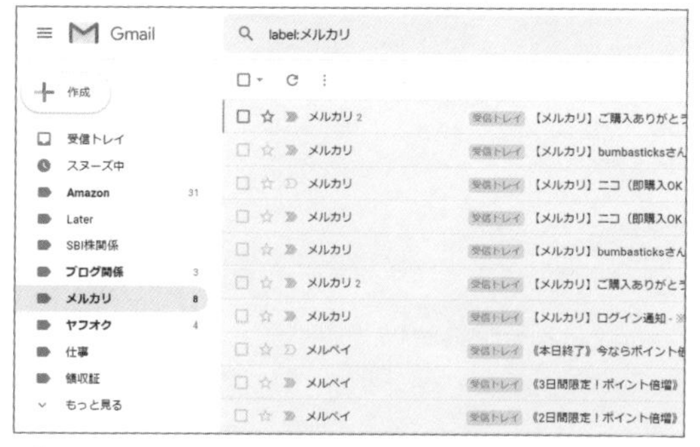

3 以降は、処理内容に従ってGmailが自動的にメールを整理してくれる。できるだけ受信トレイには重要なメールだけ入るようにしよう。

別々のアドレスに届いたメールも、ラベルを使えばまとめて整理できる

ラベルを使って、複数アカウントのメールを縦横無尽に整理する

040

SITE
Gmail

「買い物」や「メルマガ」など、同じ種類のメールが別々のアドレスに届いた場合でも、Gmailにメールを集約させておけば「ラベル」を使って一括して整理できる。前ページで解説したフィルタと組み合わせれば、メールの整理がさらに便利になる。

ラベルによるメール整理の例

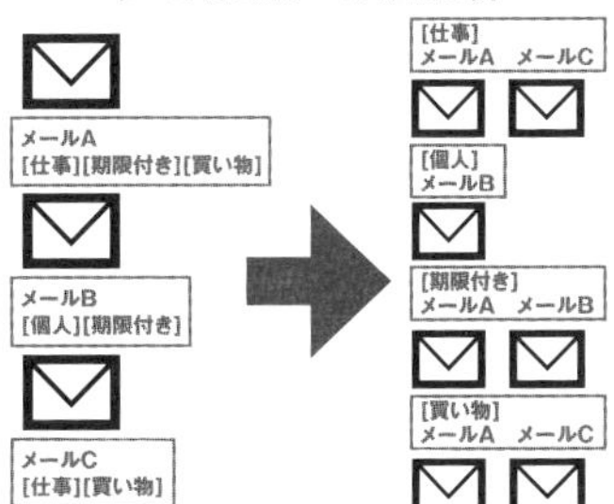

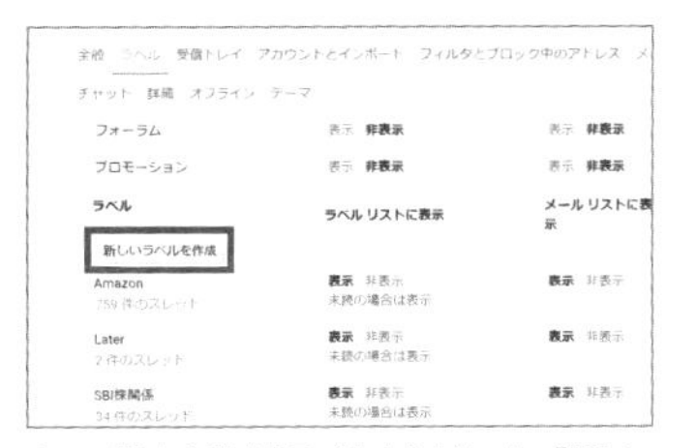

Gmail設定を開き「ラベル」をクリック。「新しいラベルを作成」をクリック。ラベル名などを指定してラベルを作成する。

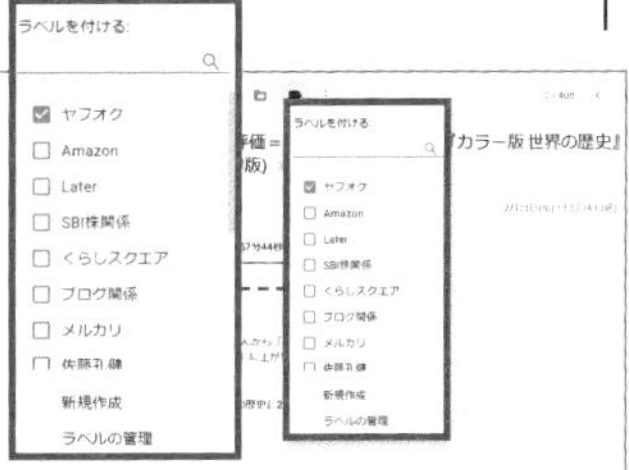

ラベルアイコンからメールにラベルを付けられる。ひとつのメールに複数のラベルを付けてメールを整理できる。

上級

スターでメールを整理しているユーザーは必見!

複数の「スター」を使ってメールの分類をもっと便利にする

041

SITE
Gmail

Gmailのスター機能はワンクリックで重要なメールにマークを付けて分類できる機能だが、最初に使えるのは一種類だけ。設定でスターの種類を増やせばスターを使ったメール整理がもっと便利になる。検索でスターの種類別にメールを絞り込むのも簡単だ。

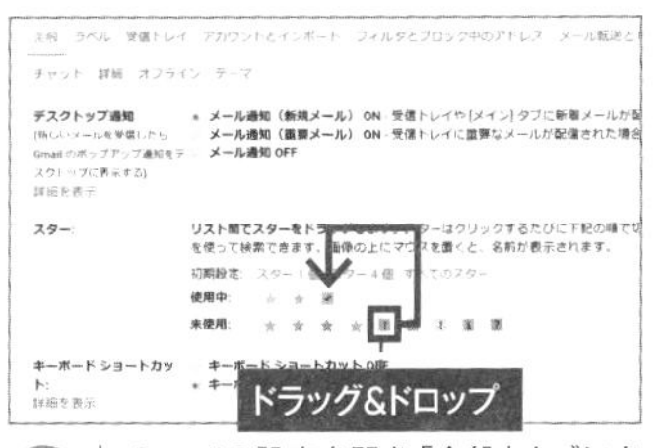

1 Gmailの設定を開き「全般」タブにあるスターの設定で、使用したいスターをドラッグ&ドロップで追加する。

2 メールにスターをつける際連続してクリックすると、スターの種類が順番に切り替わり好みのスターを指定できる。

3 メールを検索する際「has:green-star」のように、スター名で絞り込める。スター名は設定画面で確認できる。

上級

Googleならではの強力な検索機能で、探していたメールも一発で見つかる

探しているメールを一発で探せる検索テクニック

042

SITE
Gmail

すべてのメールをGmailに集約させるメリットの一つが、検索機能。Gmailの検索機能は強力で、キーワードに加えさまざまな条件を付けて、目的のメールを即座に探し出せる。また、メールの全選択機能を利用すれば、大量のメールを一括処理できる。

覚えておくと便利なGmail検索オプション

OR
複数キーワードを指定し、いずれかのワードが含まれるメールを検索

has:attachment
添付ファイル付きのメールを検索

" "（引用符）
フレーズ検索を行う

in:anywhere
ゴミ箱、迷惑メールを含めすべてのメールを検索

older_than
newer_than
特定日時（以前／以降）に送受信されたメールを検索

larger:
smaller:
指定したサイズ以上（以下）のメールを検索

has:nouserlabels
ユーザー作成のラベルが付いていないメールを検索

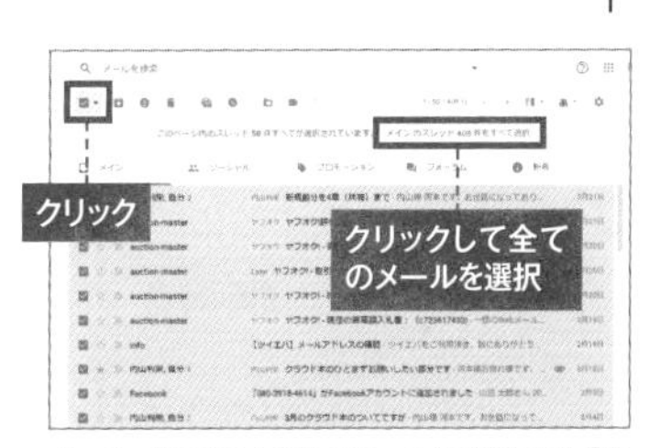

メール一覧の左上にあるチェックボタンから「すべて」を選択した際に表示されるメッセージから、すべてのメールを選択できる。

043

こんな用途に最適!
- 環境を選ばないGoogle連絡先ならアドレス管理も楽々
- AndroidもiPhoneもどちらもOK
- アドレス帳の編集もパソコンで快適

同期できるデバイスが豊富なGoogle連絡先をメインに利用しよう

連絡先の管理もGoogle連絡先へ集約させればスマートフォンとの連携もスムーズに

APP
Google連絡先

連絡先を管理できるクラウドサービスは多数存在するが、汎用性を考慮するとやはりGoogle連絡先がベター。OSの種類を問わず他のパソコンやスマートフォンとスムーズに同期できるので、活用の幅も広い。メンテナンスもWeb版から簡単に行える。

分散しがちな連絡先はGmailで一元管理して円滑なコミュニケーションを

メールアドレスや電話番号といった連絡先の情報を手帳やメールソフトといったオフラインデバイスだけで管理していると、活用の幅も狭く情報も分散しやすい。Gmailと連携できるGoogle連絡先は、iPhoneやAndroidスマートフォンなどの幅広いデバイスと同期できるので、連絡先の一元管理に最適。メンテナンスの手間も軽減できる。

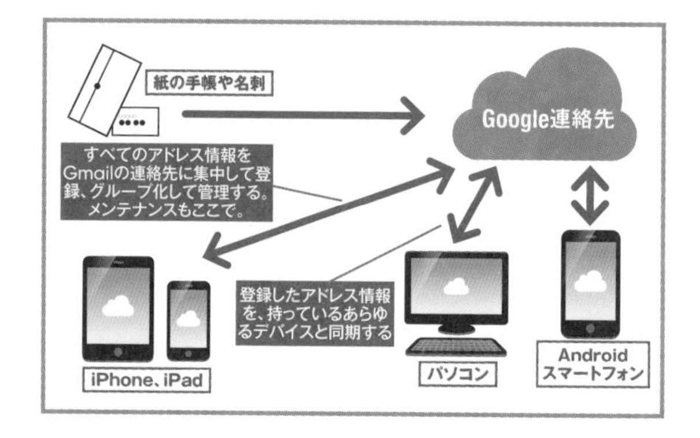

Google連絡先を効率的に編集してスマホと連携させる

1 Google連絡先は右上のGoogleメニューからアクセスしよう。左上の「連絡先の作成」をクリックして連絡先を編集しよう。

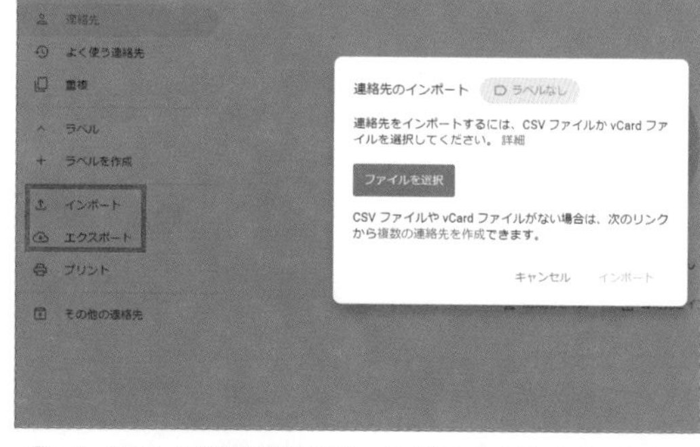

2 インポート機能を利用すると、表計算ソフトなどで編集したデータを取り込める(逆も可)。

3 受信したメールの送信者の名前にマウスカーソルをあて表示される画面で「連絡先に追加」。

4 Androidスマホの場合は、「連絡先」アプリにアカウントを登録、iOSの場合はメールアカウントを登録して連絡先の同期をオンにする。

上級

定型文としてはもちろん、署名の使い分けにも活用できる

挨拶文などのテンプレートを作成してメールを効率化する

044

SITE Gmail

挨拶文や書類送付の連絡など、決まった内容のメールを送信することが多ければ、テンプレート（定型文）を作成しておくと便利だ。署名を使い分けたい時にも、この機能を応用できる。ビジネスで利用すると便利な機能だ。

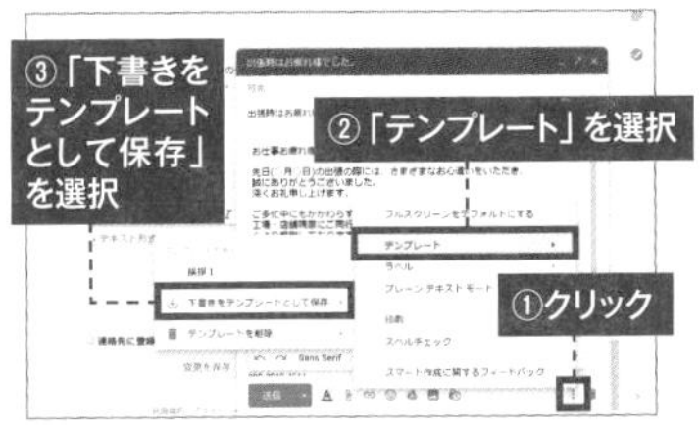

1 メールの新規作成画面でテンプレートとして使いたい文章を入力したあと、右下の「…」から「テンプレート」→「下書きをテンプレートとして保存」を選択する。

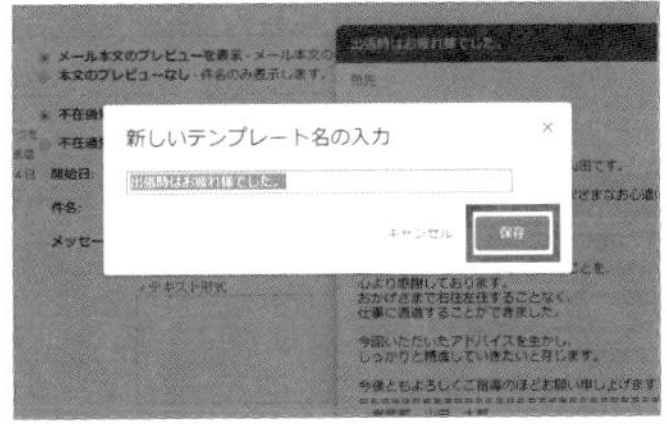

2 「新しいテンプレートとして保存」を選択して、テンプレート名を入力しよう。「保存」をクリックする。テンプレートが保存される。

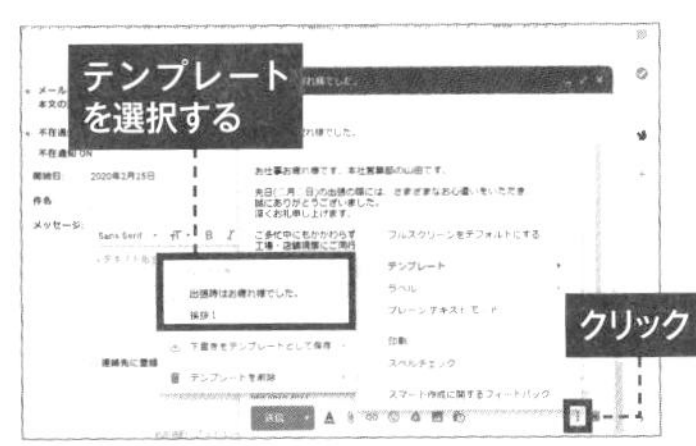

3 保存したテンプレートを利用するには、右下の「…」→「テンプレート」から作成したテンプレートの挿入を選択しよう。

豆テク

さまざまな用途に活用できる、不在通知と定型文を使った自動返信

不在時だけでなく多彩な用途に利用できるGmail自動返信機能

045

SITE Gmail

Gmailには、受信したメールに自動的に返信してくれる機能が用意されている。たとえば長期出張や療養などですぐに返信できない場合だけでなく、条件を指定して自動応答メールを送信することも可能。さまざまな用途に活用できる機能だ。

1 Gmail設定を開き「全般>「不在通知」にある「不在通知をON」を有効にすれば、登録したメッセージを自動で送信する。

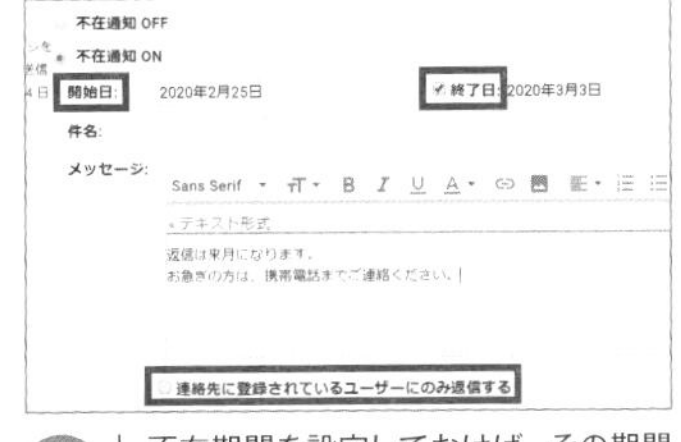

2 不在期間を設定しておけば、その期間だけ返信する。また、Gmail連絡先にあるアドレスからのメールのみへの返信も可。

TIPS

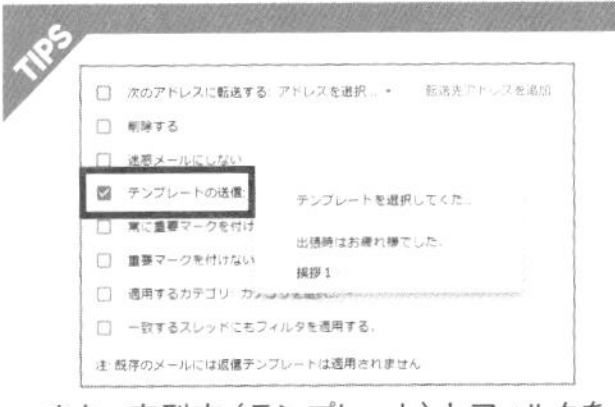

また、定型文（テンプレート）とフィルタを使用して自動応答メールを送信できる。設定は「フィルタ」作成画面で行う。

Googleのストレージを節約する

Gmailを外部にバックアップしてストレージを確保する

046

SITE Gmail

Gmailの容量を効率よく確保するには、サイズの大きな添付メールを削除することだが、Gmailの仕様上、本文を残して添付ファイルのみ削除することはできない。そんなときはGmailを別のストレージにバックアップしよう。Gmailのデータはローカルに保存したり、直接別のストレージサービスにコピーできる。また、特定のメールのみダウンロードすることもできる。

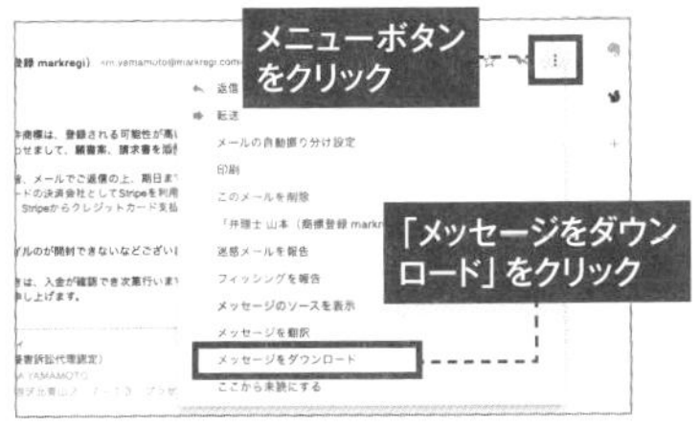

1 特定のメールをダウンロードしたい場合は、メールを開き右上のメニューから「メッセージをダウンロード」をクリックすれば、eml形式でダウンロードできる。

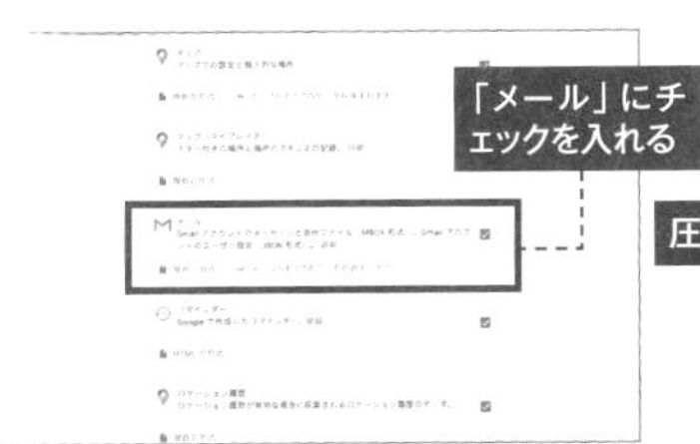

2 Googleアカウント画面を開き、メニューの「データとカスタマイズ」から「データをダウンロード」をクリックする。下の方にスクロールして「メール」にチェックを入れよう。

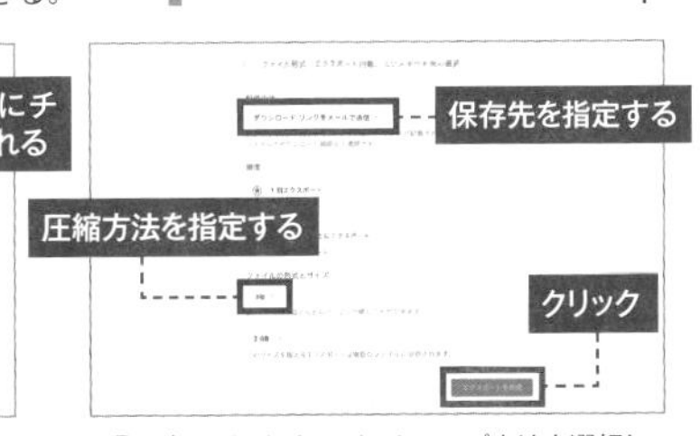

2 配信方法でバックアップ方法を選択し、ファイルの形式で圧縮方法を指定する。「エクスポートを作成」をクリックしよう。添付ファイルごとメールをバックアップできる。

047

Googleスプレッドシートで SUM関数を使う

数字を入力して簡単に合計や平均を求める

SITE
Googleスプレッドシート

Googleスプレッドシートはエクセルと同じく関数を使った計算ができる。各セルに数字を入力して決められた関数を入力するだけで簡単に合計や平均を求めることができる。わざわざ電卓アプリを使う必要はない。合計値を計算するのに便利なSUM関数を解説しよう。

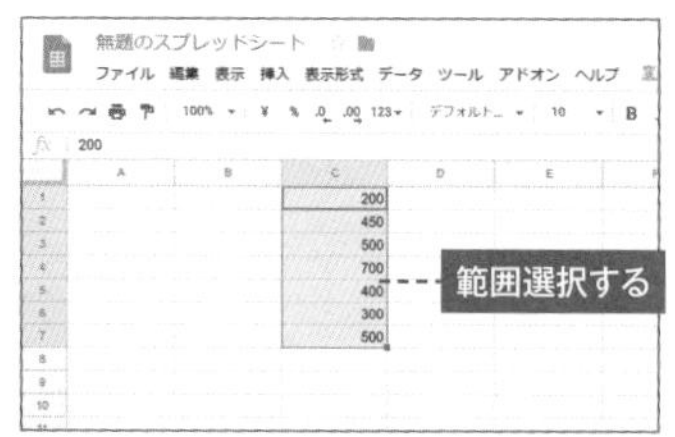

1 まずは指定した範囲のセルの合計値を計算するSUM関数を利用してみよう。合計を算出したい数値を入力したセルを選択する。

2 メニューの「挿入」から「関数」に進み、「SUM」を選択しよう。

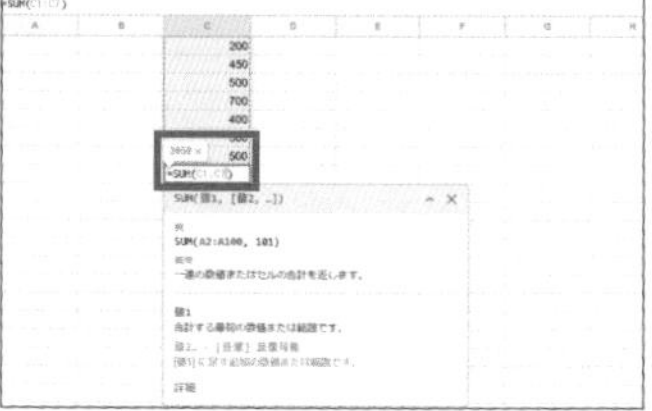

3 指定した範囲の数値が合計された数値が表示される。なお、C1からC7の数値の合計を算出する場合は「=SUM（C1:C7）」というSUM関数の書き方を利用することもできる。

048

SUM関数で離れたセルの合計を算出する

SUM関数を直接入力して計算する

SITE
Googleスプレッドシート

Googleスプレッドシートはセルに関数を直接入力して計算することもできる。連続したセルの合計を算出したい場合は「=SUM（C4:C8）」と入力する。離れた場所にあるセル内数値の合計を算出したい場合は「=SUM（C1,C3,C5）というようにセルをカンマで区切ろう。

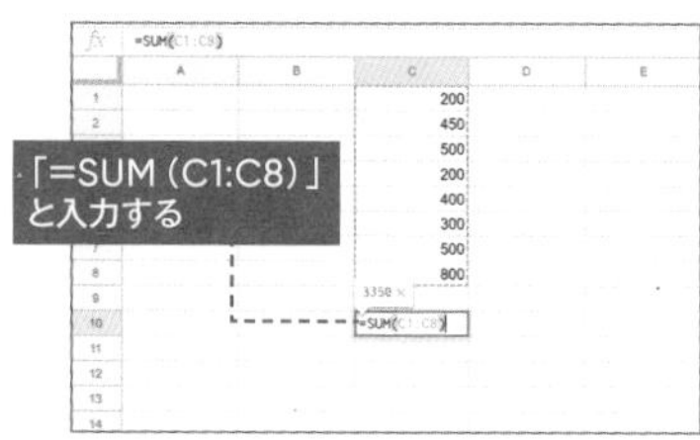

1 C1からC8の連続したセルの合計を入力したい場合は、合計値を入力したいセルをクリックして「=SUM（C1:C8）」と入力しよう。

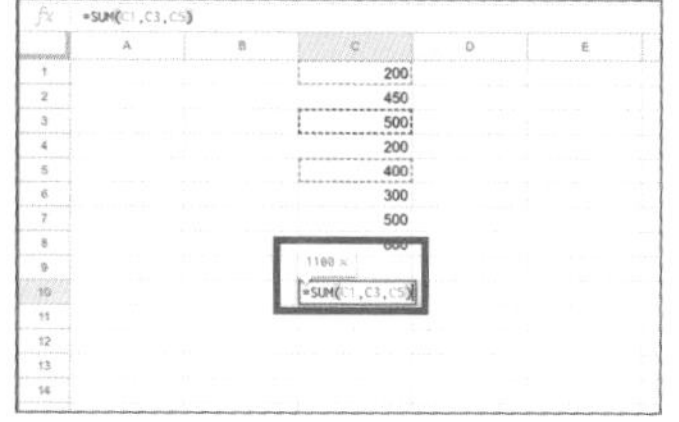

2 C1、C3、C5など離れた場所にあるセルの合計を入力したい場合は、合計値を入力したいセルをクリックして、「=SUM（C1,C3,C5）というようにセルをカンマで区切ろう。

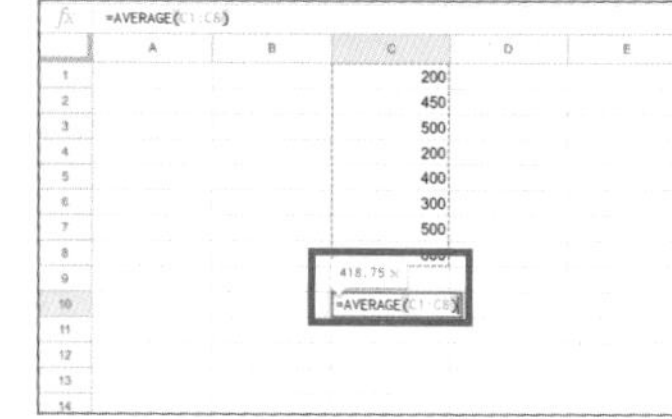

3 C1からC8の連続したセルに入力されている数値の平均値を算出したい場合は、「=AVERAGE（C1:C8）」と入力しよう。

049

ドラッグして番号を連続で入力

連続する番号や日付を入力するには

SITE
Googleスプレッドシート

Googleスプレッドシートでは、エクセルと同じく番号や日付など連続した番号を簡単に入力することができる。1、2、3など連続した番号を入力したい場合は、連続したデータを複数入力したあとそれらを範囲選択してドラッグしよう。日付や曜日なども連続して入力することができる。

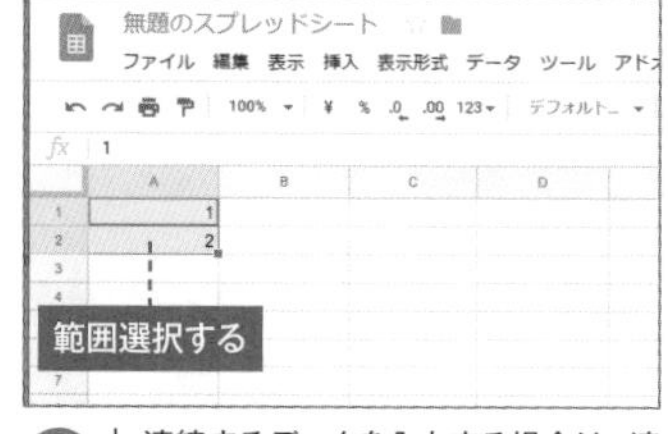

1 連続するデータを入力する場合は、連続した2つ以上の数字を入力したあと範囲選択する。

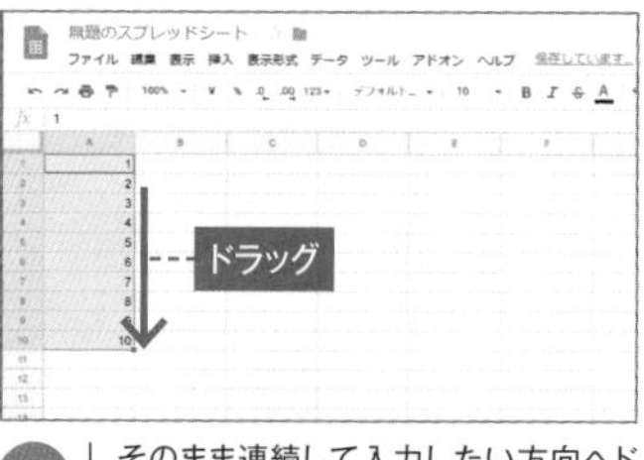

2 そのまま連続して入力したい方向へドラッグすると番号が入力される。

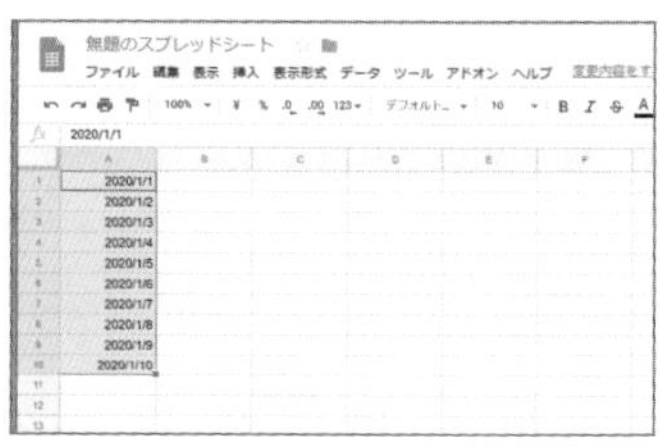

3 数字だけでなく曜日や日付も連続して入力できる。日付の場合は「年/月/日」で入力しよう。

行や列を編集する

表の途中に新しい行、列を挿入するには？

SITE Googleスプレッドシート

行や列を追加したくなったときは、追加したい場所を選択してメニューの「挿入」から「○に1行」または「○に1列」を選択しよう。選択した方向に行や列を追加できる。複数の行や列を追加したい場合は、追加したい分の行や列だけ範囲選択して「挿入」メニューを開こう。

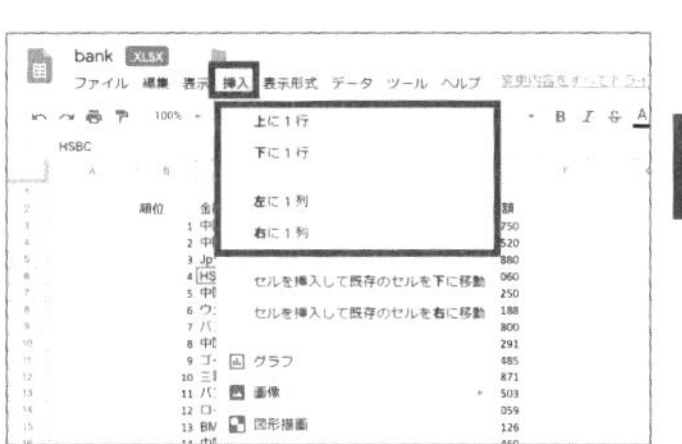

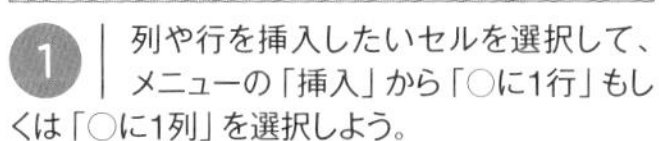

1 列や行を挿入したいセルを選択して、メニューの「挿入」から「○に1行」もしくは「○に1列」を選択しよう。

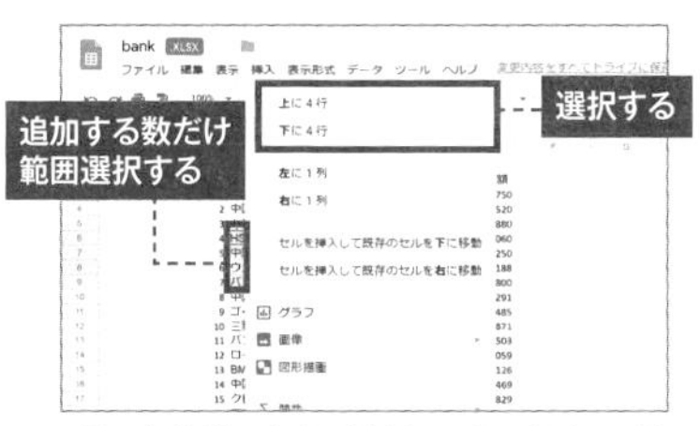

2 複数の行や列を挿入したい場合は、追加したい数のセルを範囲選択した状態で、メニューの「挿入」をクリックしよう。

3 右クリックメニューから行や列を挿入することもできる。また、余計な行や列を削除することもできる。

文字の折返しをマスターする

051 セル内で文書を折り返して表示する

SITE Googleスプレッドシート

Excelでセル内の文字を折り返す場合は、右クリックメニューの設定で「文字を折り返す」を選べばよいが、Googleスプレッドシートの右クリックメニューには相当する項目がない。Googleスプレッドシートでは、ツールバーにある「テキストを折り返す」ボタンをクリックしよう。

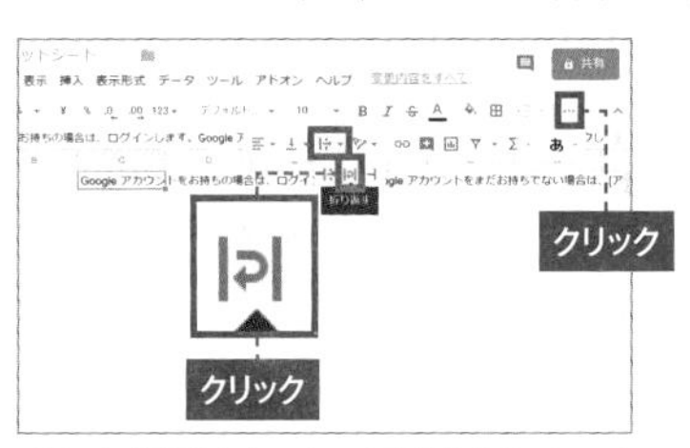

1 折返ししたいセルを選択したら、ツールバー右端の「…」をクリックして「テキスト折り返す」ボタンをクリック。真ん中の「折り返す」をクリックしよう。

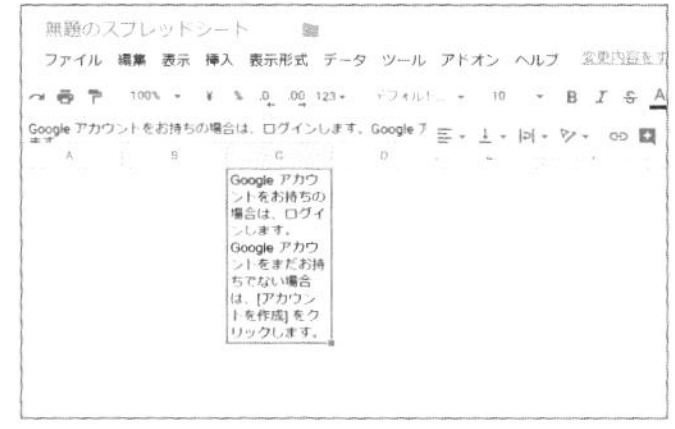

2 このようにセルの幅にあわせて、文字が自動折返しされる。

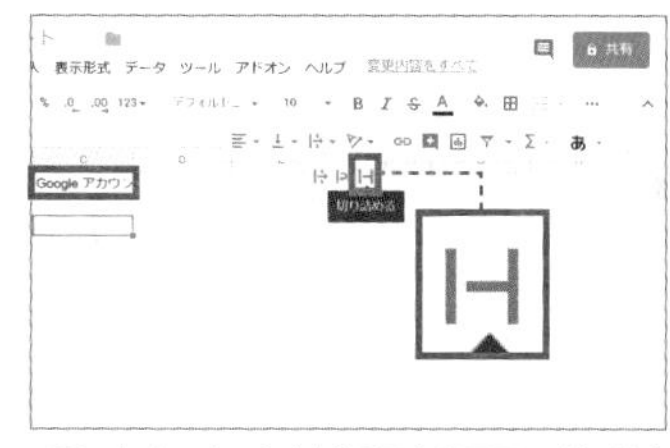

3 「テキストを折り返す」画面で「切り詰める」を選択すると、セルの大きさはそのままで文字が次のセルの上に被らず下に隠れるようになる。

「範囲を並び替え」を使いこなす

052 複数の条件でデータを並べ替える

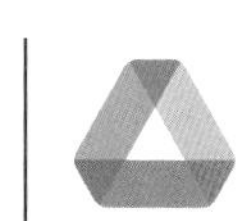

SITE Googleスプレッドシート

Googleスプレッドシートでは、セルデータの並び替えが簡単に行える。並び替える列を範囲選択したあと、メニューの「データ」から「範囲を並べ替え」を選択しよう。ほかに、売上順や人数順など、さまざまな並び替え条件を指定してデータを並び替えることもできる。

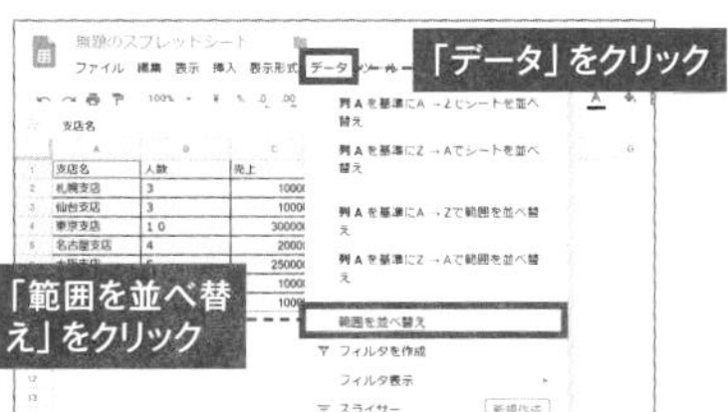

1 並べ替えを行いたいデータを範囲選択し、メニューの「データ」から「範囲を並べ替え」をクリックする。

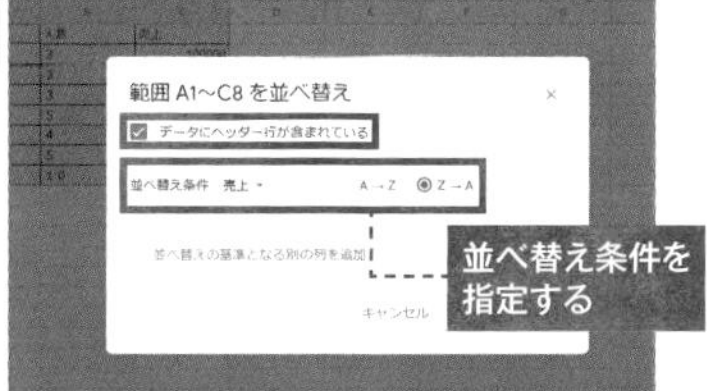

2 「データにヘッダー行が含まれている」にチェックを入れると、「並べ替え条件」にヘッダー情報が表示される。条件を指定して「並べ替え」をクリックしよう。

支店名	人数	売上
東京支店	10	3000000
大阪支店	5	2500000
名古屋支店	4	200000
札幌支店	3	100000
仙台支店	3	100000
広島支店	3	100000
福岡支店	3	100000

3 「売上」が高い順にデータを並べ替えたところ。ヘッダーの条件を変更すればほかにもいろいろ並び替えることができる。

053

- いろいろな情報をサクッと保存して持ち歩こう
- 旅行前に飲食店や観光情報を保存
- Web辞書を保存して学習にも活用

資料になりそうなWebサイトはサクっとEvernoteにストックしよう

気になったWebサイトをワンタッチでEvernoteへ保存する

APP
Evernote

情報収集ツールとしてEvernoteを有効活用する第一歩としてぜひ導入したいのが、Webサイトを手軽に取り込めるWebクリッパー。少しでも有用と思えるページはガンガン取り込んで、資料としてストックしておくクセをつけておこう。

メインの情報源であるWebサイトを効率的にEvernoteに保存する

ビジネスや趣味のための情報源はやはりWebサイト。資料としてブックマークしておいても、ページが消滅して参照できなくなるケースもある。そこで、有用なWebサイトはEvernoteへ保存しておき、いつでも参照できるようにしよう。Evernoteからリリースされているwebクリップツールを使用しているブラウザへインストールしておけば、ワンクリックでWebサイトを保存できる。

TOOL
各ブラウザに対応した機能拡張

Microsoft Edgeの場合は、Evernoteクライアントをインストールするときに同時にインストールされる。

Add-on **Evernote Webクリッパー**
作者●Evernote　種別●フリーソフト
URL ●https://evernote.com/webclipper/

Evernote WebクリッパーでWebから情報を登録する

1 クリップしたいWebページを開いたら、Webクリッパーのアイコンをクリック。まずはEvernoteのアカウントを入力してサインアップ。

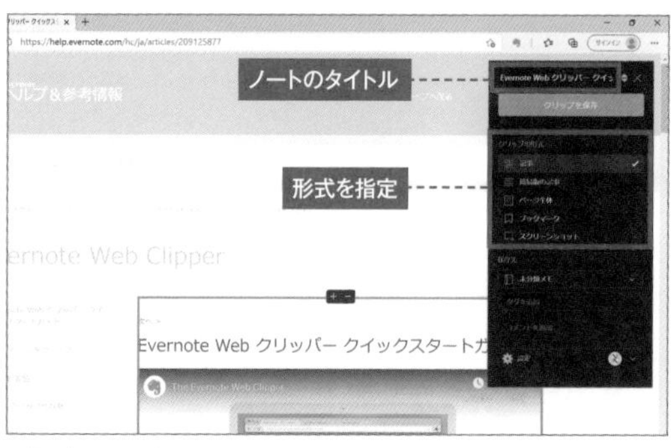

2 クリップ方法は5種類から選べる。ムービーなど記事として取り込めない場合はスクリーンショット形式で取り込もう。

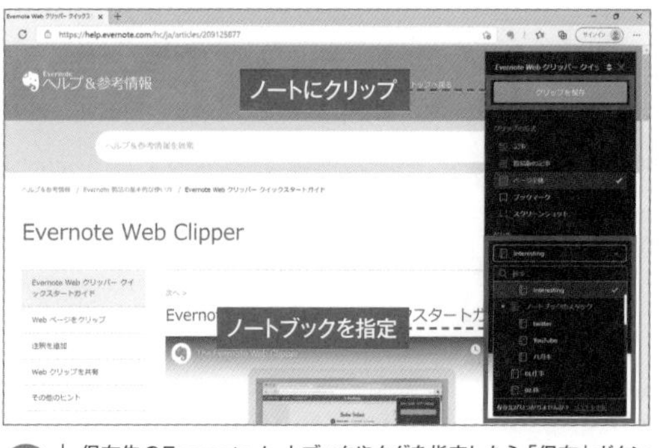

3 保存先のEvernoteノートブックやタグを指定したら「保存」ボタンをクリックして、記事をEvernoteに送信する。

4 Evernoteを同期すると、クリップされた記事が登録される。クリップした情報に注釈やメモを付けて情報を活用しよう。

Webクリップの際の保存先ノートブックの指定やタグづけを簡単にする

054 「スマートファイリング機能」を使って、同サイトのWebクリップを効率化する

Evernoteの Webクリッパーに搭載されている「スマートファイリング機能」を利用すれば、記事を保存するごとに利用したノートブックやタグを学習し、次回クリップ時に自動でノートブックやタグの候補を提案してくれる。同じサイトから何度も保存するときに便利だ。

APP Evernote

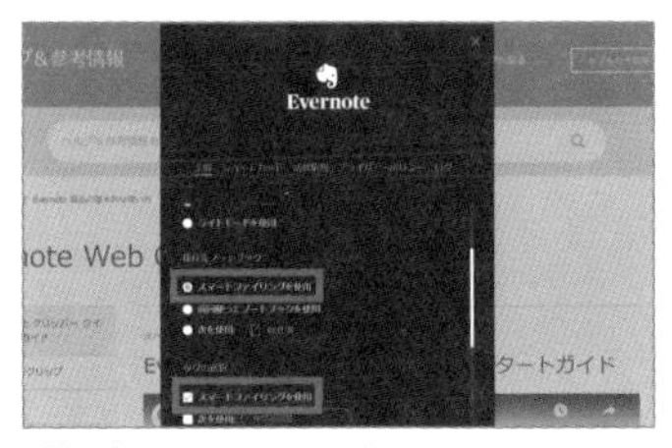

1 Webクリッパーを開いて、下にある設定をクリック。「スマートファイリング」機能が有効になっているかを確認する。

2 あとは通常通り、保存先ノートブックやタグを指定してWebをクリップする。特別な操作は必要ない。

3 スマートファイリング機能が有効になっていれば、過去に保存したWebクリップとの類似性をもとに、ノートブックやタグがセットされる。

ニュース記事を効率よくクリップする

055 複数ページに分かれたWebでも1ページでクリップできる

ニュースなど複数ページに分割された記事をページごとに保存していくのは面倒。拡張機能のEvernote Webクリッパーを使えば、分割された記事を統合して1つのページとして保存できる。Evernote Webクリッパーの設定画面を開いて「全ページを1つのノートに保存します」にチェックを入れよう。ただし、サイトによってはうまく動作しないことがある。

APP Evernote

1 Evernote Webクリッパーをインストールして対象のページを開く。Evernote Webクリッパーを開き「設定」をクリック。

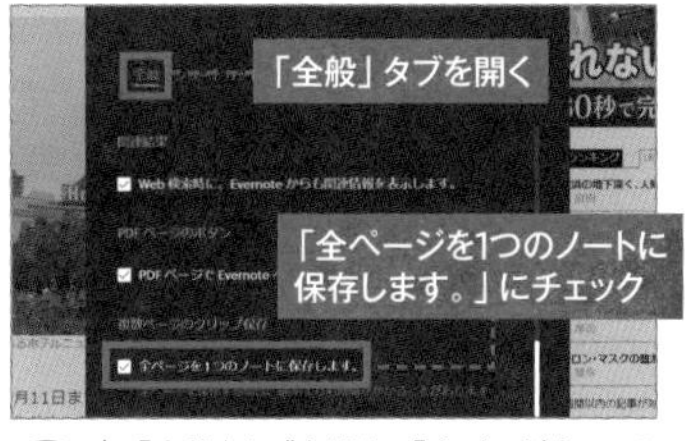

2 「全般」タブを開き、「全ページを1つのノートに保存します。」にチェックを入れよう。

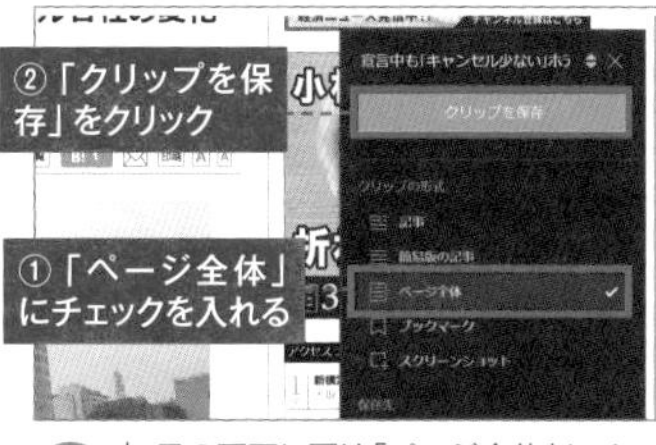

3 元の画面に戻り「ページ全体」にチェックを入れて「クリップを保存」をクリックしよう。

オペレータによる入力なので内容の正確さはNo.1

056 名刺を簡単かつ正確にデジタル化してビジネスを加速させる

名刺をデジタル化する手段はいくつかあるが「Eight」は正確さでいえば最高品質のクラウドサービス。スマホアプリでアカウントを取得し、名刺をカメラで撮影すれば、その名刺をオペレータが手動で入力してくれる。名刺データはPCからも利用可能だ。

APP Eight
https://8card.net/

1 アプリのカメラボタンをタップして名刺を撮影・送信すると、数日で名刺の内容が登録される。OCRと比べ格段に正確。

2 アプリで登録された名刺データはアプリで他ユーザーと交換できる他、Webへアクセスして利用できる。

TOOL 名刺を撮影・送信するアプリ

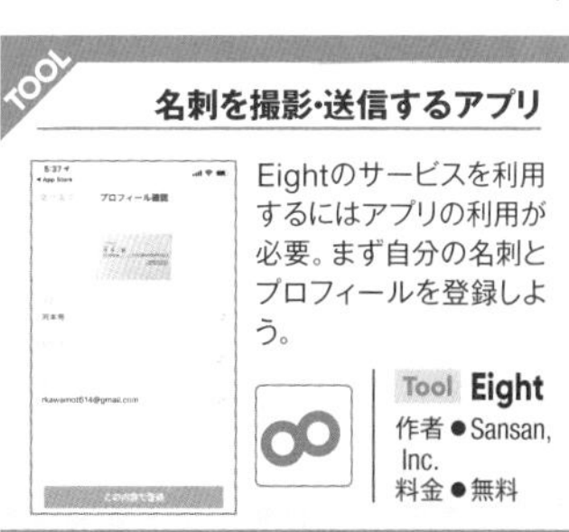

Eightのサービスを利用するにはアプリの利用が必要。まず自分の名刺とプロフィールを登録しよう。

Tool Eight
作者●Sansan, Inc.
料金●無料

上級

057

▶ 全文化で記事が消える前に保存できる
▶ 有名人ブログも、丸ごとEvernoteに自動保存!
▶ レシピやグルメブログを取得して活用!

漏らさず保存したい重要なサイトは、RSSフィードを活用しよう

ニュースやブログなどのRSSフィードを全文化してEvernoteへ自動で取り込む

APP
Evernote

常に有用な記事を掲載するWebサイトをEvernoteへ保存する場合、Webクリップではなく、Evernoteのメール機能とRSSフィードを組み合わせて最新記事を自動的に取り込む方法がベスト。Evernoteでメール転送を使用するにはプレミアム登録が必要。

2つのWebサービスを組み合わせて、最新記事を完全に保存する

ニュースサイトやブログの更新情報を配信するRSSフィードは、通常RSSリーダーで記事を読むのに使用するが、RSSフィードをメールで配信するサービス「Blogtrottor」を利用することで、Evernoteに最新の記事を自動的に取り込むことができる。その際、記事の内容を全文化するサービス「fivefilters」を加えることで、取り込んだ情報の有用性がさらに高まる。

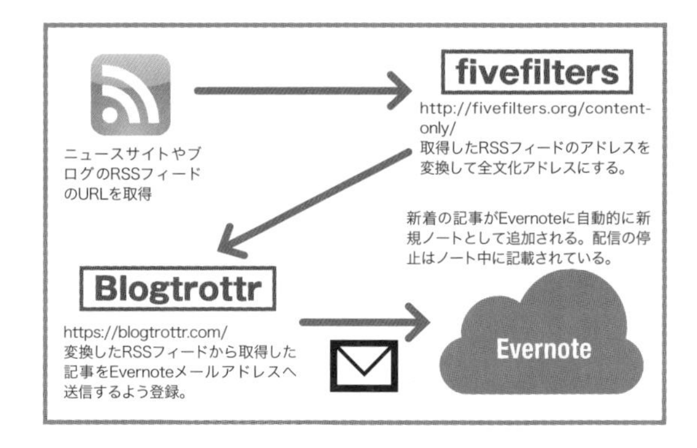

最新記事をEvernoteで受信、情報を自動的にストックしていく

全文化することで、情報の価値をフルに保存できる

まず用意するのはRSSフィード。ブログやニュースサイトでは、たいてい配信しているので、そのURLをコピーしておこう。RSSフィードの中には、タイトルのみ、ダイジェストのみの内容もあるため、これを全文化するサービス「fivefilters」でアドレスを変換。これを「Blogtrottr」へ登録し、Evernoteメールアドレスへ送信する。配信の解除は、Evernoteに届いた記事中に記載されている。

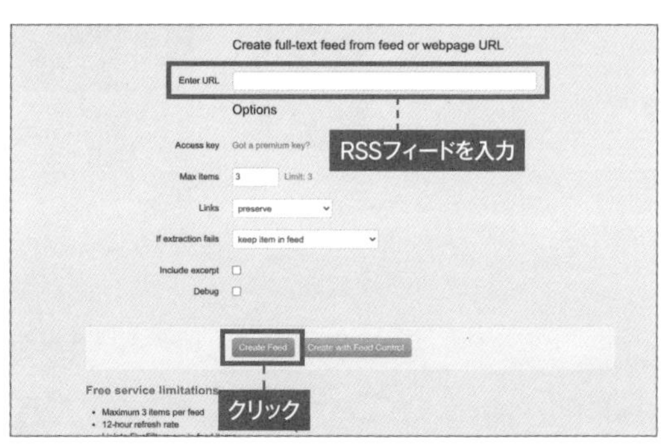

1 fivefiltersにアクセスしたらRSSフィードを入力し、「Create Feed」ボタンをクリック。次に開くページのURLをコピー。

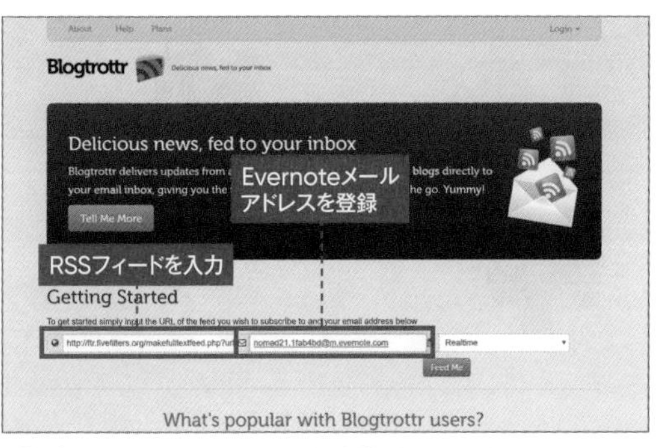

2 Blogtrottrへアクセスしたら、変換したアドレスとEvernoteのメールアドレス、送信間隔を設定する。Evernoteに確認メールが届く。

3 RSSフィードが取れるサイトであれば、このテクニックを応用することで簡単に様々な情報を自動的にEvernoteへ取り込むことができる。

いちいちスキャナを起動しなくても、手軽にアナログ書類をEvernoteに保存

ちょっとしたアナログ文書はスマートフォンで取り込もう

058

APP Evernote

チラシや雑誌記事などの紙媒体をEvernoteへ取り込む場合、高品質である必要がない場合は、iOS/Android版の公式アプリの機能「ドキュメントスキャナ」を利用しよう。撮影時に文字が読みやすくなるように補正してくれるのが特徴だ。

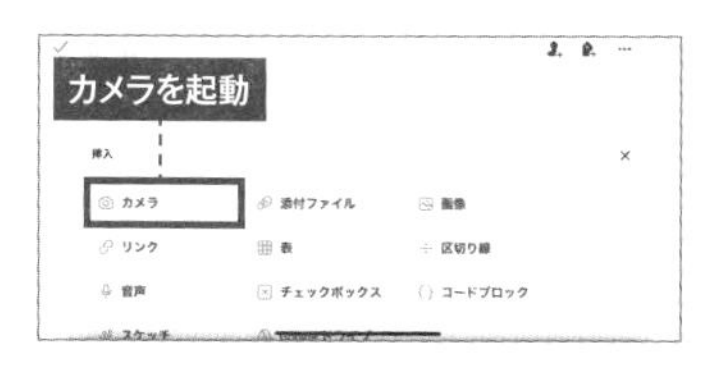

1 モバイル版アプリを起動してEvernoteにサインインしたら、挿入メニューから「カメラ」をタップしてカメラ機能を起動する。

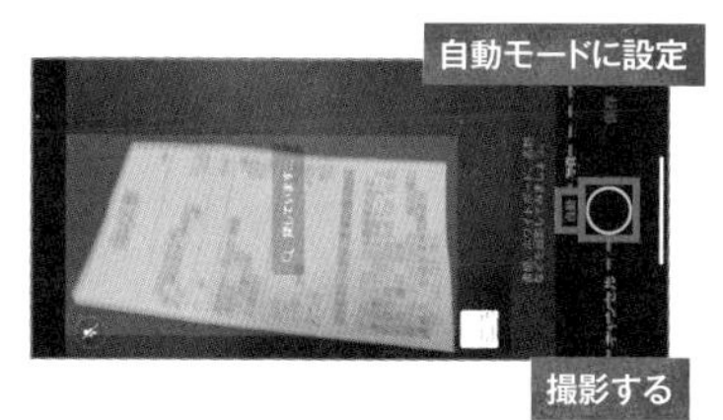

2 撮影画面が開く。「自動」モードに設定して書類に端末を向けると自動的に撮影される。手動での撮影も可能。

3 「保存」をタップすると、撮影された画像がアップロードされる。ドキュメントカメラは文字や読みやすく補正してくれる。

写真に写っている文字も簡単に検索できるEvernoteのOCR機能

画像として取り込まれた文書に含まれる文字はOCR機能でテキスト検索できる

059

APP Evernote

Evernoteに取り込まれた画像データに含まれている文字は、OCR機能を利用してテキスト検索できる。解析されるまで少々時間がかかる場合もあるが充分に実用的だ。JPG、PNG、またはGIF形式のファイル内のキーボード入力された文字および手書きの文字が対象となる。

1 画像内の文字を検索する方法は通常のテキストとまったく同じ。検索対象を指定してキーワードを入力する。

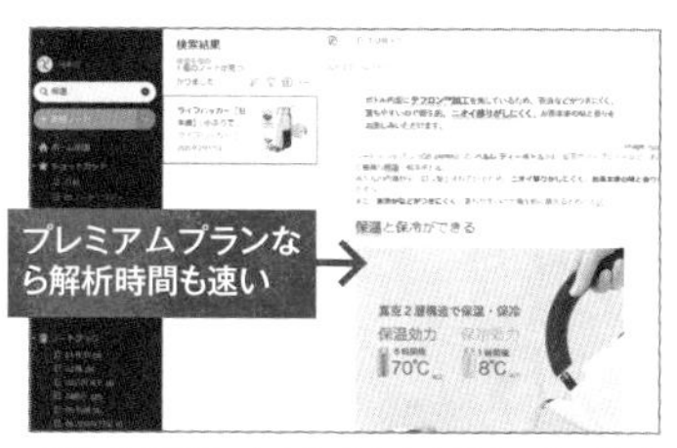

2 画像に含まれる文字をテキストで検索できる。OCRの精度はかなり高く、ドキュメントカメラで撮影すれば認識率は高い。

3 もちろんドキュメントカメラで撮影した画像だけでなく、Webなどからアップロードした画像内の文字もしっかり検索できる。

文字だけで記録できない情報は写真として保存する

会議が終わったらホワイトボードを撮影して議事録ノートに添付する

豆テク 060

APP Evernote

会議やミーティングで議事録を作成するのは、その時間を無駄にしないためにも重要だ。内容をテキスト形式でメモするのも大事だが、それに加えて会議で使用した「ホワイトボード」を写真に撮影し、議事録ノートに貼り付けておくと見返す時にわかりやすくなる。

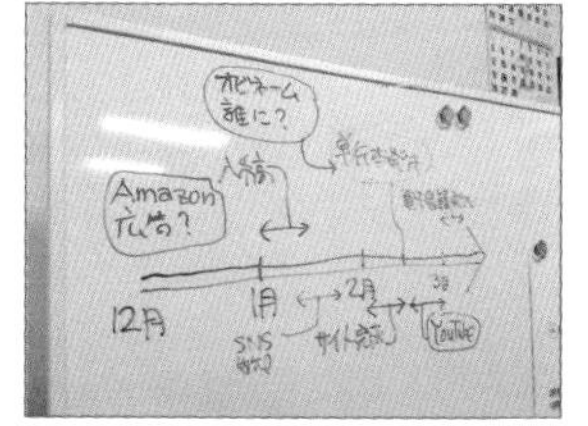

1 会議では欠かせないホワイトボード。単なる文字情報だけでなく図や色分けなど、テキストメモでは伝わらない情報が多い。

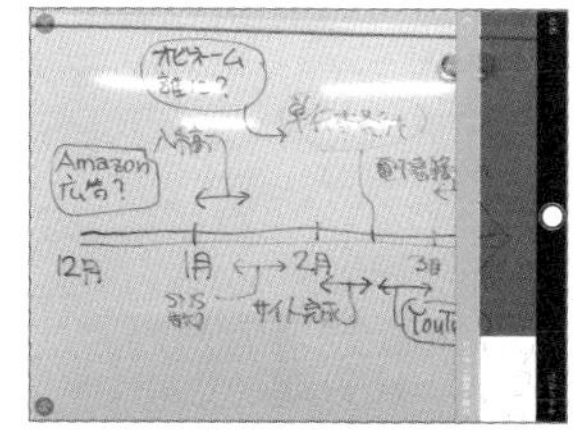

2 会議が終わったらデジカメで撮影してEvernoteに貼り付ける。Evernote公式アプリなら自動モードで綺麗に撮影できる。

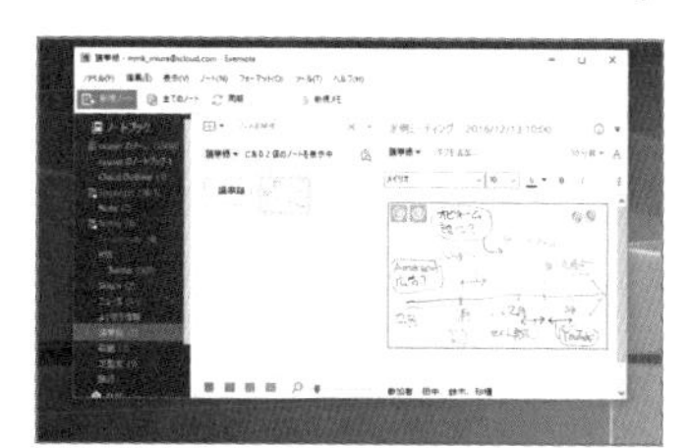

3 議事録ノートはタイトルに場所や日時、議題をつけておくと後で検索しやすくなる。定例会議ならタグをつけるのも良い。

061

こんな用途に最適！

- ▶ Thunderbirdにある重要なメールを保存する
- ▶ 右クリックから素早くEvernoteに保存
- ▶ OneNoteに保存することもできる

メールをまとめてバックアップする

Thunderbirdのメールをまとめて Evernoteに保存する

APP
Evernote

重要なメールはEvernoteに保存すると検索性も高く便利だ。ただThunderbirdで送受信したメールをEvernoteに保存する機能は標準では存在していない。しかし、Thunderbirdのアドオンを利用することでEvernoteに保存することが可能だ。

右クリックメニューから Evernoteに送信する

「Enforward」はThunderbird上にあるメールを右クリックメニューからEvernoteに転送できるようにしてくれるアドオン。インストール後、拡張機能設定を開き、利用しているEvernoteのメールアドレスを入力しよう。右クリックメニューからEvernoteにメールを保存できるようになる。なお、リマインダーを設定してEvernoteに送信したり、OneNoteに送信することもできる。

TOOL

Enforwardをインストールする

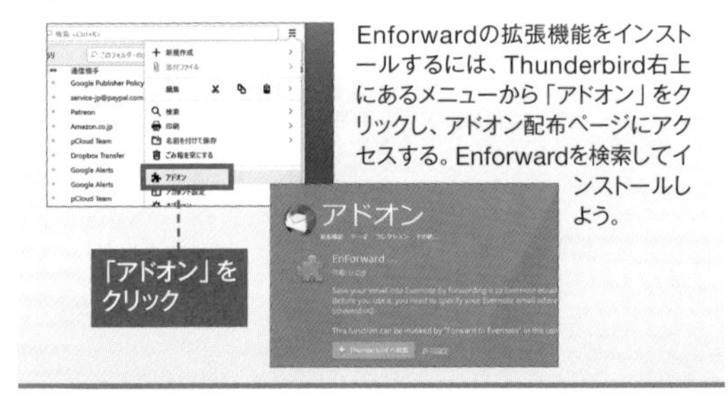

Enforwardの拡張機能をインストールするには、Thunderbird右上にあるメニューから「アドオン」をクリックし、アドオン配布ページにアクセスする。Enforwardを検索してインストールしよう。

Enforwardでメールを Evernoteに送信する

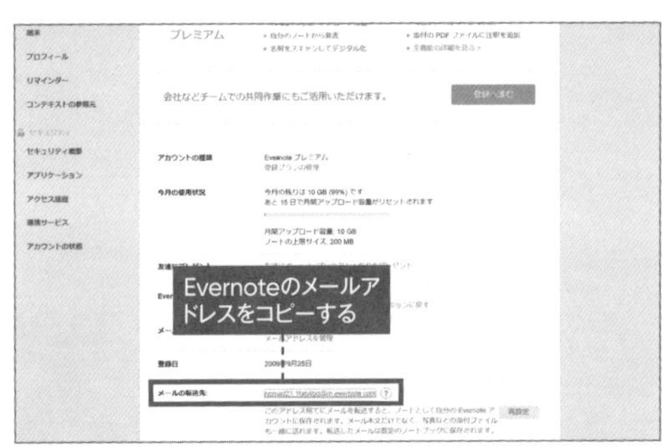

1 Evernoteのメニューの「ツール」→「アカウント情報」→「アカウントの概要」の「メールの転送先」でEvernoteのメールアドレスをコピーしておく。なお、メール転送はEvernoteのプレミアムプランが必要。

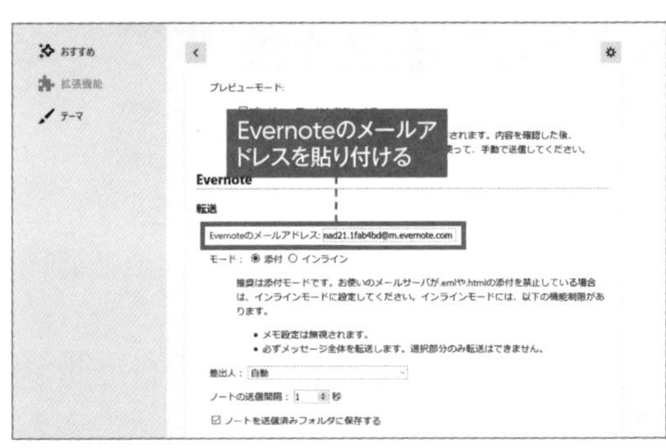

2 Thunderbirdの拡張機能設定画面からEnforwardを開く。Evernoteのメールアドレスにコピーしたメールアドレスを貼り付けよう。

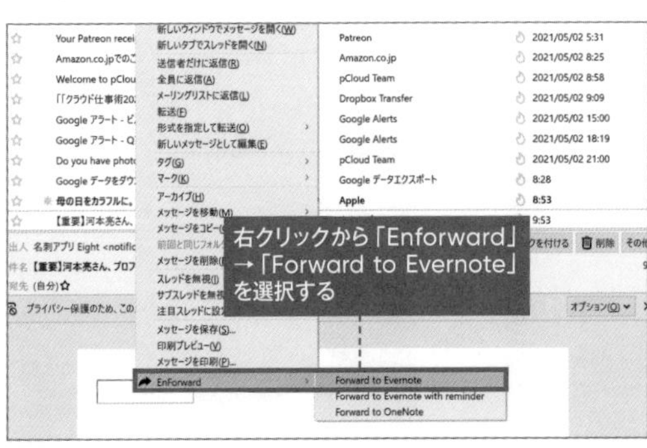

3 Evernoteに保存したいメールを右クリックして「Enforward」から「Forward to Evernote」を選択すれば、メールをEvernoteに送信できる。

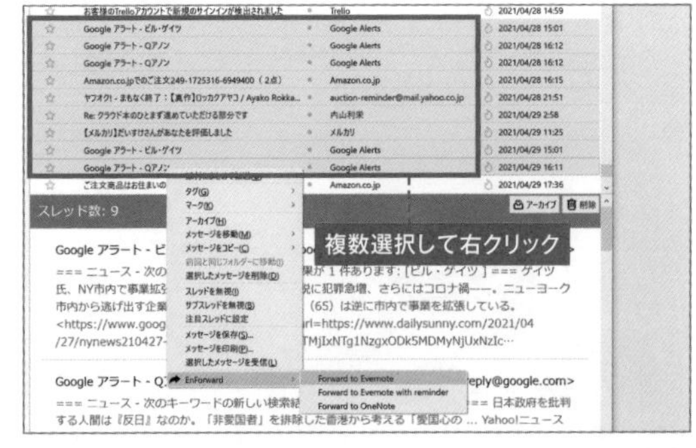

4 複数のメールをまとめてEvernoteに送信することもできる。注意点としてEnforwardの処理はあくまでメール送信によるものなので大量に一気に送信するとサーバエラーが起こる点に注意しよう。

ScanSnapで名刺の裏表を同時にスキャン、文字認識で連絡先へ一発登録

名刺の表と裏をスキャンし、1つのファイルに保存する

062

APP
Gmail

　ビジネスには欠かせない名刺は、放っておくとどんどん増えて整理が困難になる。ドキュメントスキャナ「ScanSnap」は名刺スキャンにも対応しており、名刺を連続スキャンして内容を連絡先へエクスポートできる。名刺データもクラウドへ保存しておくと安心だ。

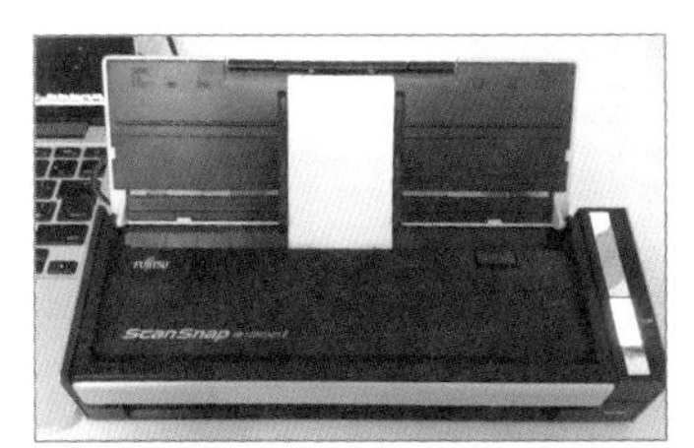

1 ScanSnapなら、複数の名刺をまとめてセットできるが、特殊な形の名刺は個別にスキャンしよう。表面を下にしてセットする。

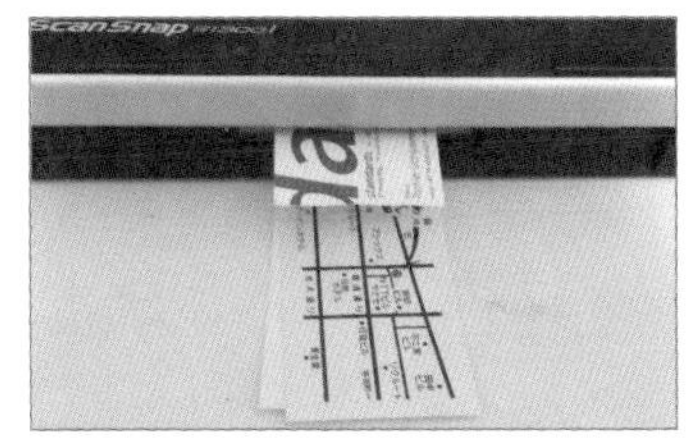

2 本体のScanボタンを押すと、名刺が読み込まれてスキャンが開始される。名刺は厚みがまちまちなので注意が必要だ。

3 スキャンが完了したらテキスト変換アプリ「CardMinder」を起動。名刺の内容が解析される。データを確認・修正したら、Gmailの連絡先に保存する。

豆テク

機器の不調などいざという時は紙のマニュアルよりもPDFがベター

家電やPC機器のマニュアル類は、PDFを入手してEvernoteで管理しよう

063

APP
Evernote

　主要なメーカーの家電やPC機器のマニュアルは、たいていメーカーのWebサイトでPDFファイルをダウンロードできる。PDFをEvernoteにアップロードしておけば、いざという時すぐに参照できる。プレミアム会員ならPDFの全文検索も可能なのでより便利だ。

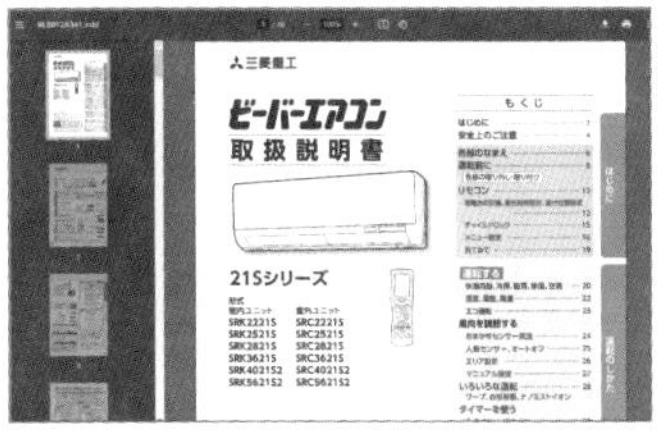

1 家電製品のマニュアルや取扱説明書は、メーカーサイトで入手できる。現在使用している機器の型番を調べて、PDFを入手しよう。

2 Evernoteで新規ノートを作成し、入手したPDFをドラッグ&ドロップしてアップロードする。転送容量の上限には注意しよう。

3 これで、クラウド上にマニュアルのデータベースが完成。プレミアム会員以上なら、内容を全文検索することもできる。

豆テク

「あれどこだっけ?」の時に慌てないような準備をしておこう

押入れの段ボールは中身と外観を撮影してEvernoteに記録しよう

064

APP
Evernote

　押入れに無造作に積まれている段ボールや滅多に開けないキャビネットから必要なものを探し出すのは非常に困難だ。そこで段ボールやキャビネットの中身を外観とセットで写真に撮り、Evernoteで管理しておくと、いざという時にわかりやすくなる。

1 段ボールの中身と外観をセットで写真に撮る。箱の外観が同じなら番号などの目印をつけておこう。

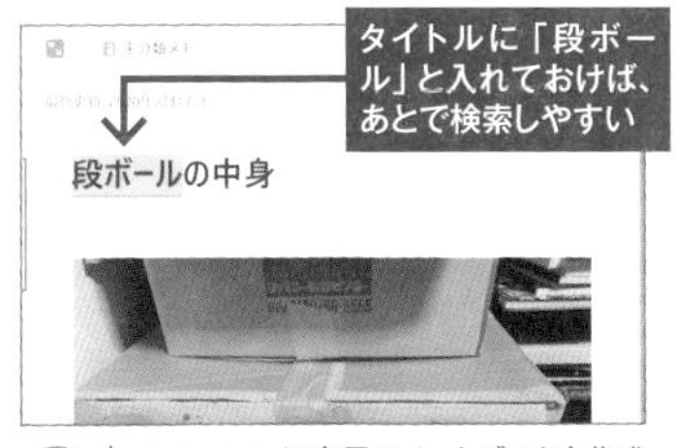

2 Evernoteに専用のノートブックを作成して写真をノートに貼り付けてアップロードする。ノートのタイトルに外観の特徴を記載しておくとわかりやすい。

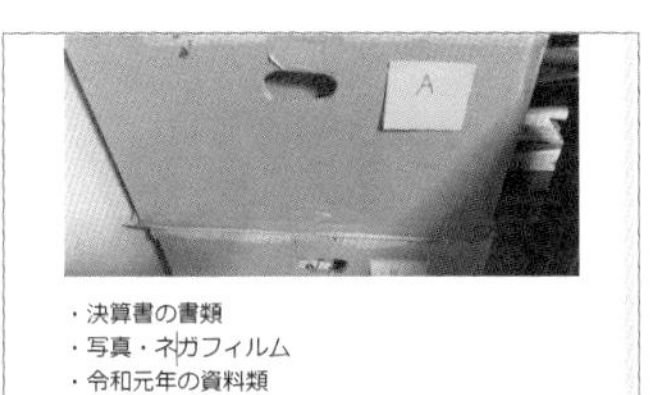

3 できればノートの本文に箱の中身を記載しておくと検索で見つけやすい。中身が変わってしまったらアップデートも忘れずに。

065

こんな用途に最適!

- ▶ 三日坊主な人も、つぶやくだけで日記が書ける
- ▶ リツイート送信で、情報収集にも
- ▶ Evernote無料ユーザーでも利用できる

「ツイエバ」でTwitterからの情報収集を自動化する

自分のTwitterつぶやきやお気に入りをEvernoteへ定期的にストックする

APP
Evernote

リアルタイムで最新の情報が流れるTwitter。自分ではつぶやきを投稿しなくても、他ユーザーや企業のつぶやきを情報源としてチェックしているユーザーも多いだろう。「ツイエバ」は、TwitterとEvernoteをリンクして、情報収集をサポートしてくれるWebサービス。

情報源としてTwitterを活用しているならこのサービスがオススメ

Twitterは情報源として非常に有用なサービス。自分で情報をつぶやくのはもちろん、他ユーザーの情報をリツイートしたり、お気に入りに入れて情報収集できる。TwitterからEvernoteに保存したいつぶやきを送信する方法はいくつか存在するが、Webサービス「ツイエバ」を利用すれば、一日分の自分のつぶやきやお気に入りに入れたツイートをEvernoteに送信してくれる。

TOOL TwitterとEvernoteを連携

Twitterのつぶやきを Evernoteに自動保存

Twitterのつぶやきやお気に入りを、Evernoteやメールへ定期的に配信してくれるサービス。

Web Service **ツイエバ**
作者●ツイエバ　価格●無料
URL ●http://twieve.net/

情報を収集したいTwitterアカウントでログインし配信設定する

1 ツイエバへアクセスし「Sign in with Twitter」をクリック。Twitterのアカウント情報を入力しアカウントとリンクさせる。

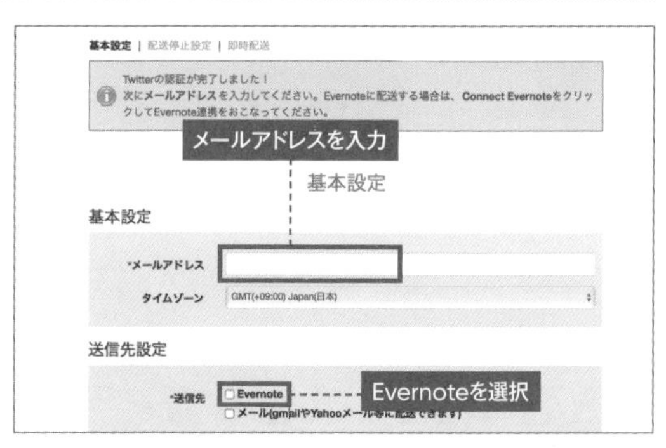

2 「基本設定」に認証用のメールアドレスを入力したら「送信先」を「Evernote」に設定する。

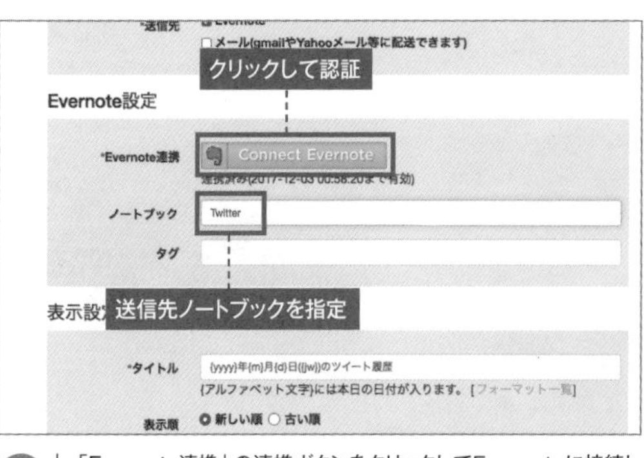

3 「Evernote連携」の連携ボタンをクリックしてEvernoteに接続したら、送信先ノートブックやタグを指定する。

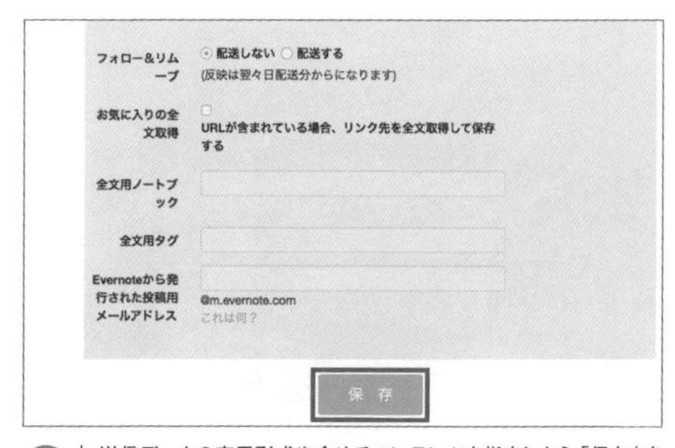

4 送信データの表示形式や含めるコンテンツを指定したら「保存」をクリック。メールで認証すれば配信が開始される。

Amazonの商品情報をEvernoteに保存する

066

Amazonの商品情報をEvernoteに保存して管理する

APP Evernote

家電製品や日用品の情報を調べる場合はAmazonの商品ページをチェックするのがおすすめ。公式サイトよりも情報が簡潔に整理されている。「Webクリッパー」にはAmazon専用モードが用意されており、これを選択すれば商品名、商品写真、トップレビューをまとめて保存することができる。

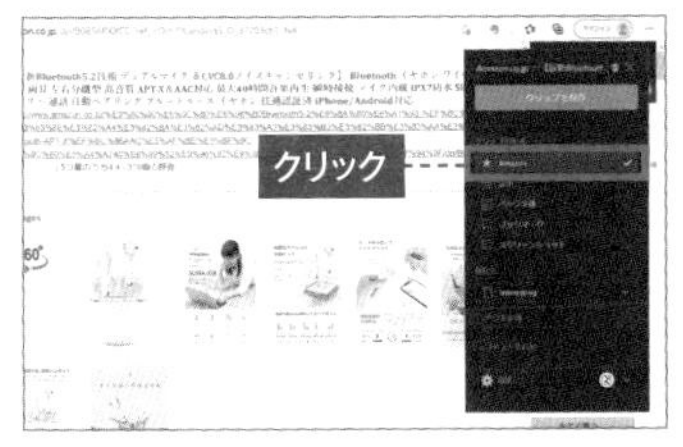

1 Amazonでクリップしたい商品ページを開いたら、Webクリッパーを起動する。Amazon専用のメニューが追加表示されるので選択する。

2 EvernoteにAmazonの商品情報がクリップされる。なお、上にあるリンクをクリックするとブラウザが起動して商品ページを開くことができる。

3 タイムセールで出品されている気になる商品情報をクリップする際は、リマインダーで終了時刻を設定しておこう。終了前に通知してくれる。

YouTube動画をEvernoteに記録する

067

資料になりそうなYouTube動画をEvernoteに記録する

APP Evernote

YouTubeの気になる動画をメモしておくときにもEvernoteは便利だ。Webクリッパーには YouTube専用のクリップボードが用意されており、動画タイトル、URL、動画のサムネイル画像、概要だけを保存してくれる。サムネイルやURLをクリックするとブラウザが起動して、再生ページを開くことができる。

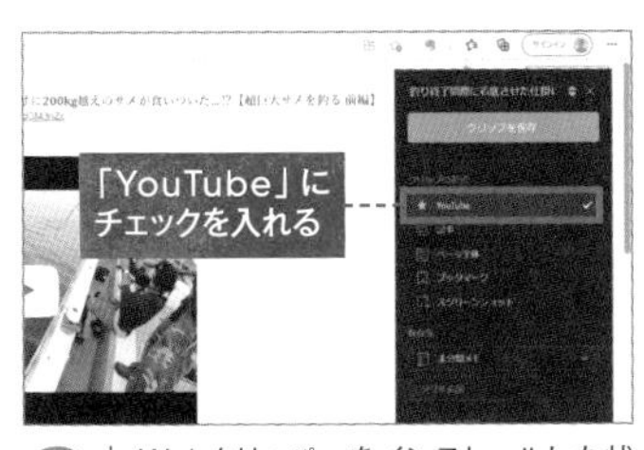

1 Webクリッパーをインストールした状態で、ノートに追加したいYouTubeのページにアクセス。Evernoteボタンをクリックして「YouTube」をクリック。

2 余計な関連動画がカットされ、動画タイトル、URL、動画のサムネイル画像、概要だけを切り取って保存してくれる。

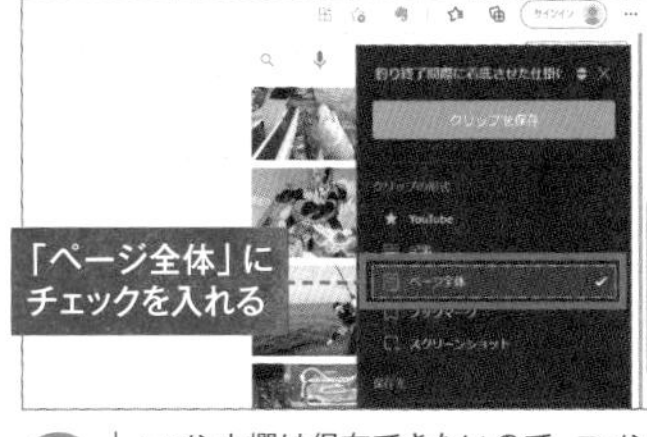

3 コメント欄は保存できないので、コメント欄も一緒に保存したい場合は、「ページ全体」にチェックを入れて保存しよう。

画像に含まれる文字をテキストに抽出して利用する

068

GoogleドライブのOCR機能で画像からテキストを抽出する

APP Googleドライブ

画像に含まれる文字をテキスト化するOCR機能は、EvernoteやOneNoteではおなじみだが、Googleドライブでも画像やPDFをアップロードしてGoogleドキュメント形式に変換することで、テキストを抽出しそのまま編集することができる。認識性能もかなり高い。

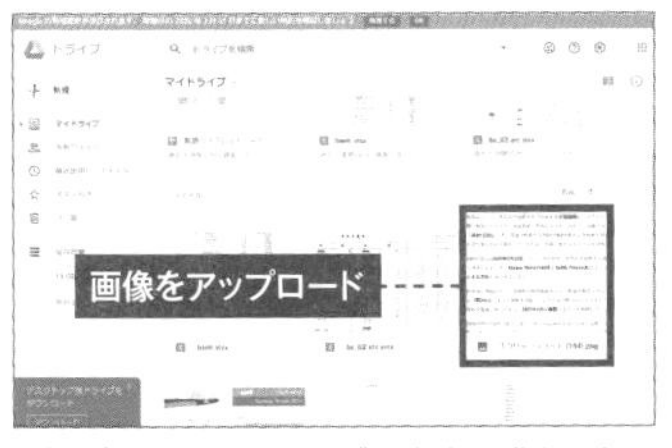

1 Googleドライブに文字認識させたい画像(JPEG、PNG、GIF)やPDFをアップロードする(OCRは最大2MBまで)。

2 アップロードしたファイルを右クリックし「アプリで開く」>「Googleドキュメント」を開く。

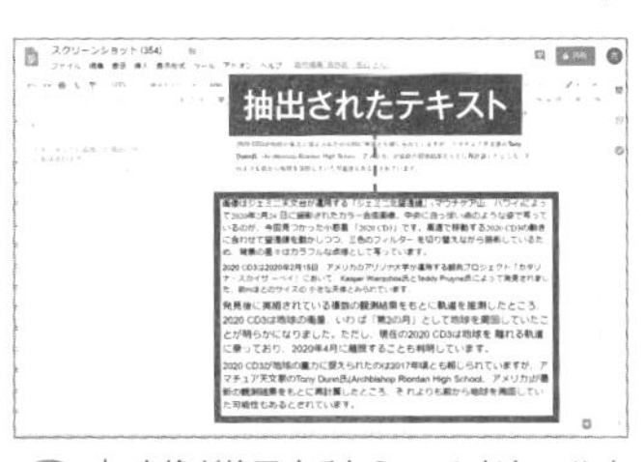

3 変換が終了するとGoogleドキュメントの編集画面が開き、画像の下にOCRで認識されたテキストが追加される。

069

▶ 毎日のニュースチェックが快適に
▶ 家でも出先でも購読ブログをもれなくチェック
▶ 気に入った記事は即座にクラウドへ

最新記事を自動的に取得してくれるので、チェック漏れを防げる

サイトの最新記事をチェックするなら クラウド型RSSリーダーfeedlyがベスト

APP
feedly
https://feedly.com/

RSSリーダーとは、ニュースサイトやブログで入手できるRSSフィードを登録することで、そのサイトへアクセスしなくても最新記事をダウンロードして読むことができるアプリ。Webからの情報収集を効率化してくれるツールだが、クラウドによりさらに活用の幅が広がる。

スマートフォンとの連携にも便利なクラウド型RSSリーダー

「feedly」は、クラウド型のRSSリーダーサービス。一般的なRSSリーダーと異なり、最新記事を自動的に取得してくれるので、情報のチェック漏れを防止できる。既読/未読のステータスも保存されるので、パソコンで読んだ続きをモバイルで、といった読み方にも向いている。普段チェックしているWebサイトはfeedlyに登録して、効率的に情報を収集しよう。

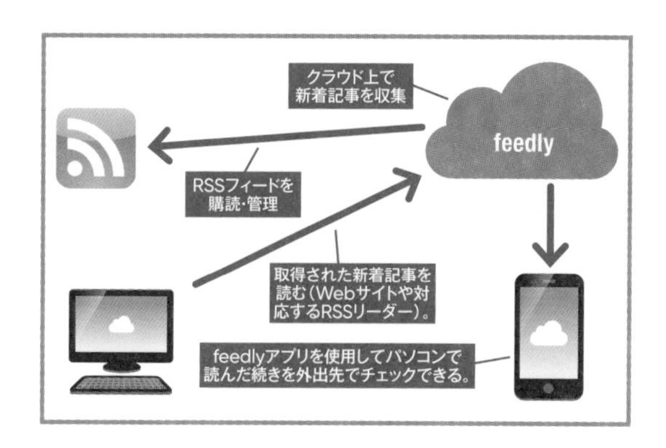

RSSフィードを登録して、最新ニュースを漏らさずチェックする

1 初めて使用するときは「Get Started」をクリックし、GoogleやFacebookアカウントでサインアップする。

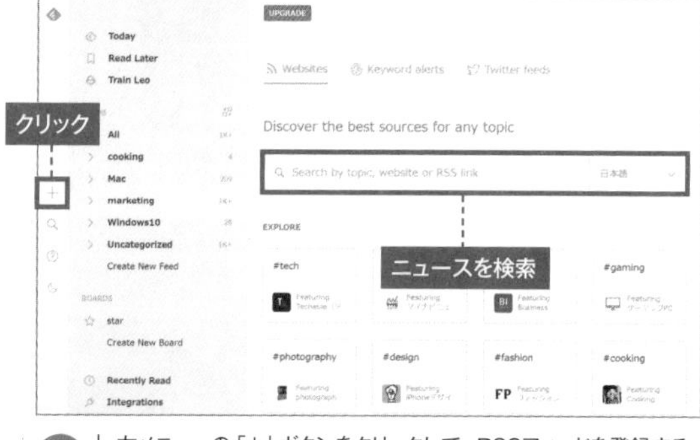

2 左メニューの「+」ボタンをクリックして、RSSフィードを登録する。ニュースを検索して登録することも可能。

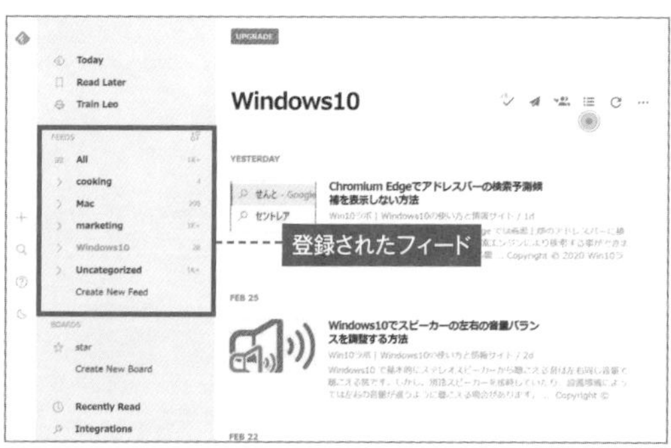

3 登録したフィードがメニューに追加され、クリックして購読できる。フィードはカテゴリを作成して整理できる。

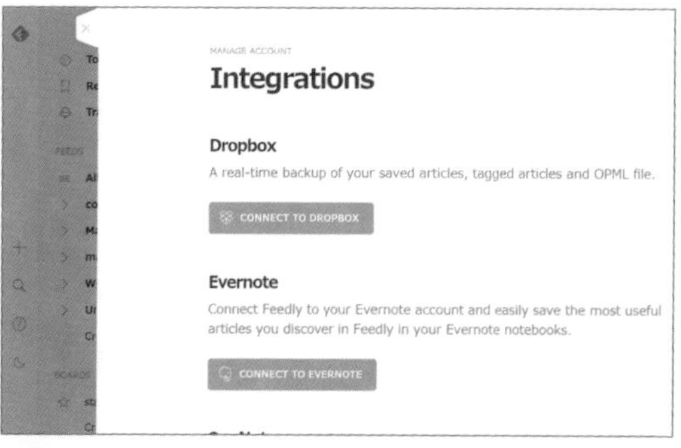

4 アカウント名をクリックして各種設定が行える。「Integration」ではDropboxやEvernoteとの連携が可能。

キーワードを登録して、最新のGoogle検索結果を配信してくれる

070 気になるキーワードの検索結果を定期的に収集する

Google検索は、情報収集の基本。Googleアラートは、定期的に検索結果をメールで配信してくれるサービス。Webはもちろん YouTubeの検索にも対応しているので、人物や地名などの気になるキーワードを登録して最新情報をゲットしよう。

SITE
Googleアラート
https://www.google.co.jp/alerts

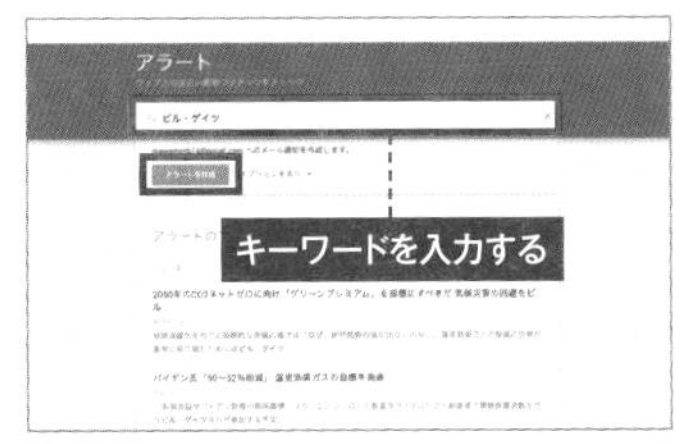

1 アラートにアクセスしてサインイン。検索フォームにキーワードを入力するとプレビュー表示される。「アラート作成」をクリックしてアラートを追加できる。

2 アラーム作成ボタンの横にあるオプションで検索内容やアラートの設定をしてアラートを作成。

3 トップページの「マイアラート」に作成されたアラートが表示される。設定したタイミングでGmailアドレスにアラートが届く。

身近なアンケートから市場調査まで、幅広く活用できるフォーム

071 サクッとアンケートでさまざまな情報を調査する

懇親会の内容から社員旅行の行き先まで、SNSや社内グループで簡単なアンケートを取りたいことがある。そんな時はフリーで作成でき、簡単にシェアできるGoogleドライブのフォーム機能が便利。フォームの形式も多数用意されているので、幅広い用途に利用できる。

APP
Googleドライブ

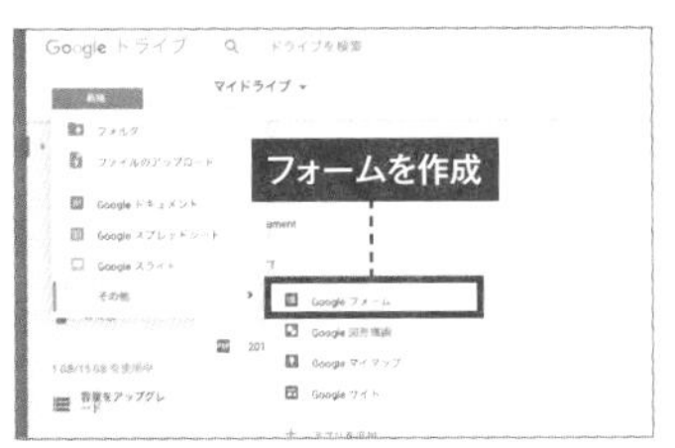

1 Googleドライブにアクセスしたら「新規」をクリック。「その他」>「Googleフォーム」を開いてフォームを作成する。

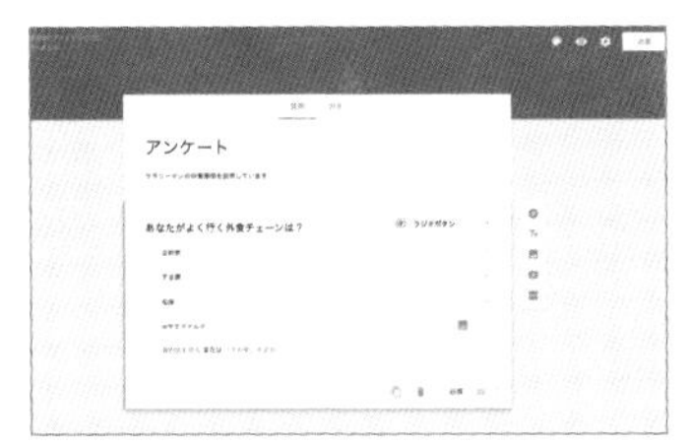

2 フォームは選択肢や自由入力、必須入力など様々な形式に対応しており、画像や動画も埋め込むこともできる。

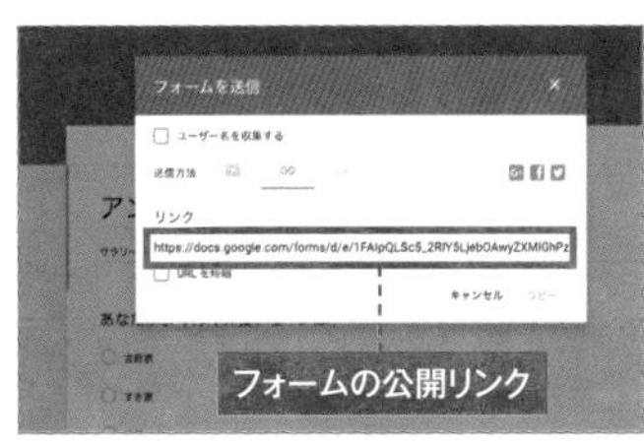

3 「送信」をクリックし、「リンク」で作成したリンクをSNSで公開すれば、アクセスした人が自由に回答できる。

誰でも自分のDropboxへファイルを送れる「ファイルリクエスト」

上級

072 旅行の写真などを簡単にアップロードしてもらう

Dropboxの「ファイルリクエスト」機能は、Dropboxアカウントを持たないユーザーからでもファイルをアップロードしてもらえる機能。旅行の写真を同行者から集めて写真集を作ったり、サークルのWebサイト用の素材を集める時など使い道は様々な機能だ。

SITE

Dropbox
http://www.dropbox.com/

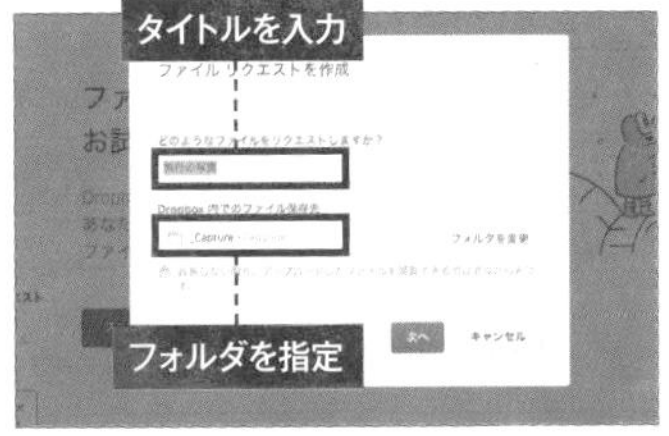

1 Web版のDropboxへアクセスし「ファイルリクエスト」をクリック。タイトルとアップロード先を指定する。

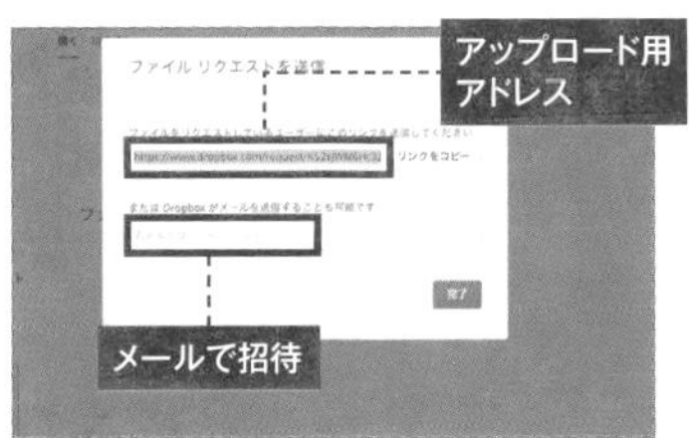

2 設定が完了すると、アップロード用のURLが発行される。メールアドレスを入力してリクエストするユーザーを招待する。

3 招待されたユーザーがこのアドレスにアクセスすると、ファイルを指定してDropboxへアップロードできる。

073

こんな用途に最適!
- ▶ Twitterのレアなつぶやきを逃さず保存
- ▶ あの人の爆弾発言も、ワンタッチで永久保存
- ▶ 領収書など大事なメールもEvernoteへ

気になったツイートをお気に入りに入れるだけでEvernoteへ転送

TwitterやGmailの重要な内容を自動的にEvernoteへ収集させる

APP
IFTTT
https://ifttt.com/

複数のWebサービスを利用して情報を収集する場合は、どれだけ簡単に情報を集約できるかが継続のキーポイント。IFTTTは多彩なWebサービスを連携させて自動処理してくれるサービス。TwitterとEvernoteとの連携も難なくこなしてくれる。

お気に入りに追加したツイートを即座にEvernoteへ送信

「IFTTT」は、多種多様なWebサービスを組み合わせてさまざまな自動処理を実行するWebサービス。IFTTTにログインしたら、TwitterとEvernoteのアカウントを登録し、「Twitterのお気に入りに追加されたツイートでEvernoteノートを新規作成」というアプレットを作成する。これで、Twitterでお気に入りを登録すると、Evernoteにノートが追加される。Gmailでも同様の処理が設定可能。

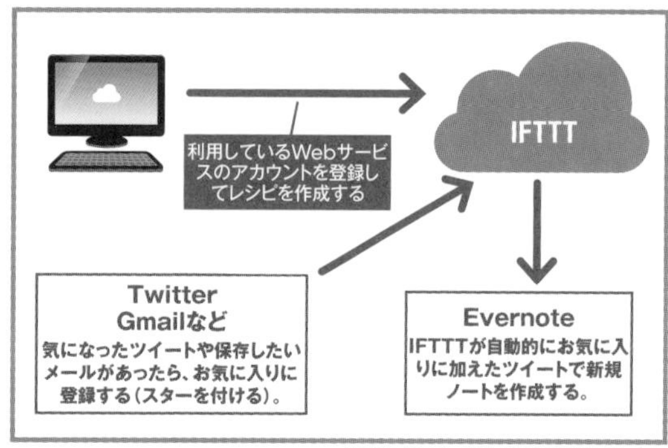

※100、106ページにも関連記事が載っています。

IFTTTのアプレットを作成して、Webサービス同士を連携させて利用する

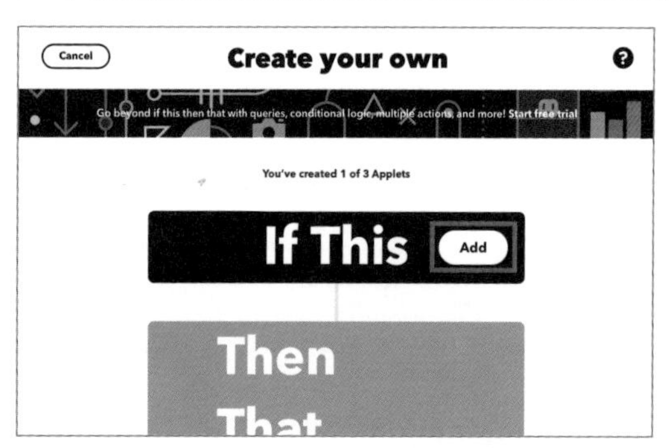

1 サインインしたら右上のアカウント名をクリックして「Create」を開く。アプレット作成画面で「Add」をクリック。

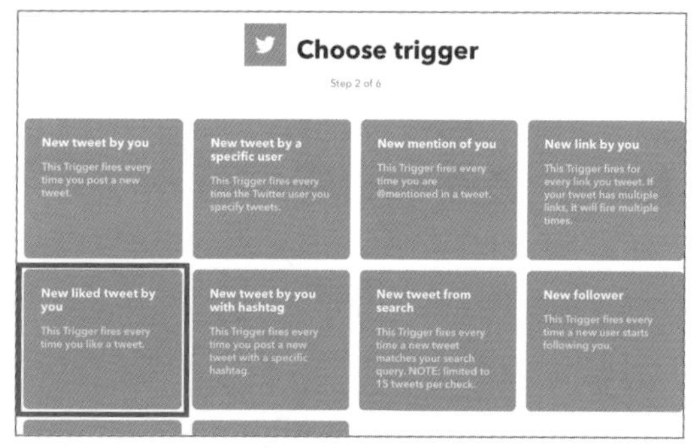

2 サービスからTwitterをクリックし「Connect」でIFTTTと連携させる。トリガー選択で「New Liked」をクリック。

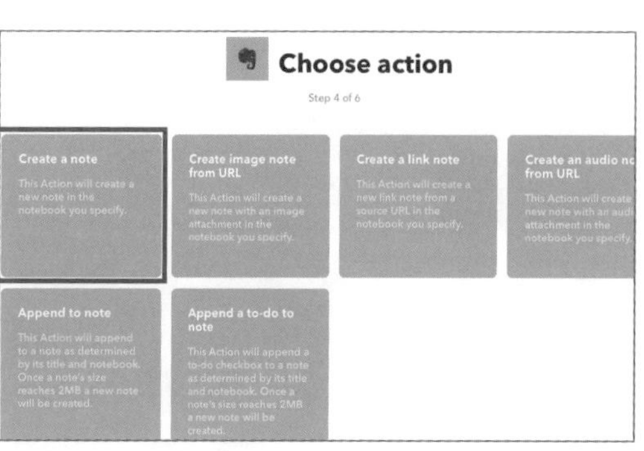

3 同様に「that」の設定でEvernoteと接続し「Create a Note」を選択して保存先ノートブックなどを設定しアプレットを作成。

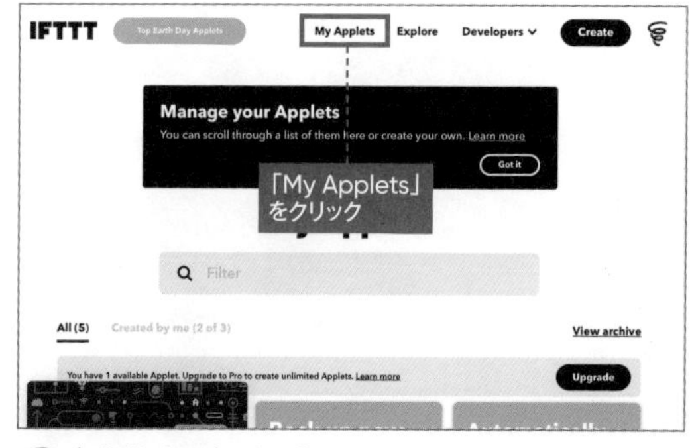

4 作成したアプレットは「My Applets」から確認でき、有効/無効を設定できる。

074

資料になりそうなWebサイトは消滅する前に保存してクラウドで管理

Webサイトを丸ごとダウンロードしクラウドへ保存

APP Dropbox

Webを資料として保存する際、ページ単体やブックマークとして保存する方法はいくつか存在するが、サイト全体をまとめて保存するのは面倒。ダウンロードツールを使用して保存すれば、サイトが消えてしまった時でも閲覧できる。Windowsユーザーなら「Webox」がおすすめだ。

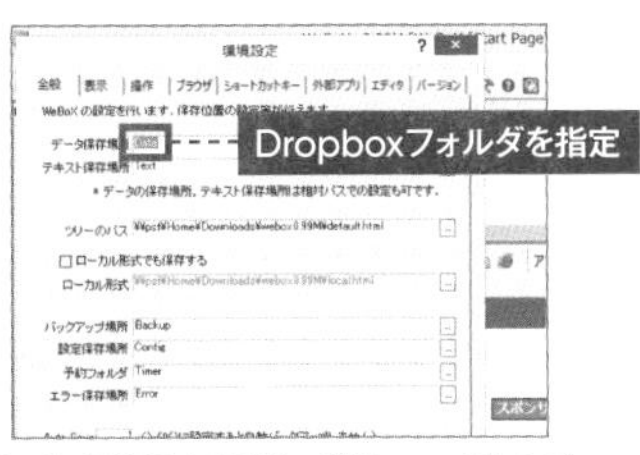

1 環境設定を開き、ダウンロードしたデータの保存先を指定。Dropboxなどのクラウドストレージも指定できる。

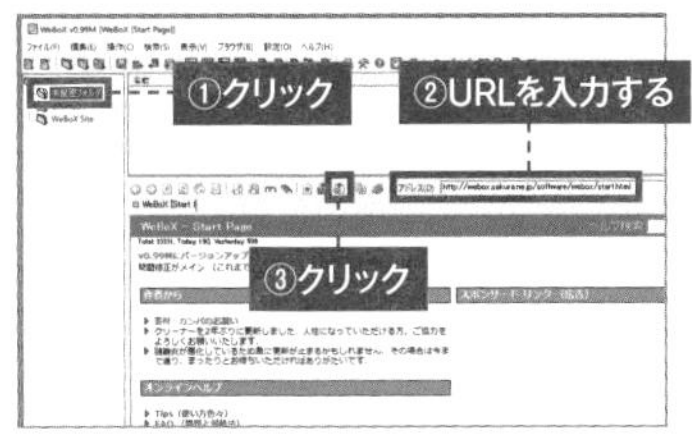

2 画面左から「未整理フォルダ」を選択したあと、対象のURLを入力し、「サイトをまるごととりこむ」をクリックしよう。

TOOL 多彩な機能を持つダウンローダー

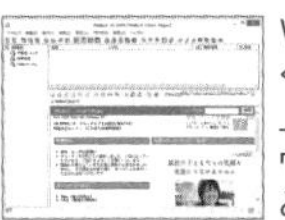

Webサイトだけでなく、さまざまなWeb上のコンテンツをダウンロードできる。IEとの統合も可能。

Windows App **WeBox**
作者●中村聡史
種別●フリーソフト
URL ●http://webox.sakura.ne.jp/

豆テク 075

電子書籍でマークしたページはメモ代わりにスクリーンショットを使う

電子書籍のハイライト箇所をEvernoteのスクリーンショットで保存する

APP Evernote

情報源として電子書籍を利用することも多い。書籍を読んでいて気になった箇所はマーカーで印を付けられるが、その部分をEvernoteにクリップしておくのも有効だ。テキストをコピーしてもいいが前後の箇所も読めるEvernoteのスクリーンショットがオススメ。

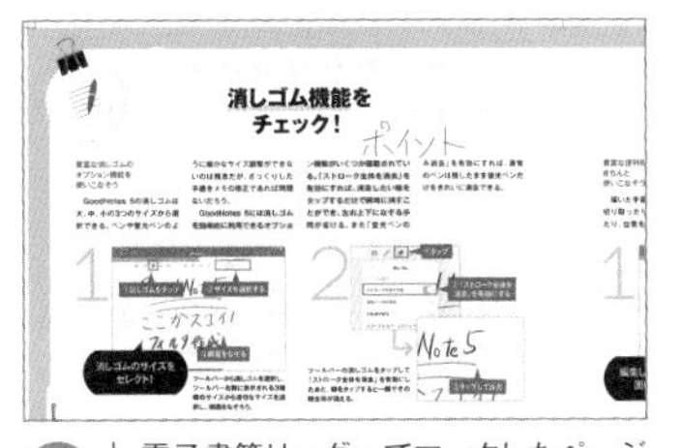

1 電子書籍リーダーでマークしたページを表示させる。タブレットやスマホで追加したマークも同期され表示される。

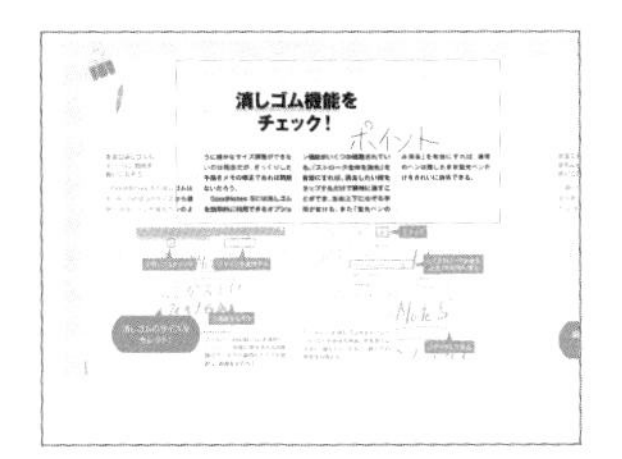

2 Evernoteクライアントを起動し、ショートカットキーを使用して電子書籍（Ctrl+Alt+S）の画面をスクリーンショットで保存。

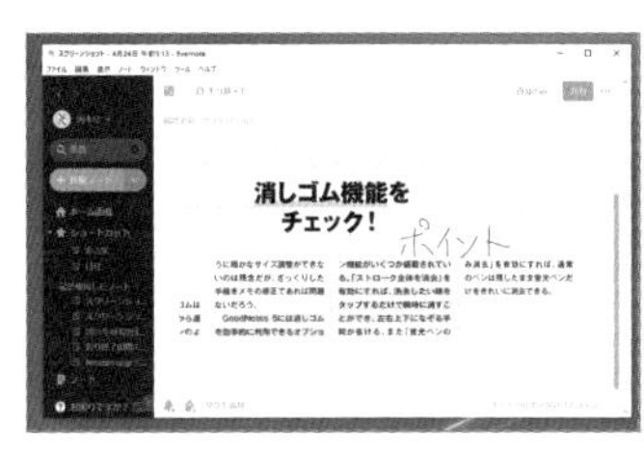

3 電子書籍のポイント部分を簡単にクリッピングできる。解像度が高ければ、文字認識機能でテキスト検索も可能。

豆テク 076

メールやプログラムコードなど繰り返し作業を効率化

よく使うフレーズを定型文としてEvernoteにストックしておく

APP Evernote

ビジネスの連絡メールやブログ、Web開発で使用するHTMLコードなど、よく使うテキスト素材を定型文としてEvernoteにストックしておけば、繰り返しの作業を効率よくこなすことができる。定型文ノートブックを作成しておき、必要な時に検索、コピーして使用しよう。

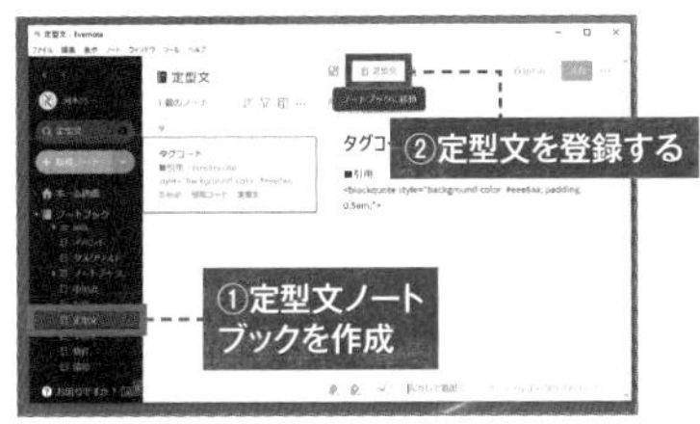

1 Evernoteに専用ノートブックを作成し、ビジネスメールやHTMLコードなど頻繁に使う定型文を登録しておく。

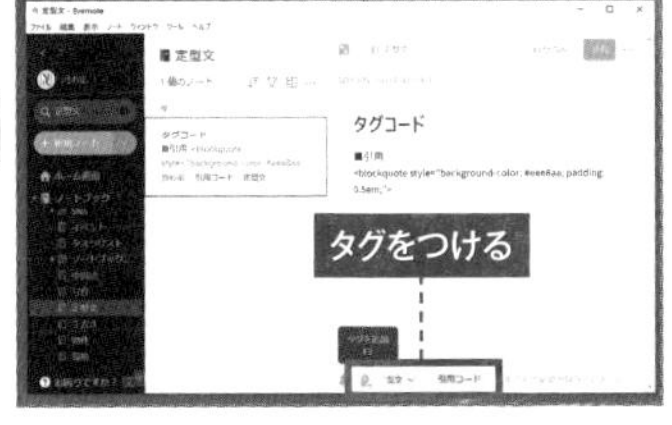

2 定型文の用途ごとにタグを付けたり、使用する際の説明文、注意書きを添えておくと後で使用する時にも迷わずに済む。

3 定型文を使用する時はノートを開いて必要な部分をコピーし、メールやコードエディタなどに貼り付けて利用する。

077

WordやPowerPointなどのファイルもEvernoteに保存

プレビューや検索にも対応 オフィスファイルの保存にも便利

APP
Evernote

Evernoteではワードやパワーポイント、PDFファイルなどをノートに添付することが可能。プレビュー表示もできる。さらにプレミアム版であればファイル内のテキストを検索対象にかけることが可能で、キーワードをハイライト表示もしてくれる。

1 添付方法は写真と同じく添付メニューからファイルを選択すればよい。PDFでもプレビュー表示できる。クリックするとPDFに描き込みも可能。

2 添付したファイルは検索で探すこともできる。キーワードに合致するノートをリストアップして添付ファイルをハイライト表示してくれる。

3 PDFだけでなくWordやExcelなどのマイクロソフトのオフィス文書内の文字も検索できる。

豆テク

078

ショートカットでノートを効率的に作成する

ノート作成、検索、スクリーンショットは Evernoteのショートカットを使おう

APP
Evernote

Evernoteを効率的に操作したいなら用意されているキーボードショートカットを覚えておこう。ノート作成や検索がキーボードで効率的に行える。特に便利なのはスクリーンショット機能で、画面全体、もしくは範囲選択した箇所を撮影すると同時に新規ノートを作成してくれる。

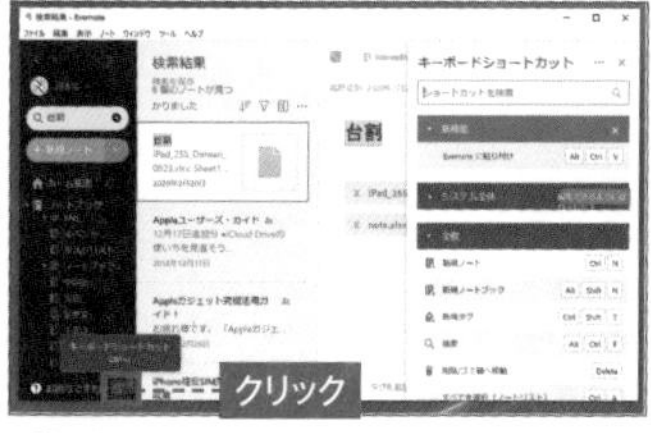

1 ショートカットの確認はアプリ左下にあるキーボードボタンをクリックすることで確認できる。

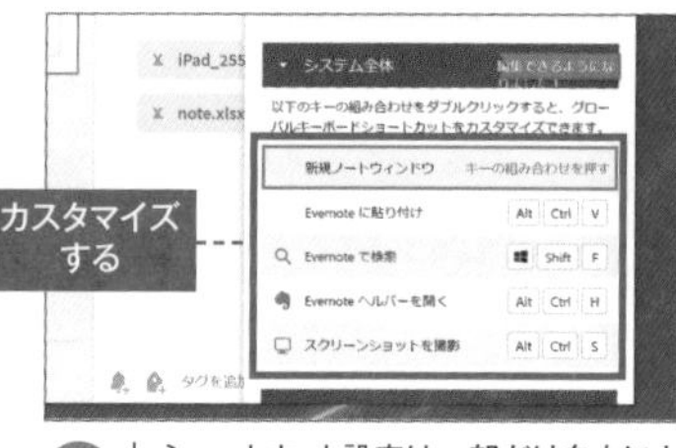

2 ショートカット設定は一部だけ自由にカスタマイズできる。項目をダブルクリックをするとカスタマイズ画面に切り替わる。

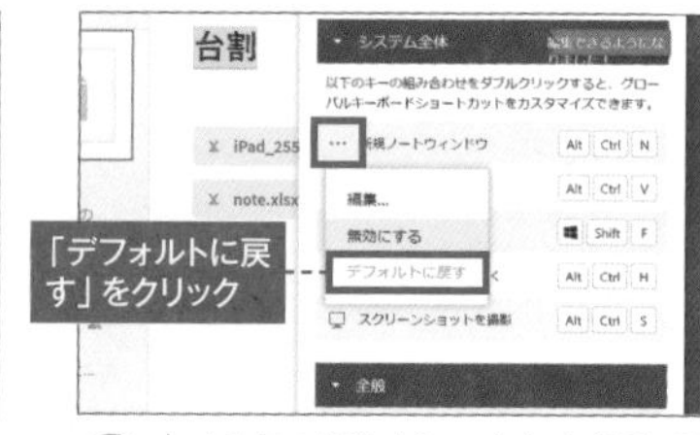

3 カスタマイズしたショートカットを元に戻したい場合は、項目横のメニューボタンをクリックして「デフォルトに戻す」をクリック。

上級

079

タグの付け方でEvernoteの使い勝手は大きく変わる

Evernoteでノートに「タグ」を つけるときの基本的な考え方

APP
Evernote

タグによるノート管理はEvernoteの大きな特徴だが、使いこなすにはコツが必要。何も考えずにタグを付けまくってしまうと、タグ数が増えすぎて検索性が損なわれてしまう。タグをつけるときの基本的な考え方をマスターし、自分に最適なノート管理術を構築しよう。

慣れるまでは タグは必要最低限にする

ノートには複数のタグを指定できるが、やみくもにタグを付けてしまうと、かえってタグの利便性が失われてしまう。タグの使い方に慣れるまではタグの種類は最低限に絞り、付けるときも「1つのノートには1つのタグ」を基本にしよう。

ノートブック内を絞り込む ためのタグをつける

ノートブックのノート数が増えてきたら、そのノートブック内でノートを絞り込むためのタグを付けていこう。内容ごとにノートブックを使い分けているなら、できるだけ他のノートブックでは使っていないタグを指定して混乱しないように工夫する。

ノートブックを横断検索する 「共通タグ」を決める

さらに一歩進めて、異なるノートブック間を横断検索できるような共通のタグを決めてノートに付けていこう。例えば「仕事」と「個人用」のノートブックで共通の人物やアイテムが出てくるなら、それをタグにすれば関連するノートをまとめて閲覧できる。

ニュースを効率的に読めるアプリを使って、Evernoteに情報を送信

080 重要なニュースはEvernoteに転送して情報をストックする

最新ニュースを効率的にチェックするのに便利なiOSアプリ「Smart News」。このアプリは、共有メニューからお気に入りの記事をEvernoteへ送信してノートとして取り込める。他にもPocketなどのサービスにも対応しており、手軽な情報収集ができる。

APP
Evernote

1 Evernoteアプリが導入されていれば、共有メニューにEvernoteボタンが表示される。されない場合は「その他」からオンに。

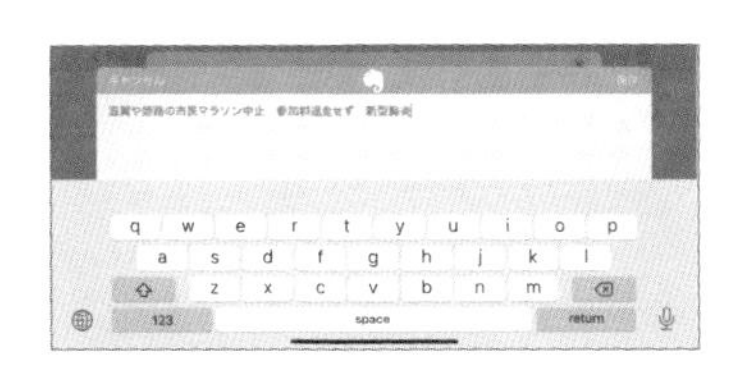

2 記事をロングタップするか、共有ボタンからEvernoteボタンをタップすると、保存先を指定して記事を保存できる。

TOOL 話題のニュースをサクッと読める

ジャンルごとに分類された最新ニュースを手軽に読めるニュースアプリ。豊富な外部サービスに対応。

iOS App SmartNews
作者●SmartNews, Inc.
料金●無料
カテゴリ●ニュース

Webページをそのままのイメージで PDF化、クラウドへ直接保存

081 スマホでWebページ全体をPDF化し、Dropboxへダウンロードする

iPhoneで見ているページをPDF形式で保存したい場合は、SafariのPDF保存機能を利用しよう。SafariでPDF保存したいページを開いたら、共有メニューから「オプション」を選択する。保存形式メニューが表示されるのでPDFを選択すればPDFでDropboxへ保存できる。

APP
Dropbox

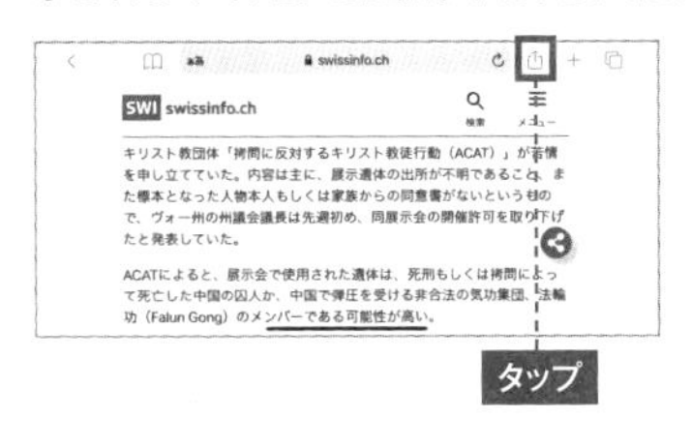

1 SafariでPDF保存したいページを開いたら、右上の共有メニューをタップする。

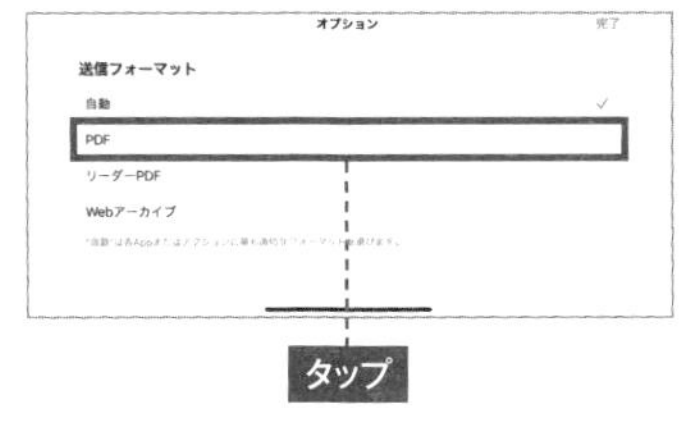

2 「オプション」をクリック。初期設定では「自動」になっておりDropboxのメニューが表示されない。「PDF」に変更しよう。

3 PDFに変更すると「Dropboxに保存」メニューが表示され、DropboxにPDF形式で保存できるようになる。

上級

テキストや写真を素早く送信できる「Pushbullet」

082 さまざまな端末間で素早くデータをプッシュ送信する

複数台のPCやスマホ間でテキストやファイルをやりとりするには、データ形式に応じて別々のクラウドサービスを使い分ける必要があるが、「Pushbullet」を使えばちょっとしたデータを素早く転送できる。プッシュ通知されるのですぐにデータを渡したい時にも便利。

SITE
Pushbullet
https://www.pushbullet.com/

1 各デバイスにアプリをインストールし、共通のGoogleもしくはFacebookアカウントでサインインして、データをやり取りする。

2 メッセージやファイル、リンクなど様々なデータをあらゆる端末間でやりとりできる。履歴は全て保存される。

TOOL あらゆるOSのデバイスとブラウザに対応

Windows、MacやiOS、Androidに加え、各種ブラウザ用の拡張機能としてもインストールできる。

Tool Pushbullet
作者●Pushbullet
料金●無料（一部アプリは有料）
URL ●https://www.pushbullet.com/apps

CHAPTER 3

重要なファイルや写真、設定などをクラウドで同期する

データ同期サービスはクラウドの得意分野!

現在では仕事でパソコンを使っている人に限らず、自宅だけでなく、外出先や勤務先など、複数のコンピュータを使い分けるケースが多いだろう。そんな環境で重要となってくるのが「データの同期」だ。仕事で使用するファイルやアプリケーションの設定などを、USBメモリを使って持ち歩く方法もあるが、データの破損やUSBメモリの紛失などリスクも大きい。

そこで注目を集めているのが、クラウドを使ったデータ同期サービス。インターネット接続環境さえあれば、クラウドを通してあらゆるファイルを同期し、自宅や外出先など様々な場面で同じ環境を利用できる。今、非常に注目を集めているリモートワーク(在宅勤務)をスムーズに進めるには必須の環境ともいえるだろう。同期したデータはクラウド上に存在するため、万が一パソコンやスマホがクラッシュしてしまってもデータは安全を保たれるのも大きなメリットだ。

083-103

こんな用途に最適!
▶ 保存したファイルをあらゆる場所から取り出せる
▶ 同期で常に同じデータの状態を維持
▶ 大容量ファイルの保存に向いている

083

テレワークに必須! 仕事のファイルは基本的にクラウドへ同期しよう

仕事で必要なデータはすべてDropboxに放り込む

企画書や原稿、オフィスファイルにデジカメ画像など、仕事で使うPC用ファイルはすべてDropboxにアップロードしておくと便利。自動で同期してくれるので、自宅でも、外出先でも、会社でも常に同じ状態のファイルを利用することが可能だ。

あらゆる端末に対応しているからどんな場所でもデータ確認が可能

Dropboxはクラウド上にファイルを保存できるサービス。初期設定では無料で2GBの容量が利用できる。アプリをインストールするとパソコン上に専用のフォルダが作成され、そこにファイルを移動するだけで自動的にアップロードしてくれる。同一アカウントでログインしたすべてのPCや携帯端末でアクセスでき、また自動同期してくれるので、自宅でも会社でも常に同じデータの状態を維持できるのがメリットだ。

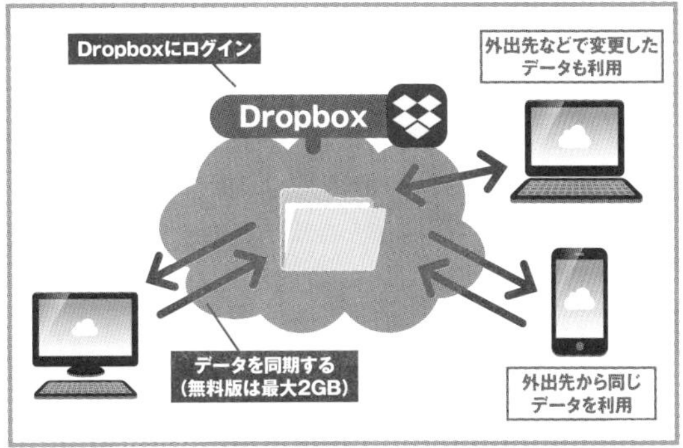

※現在、Dropboxの無料プランでは同期できる台数は3台までとなっている。

Dropboxをインストールしてデータを同期してみよう

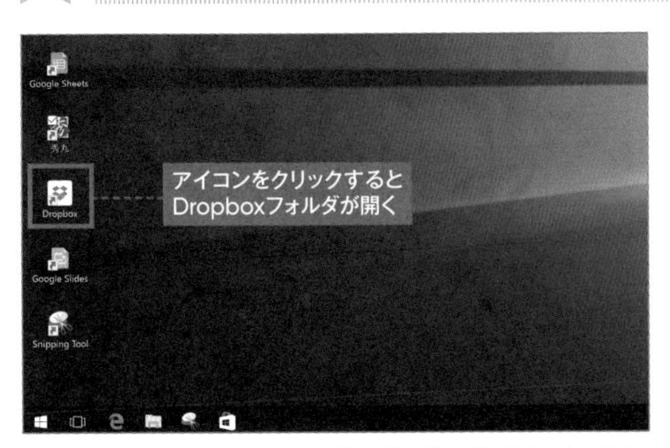

1 Dropboxをインストールすると、デスクトップに「Dropbox」フォルダが追加される。このフォルダに同期したいデータをどんどん保存していこう。

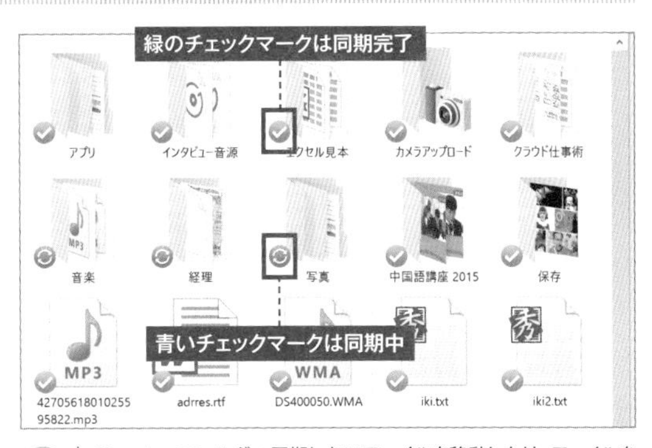

2 Dropboxフォルダへ同期したいファイルを移動したり、ファイルを更新すると、青いチェックマークが付く。また、同期が完了すると緑のチェックマークが付く。

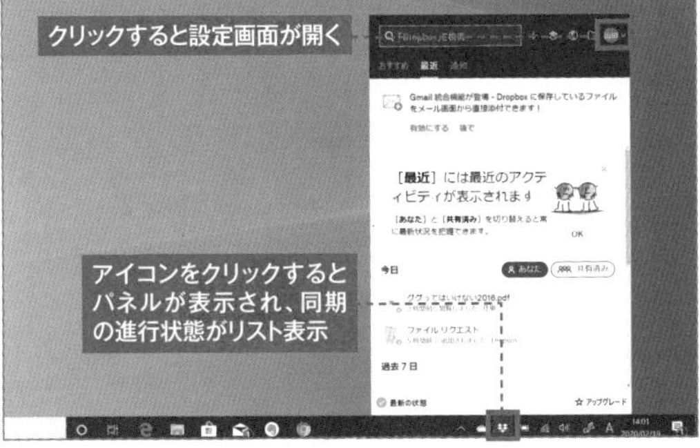

3 Dropboxはデフォルトではタスクトレイに常駐する。クリックすると同期状態を確認したり、Dropboxの設定画面にアクセスできる。

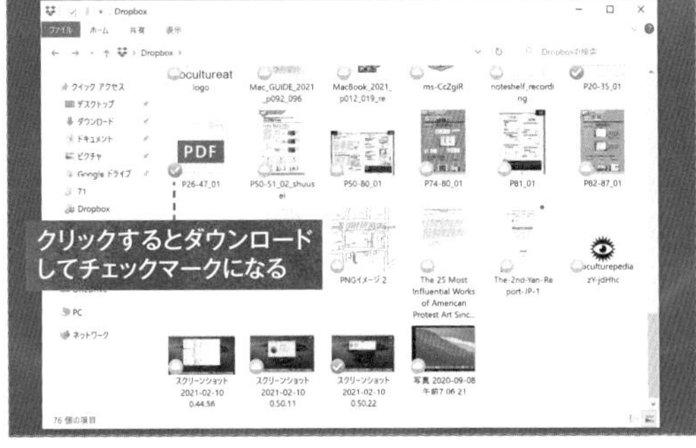

4 有料版のDropboxではスマートシンク機能が標準で有効になっており、HDD容量を節約してくれている。クラウドマークのファイルはクリックするとHDDにダウンロードされる。

084

▶ スマホで撮影した写真を自動でPCに転送できる
▶ スマホ内の写真をバックアップできる
▶ 撮影と同時に自動でアップロードできる

スマホの写真やPCのスクリーンショットを自動保存

カメラ撮影した写真を自動でDropboxにアップロードする

APP
Dropbox

スマホで撮影した写真をDropboxにアップロードしたい場合は、「カメラアップロード」機能を有効にしよう。カメラ撮影と同時に自動でクラウド上に写真をアップロードしてくれる。手間が省けるだけでなく、写真のバックアップにも役立つはずだ。

「カメラアップロード」機能を有効にしよう

Dropboxの「カメラアップロード」機能を有効にすると、カメラ撮影後に自動でDropboxにアップロードしてくれる。毎回手動で写真を移し替える必要がなくなり作業が楽になる。PC版ならPC上でスクリーンキャプチャした写真を自動でDropboxのフォルダに保存することが可能。スマホで撮影した写真とは別フォルダで分類してくれるので混乱することもない。

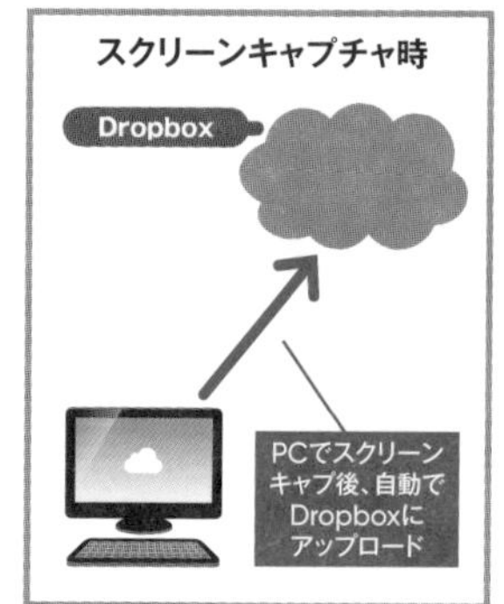

カメラアップロード機能を有効にして撮影を行おう

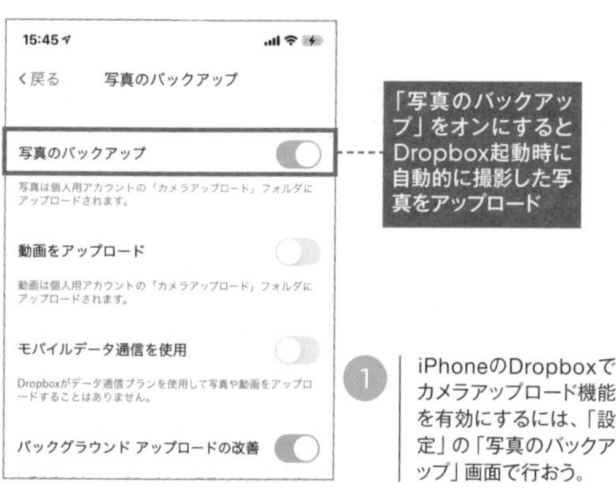

1 iPhoneのDropboxでカメラアップロード機能を有効にするには、「設定」の「写真のバックアップ」画面で行おう。

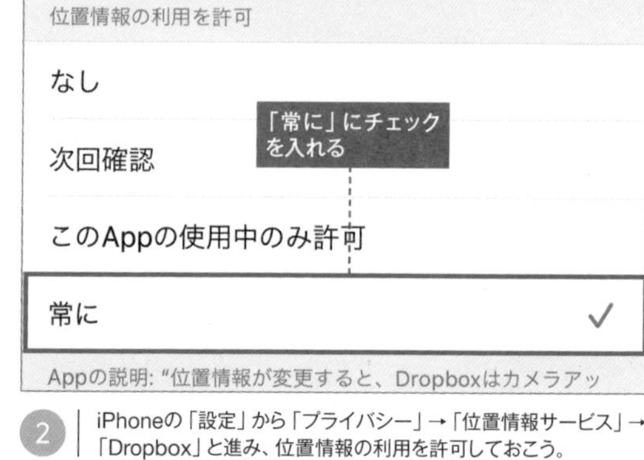

2 iPhoneの「設定」から「プライバシー」→「位置情報サービス」→「Dropbox」と進み、位置情報の利用を許可しておこう。

3 アップロードした写真はDropboxフォルダの「カメラアップロード」フォルダに保存されている。

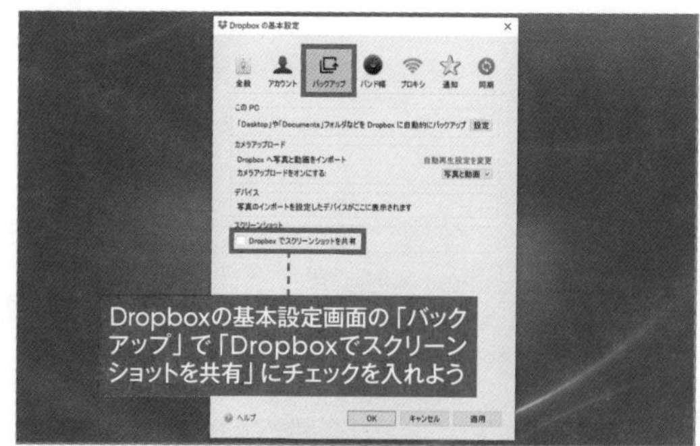

4 PCでスクリーンショットを撮影した写真を自動でアップロードするには、PC側のDropboxの設定画面で設定を行おう。

▶ 大切な情報が記載されたファイルを守る
▶ 簡単操作で手軽に暗号化したい
▶ 無料で使えるセキュリティソフトが欲しい

重要なファイルは暗号化して同期しよう

セキュリティに不安が残る場合はDropboxのファイルを暗号化しておこう

不正アクセスによるファイルの外部流出に不安がある場合は、事前にファイルを暗号化しておくとよいだろう。万が一の事態があっても個人情報が漏れることはない。クレジットカードやログイン情報など個人情報が記載されたファイルを暗号化しよう。

APP

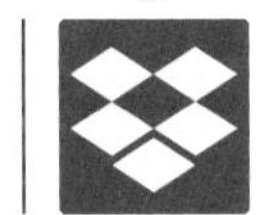

簡単な操作で強力な暗号をファイルにかけることができるフリーソフト

「ED」はファイルをドラッグ＆ドロップしてパスワードを設定するだけのシンプルな暗号化ソフト。暗号化されたファイルは「.enc」という独自の拡張子が付けられ、解除するにはEDが必要。「Boxcryptor」は右クリックメニューから手軽に暗号化できるソフト。暗号化をかけたパソコン以外のデバイスからアクセスしてもファイルが表示されなくなり、盗まれる心配がなくなる。

PC APP **ED**
作者●Type74 Software
種別●フリーソフト
URL ●http://www.vector.co.jp/soft/win95/util/se119287.html

●ED
ドラッグ＆ドロップで手軽に暗号化できるソフト。

PC APP **Boxcryptor**
作者●Secomba GmbH
種別●フリーソフト
URL ●https://www.boxcryptor.com

●Boxcryptor
右クリックからクラウド上にあるファイルを暗号化するソフト。

EDやBoxcryptorでDropbox上のファイルを暗号化しよう

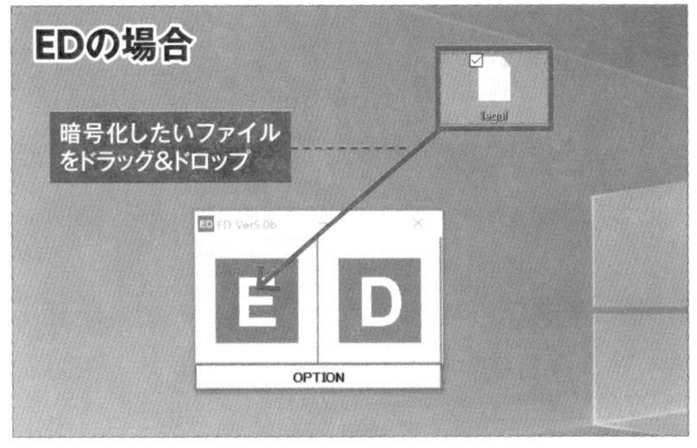

1 EDで暗号化する場合、ファイルを「E」の部分に直接ドラッグ&ドロップ。パスワード設定画面が現れるので、解除用パスワードを設定しよう。

2 暗号化ファイルが作成される。ファイルの拡張子は「.enc」となっている。解除したい場合は「D」側にドラッグ&ドロップしよう。

1 Boxcryptorを起動してタスクトレイに常駐しているアイコンから設定画面を開く。暗号化対象のフォルダを指定しよう。フリー版は1つしか登録できない。

2 Boxcryptorフォルダに移動して暗号化指定したフォルダを開き、暗号化したいファイルを右クリックして「Boxcryptor」→「Encrypt」を選択すればよい。解除する際は「Decrypt」を選択する。

上級

086

▶ ウェブサービスのログイン入力が簡単になる
▶ PCとスマホでパスワードを管理できる
▶ さまざまなパスワード情報をきちんと管理できる

効率的かつ安全にパスワード管理する

ログインパスワードをDropboxに保存してPCとスマホで安全に共用する

APP
Dropbox

ウェブサービスのログイン情報をクラウドに保存していればPCとスマホの両方でアクセスして利用できる。しかし万が一、不正アクセスがあったときは、すべてのログイン情報が漏れてしまう危険もある。そこでクラウド上で安全・確実に管理する方法を紹介しよう。

パスワード情報を一括管理できる「KeePass」を使おう

クラウド上でウェブサービスのパスワード情報を管理するなら「KeePass」を使おう。ユーザーIDやパスワードなどを一括管理できるソフトで、管理するパスワード情報は独自のファイル形式（.kdb）で暗号化してクラウド上に保存することができる。iOSアプリも配布されているのでiPhoneやiPadにインストールすることで、携帯端末からでも保存したパスワード情報を利用できる。

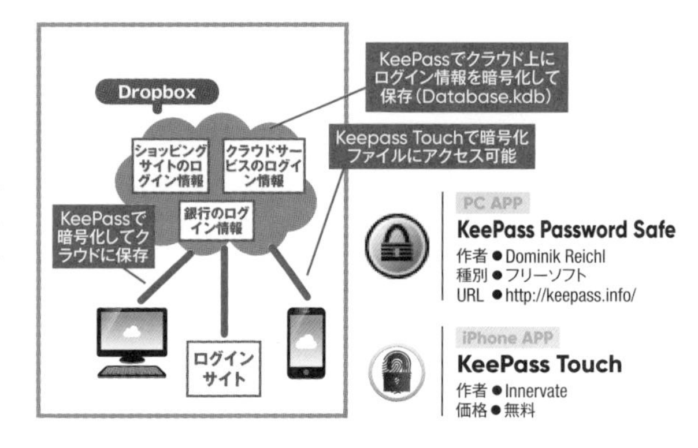

PC APP
KeePass Password Safe
作者●Dominik Reichl
種別●フリーソフト
URL ●http://keepass.info/

iPhone APP
KeePass Touch
作者●Innervate
価格●無料

KeePassで暗号化ファイルを作成してKeePass Touchでアクセスする

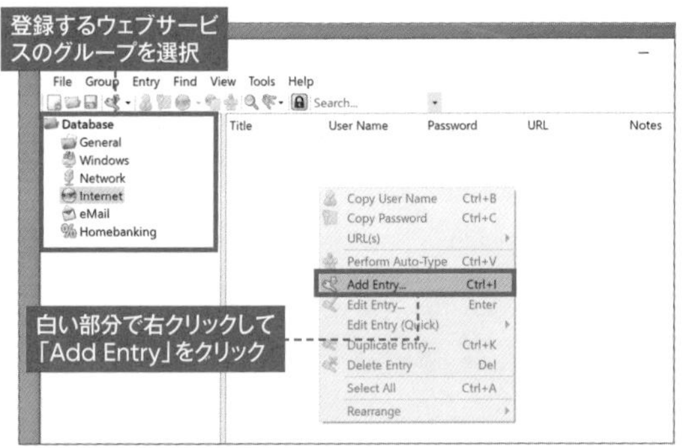

1 KeePassを起動したら左ウインドウから登録するサービスのグループを選択し、右側の白い部分で右クリックして「Add Entry」をクリック。

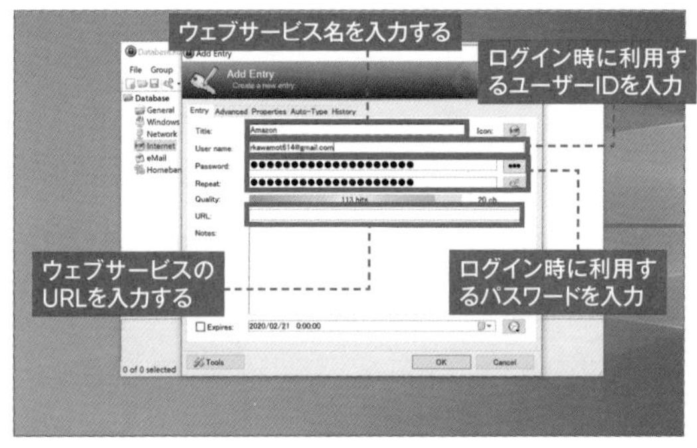

2 エントリー編集画面が現れるので、サービス名、ユーザー名、パスワード、URLを入力していこう。

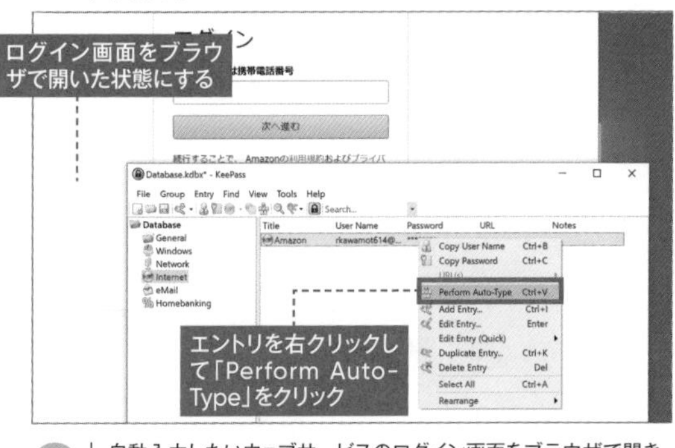

3 自動入力したいウェブサービスのログイン画面をブラウザで開き、登録したエントリーを右クリックして「Perform Auto-Type」でログイン情報が自動入力できるようになる。

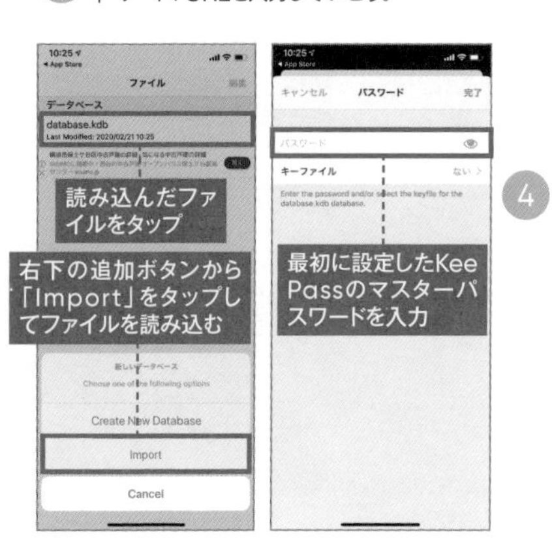

4 DropboxにKeePassのファイルを保存。iPhone版KeePassの「KeePass Touch」で保存したファイルを読みこめばスマホでもログイン情報を共用できる。

うっかり上書きした文書や写真を復元させる

大事な原稿や書類作成はDropbox上で行えばミスしても以前の状態に戻せる

087

APP
Dropbox

テキストや画像を編集中にうっかり上書き保存してしまうときがある。もしDropbox上にあるファイルであれば、簡単に上書き前の状態に戻すことが可能だ。大事な書類や原稿作成は、以前の状態に素早く戻せるDropboxフォルダ上で作業を行おう。

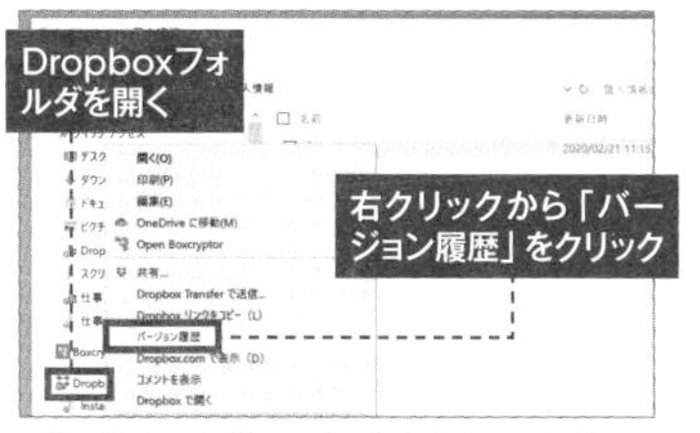

1 うっかりファイルを上書きしてしまったファイルを右クリックし、メニューから「バージョン履歴」をクリック。

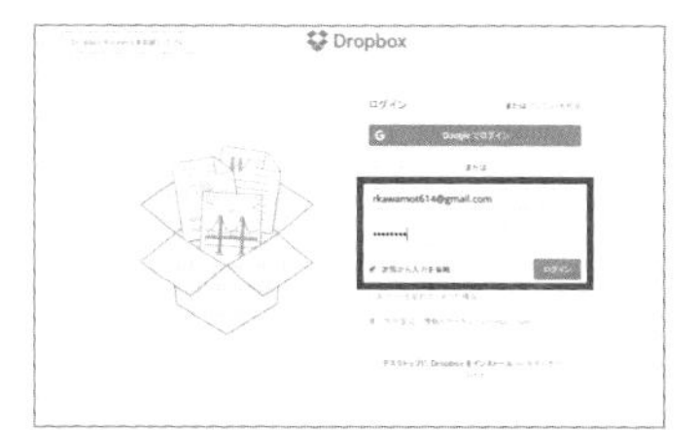

2 ブラウザが起動してDropboxのログイン画面が表示されるので、ログイン情報を入力しよう。

3 ファイルの履歴が表示されるので、戻したい位置にチェックを入れて「復元」をクリックしよう。

削除してしまったファイルもクラウドなら復活可能

Web版Dropboxの「イベント」からファイルを復元する

088

APP
Dropbox

Dropboxのフォルダ上で作業中、うっかり大事なファイルを削除してしまっても慌てることはない。簡単に削除してしまったファイルを復元することができる。Web版のDropboxにアクセスして「削除したファイル」から復元したいファイルを選択すればよい。

1 うっかりファイルを削除してしまったら、Dropboxのフォルダ上で右クリックして「Dropbox.comで表示」をクリック。

2 DropboxのWeb版のページが開くので、左メニューから「削除したファイル」をクリック。復元させたいファイルの左側にチェックを入れて右側の「復元」ボタンをクリック。

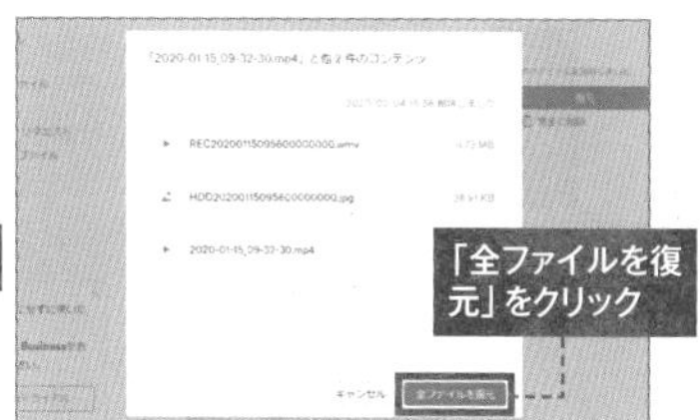

3 復元画面が表示される。「全ファイルを復元」をクリックすると削除したファイルを復元することが可能だ。

豆テク

radikoのタイムフリーより、録音して残したい人はこれ!

録音したRadiko放送をDropboxに保存してスマホで聴く

089

APP
Dropbox

自宅で予約録音しておいたRadikoの放送を外出先で聴きたいならRadikoolを使おう。Radikoolの設定で、録音したMP3ファイルの保存先をDropboxのフォルダに変更しておくことで、自宅のPCで予約録音した放送を外出先から聴くことが可能となる。またMP3ファイルで保存されるので、編集することも可能だ。

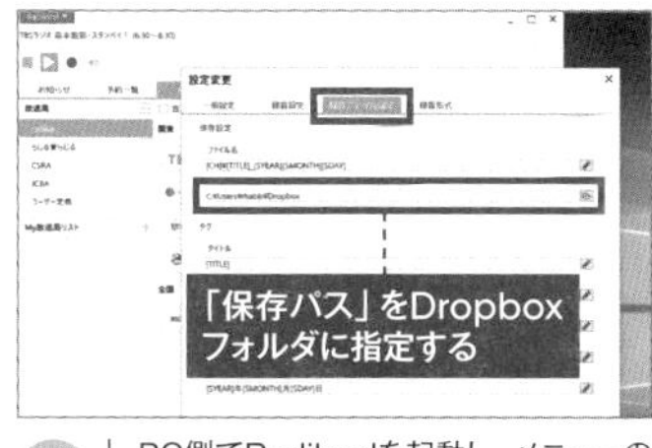

1 PC側でRadikoolを起動し、メニューの「ツール」→「設定変更」→「録音ファイル設定」の「保存パス」をDropboxに変更する。

2 あとはRadikoolで予約録音設定しておこう。録音後、DropboxフォルダにMP3が作成され、外出先からでも視聴することが可能だ。なお、無料プランでのストリーミング再生は15分に制限されている。

TOOL

Radiko放送をMP3形式で録音する

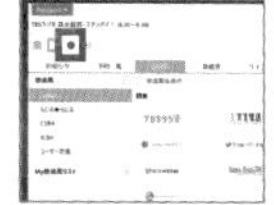

Radikoの放送を録音してMP3形式で保存できるアプリ。らじる★らじる、CSRA、JCBAの録音も可能。

PC APP **Radikool**
作者●Radikool
料金●無料
URL●https://www.radikool.com/

090

▶ Dropboxの外にあるファイルをバックアップできる
▶ 本データを消失してもDropboxから復元できる
▶ 重要データを確実にバックアップできる

パソコンのバックアップはクラウドへの保存が安全

重要データのバックアップの基本はすべてDropboxに放り込んでおくこと

APP
Dropbox

パソコンのバックアップは鉄則だが、バックアップ先のディスクやハードウェアが壊れてしまっては意味がない。そこでクラウドストレージにパソコンのデータをバックアップしよう。パソコンや外部ディスクにトラブルがあってもデータ消失することはなくなる。

バックアップソフトとDropboxを連携させる

ファイルのバックアップにはバックアップソフトとクラウドストレージの連携がおすすめ。BunBackupはWindows内のファイルをバックアップするソフト。バックアップしたいフォルダを選択するだけで、フォルダ内で新しいファイルが生成されたときに指定した場所にファイルをコピーしてくれる。コピー先をDropboxフォルダに指定しておくことで、PCにトラブルがあったときでもファイルを救出可能だ。

TOOL
PCデータのバックアップに便利

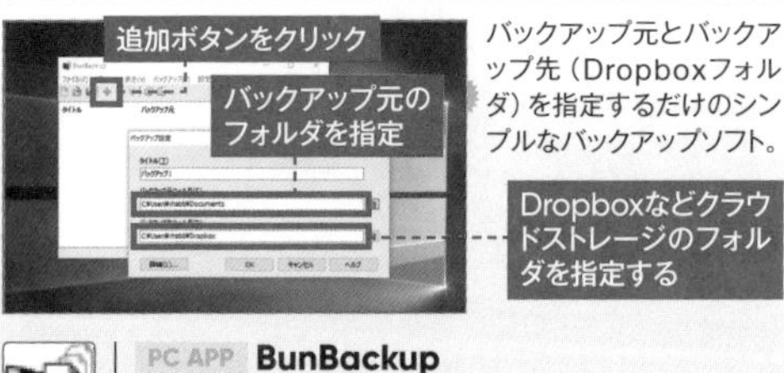

バックアップ元とバックアップ先（Dropboxフォルダ）を指定するだけのシンプルなバックアップソフト。

PC APP **BunBackup**
作者●Nagatsuki　種別●フリーソフト
URL ●http://homepage3.nifty.com/nagatsuki/

BunBackupでDropboxフォルダにデータをバックアップ

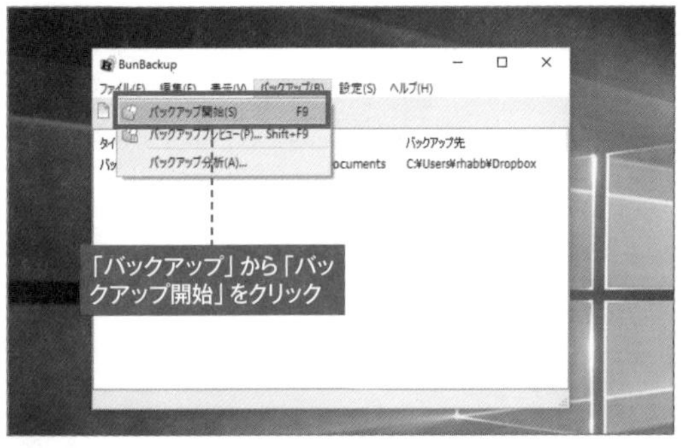

1 バックアップ元フォルダとバックアップ先フォルダ指定後、メニューの「バックアップ」から「バックアップ開始」でコピーが始まる。

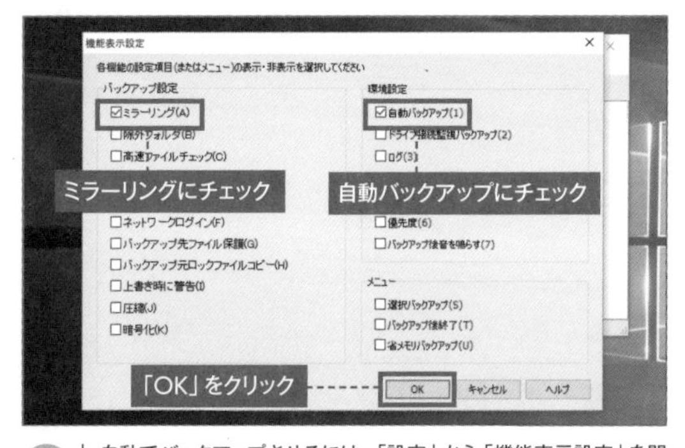

2 自動でバックアップさせるには、「設定」から「機能表示設定」を開き、「ミラーリング」と「自動バックアップ」にチェックを入れて「OK」をクリック。

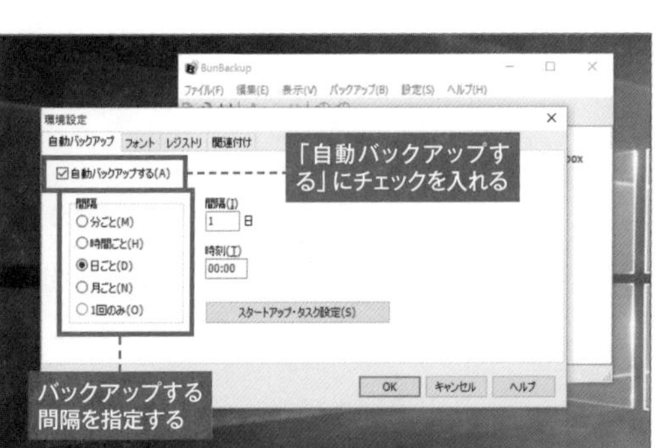

3 続いてメニューの「設定」から「環境設定」をクリックして、「自動バックアップする」にチェックを入れて、自動バックアップの間隔を設定しよう。

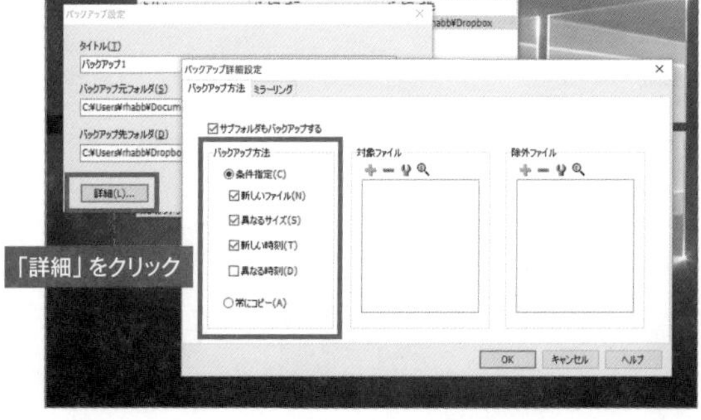

4 保存先フォルダ設定画面で「詳細」をクリックすると、サブフォルダも含めるかどうかなど細かなバックアップ条件を指定できる。

上級

091

同期したファイルを復元できないように完全削除する

Dropboxの履歴もファイルも完全に削除する方法

Dropboxの特徴的な機能の一つに「削除したデータの復元」があるが、これは逆にプライバシーなどの情報を含んだファイルをいつまでもネット上に残してしまうという危険性も持っている。そこで、残したくないファイルをブラウザから完全消去しよう。

APP

Dropbox

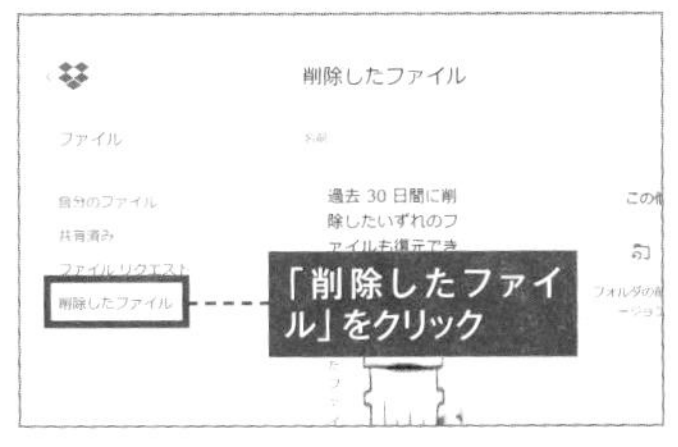

1 ブラウザからDropboxにアクセスしたら、左メニューから「削除したファイル」をクリックしよう。

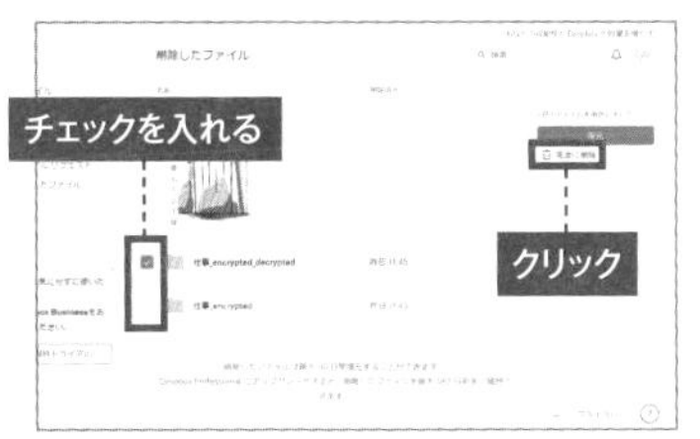

2 削除したファイルが表示されるので、完全に削除したいファイルにチェックを入れて「完全に削除」をクリック。

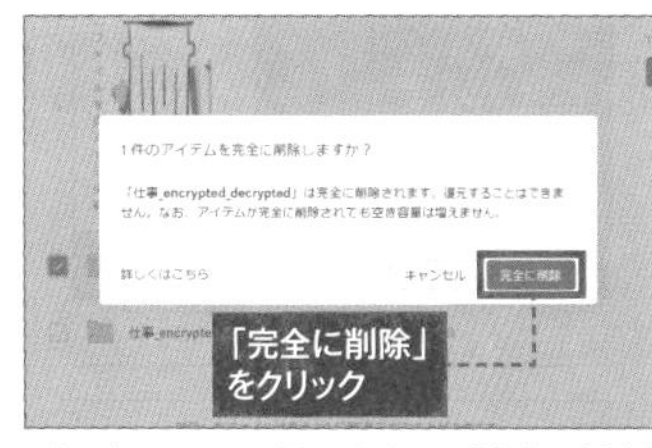

3 メニューが表示される。「完全に削除」をクリックすると、サーバ上から完全に削除することができる。

092

同期内容を絞り込んで容量や同期にかかる時間を節約

急いで同期するときやHDD空き容量が少ない時は同期フォルダを絞る

Dropboxに大量にファイルを保存すると、ハードディスク空き容量の少ないPCで同期したときに負担がかかる。同期するフォルダを絞り込もう。選択同期機能を利用することで、Dropbox上にある指定したフォルダのみを同期対象にすることが可能。

APP

Dropbox

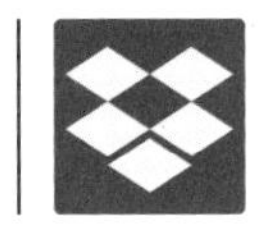

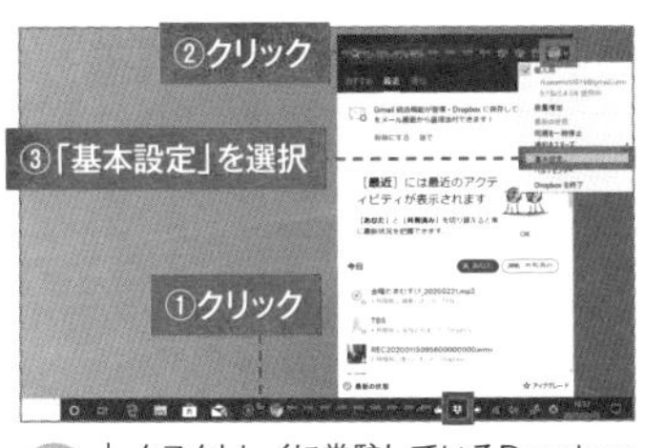

1 タスクトレイに常駐しているDropboxアイコンをクリックして、右上の設定アイコンをクリック。「基本設定」を選択。

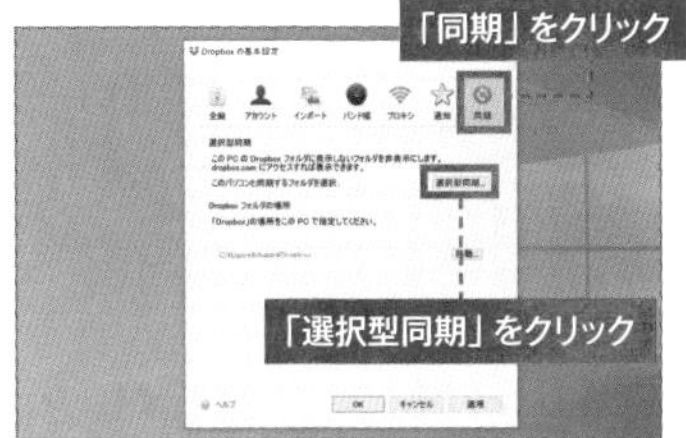

2 基本設定画面の「同期」をクリックして、「選択型同期」をクリックする。

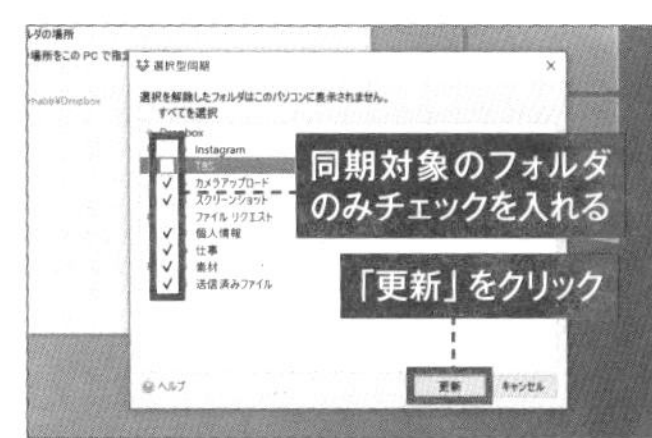

3 同期設定画面が現れる。同期したいフォルダのみにチェックを入れて、「更新」をクリックしよう。チェックのないフォルダはPCにダウンロードされなくなる。

上級

093

同期内容を絞り込んでハードディスクを節約する

有料DropboxユーザーならスマートシンクでHDD容量を節約しよう

スマートシンクはハードディスクの容量を節約するのに便利なDropboxの新機能。ハードディスク上に保存することなく、クラウド上にあるファイルを閲覧でき、また、選択したファイルのみダウンロードして編集することができる。ただし、利用できるのはDropbox Plusなど有料ユーザーのみ。

APP

Dropbox

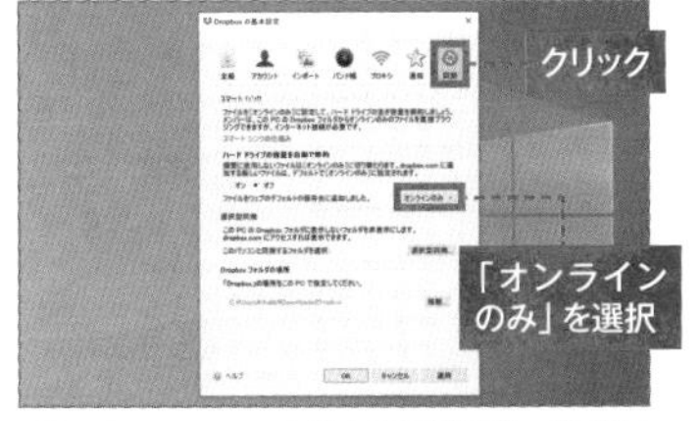

1 Dropboxの設定画面を開き、「同期」をクリックして「オンラインのみ」を選択する。これでスマートシンク機能が働く。

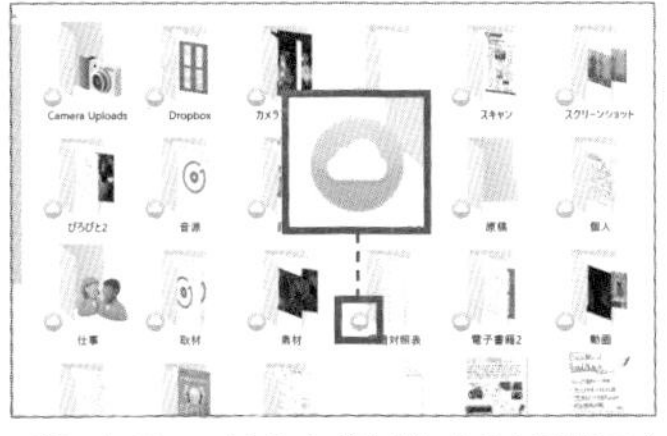

2 スマートシンクが有効になると同期アイコンが灰色のクラウドマークに変化する。ファイル内容をサムネイル表示できるがハードディスクにはダウンロードされていない。

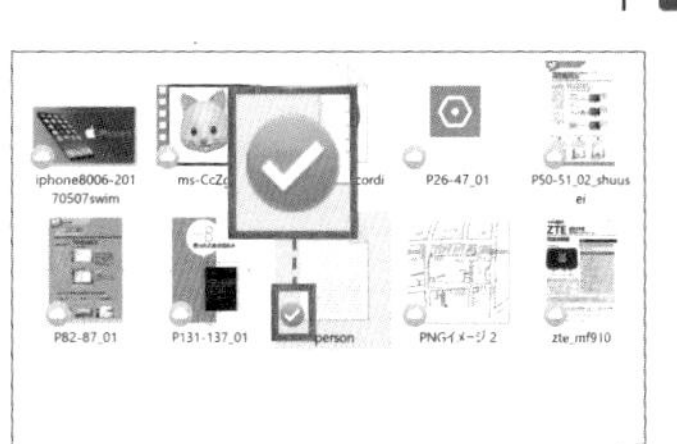

3 ファイル内容を完全に閲覧したり編集したい場合はファイルをクリックするとハードディスク上にダウンロードされ、アイコンが緑色に変わる。

094

こんな用途に最適！
- メール内容をクリップする
- メルマガ管理に便利
- メールを汎用性の高いファイル形式に変換

メールアプリとEvernoteを連携する

重要なメルマガやメールのみEvernoteに保存する

APP
Evernote

受信したメールの中から重要なメールのみEvernoteに保存したい場合は、Evernote for GmailやSparkを使おう。コピペなどの余計な操作なしでクリック1つで指定したノートブックにメール内容が保存できるようになる。

Gamilユーザーは「Evernote for Gmail」メールアプリなら「Spark」を使おう

ブラウザ上からGmailを使っている場合は、「Evernote for Gmail」アドオンをインストールしよう。Gmailの画面から直接、特定のメールをEvernoteに保存できる。メールアプリの方を利用したいなら「Spark」がおすすめ。Evernoteと連携機能が用意されており、有効にすればクリック1つでEvernoteに特定のメールをテキストだけでなくPDF形式で保存することもできる。なお、Sparkは現在iPhone、Android、Mac、Windowsに対応している。

PC APP
Evernote for Gmail
作者●Evernote
価格●無料
URL●https://gsuite.google.com/marketplace/app/evernote_for_gmail/294974410262

iPhone APP
Spark
作者●Readdle Inc.
URL●https://sparkmailapp.com/

Evernote for GmailやSparkを使う

Evernote for Gmailの場合

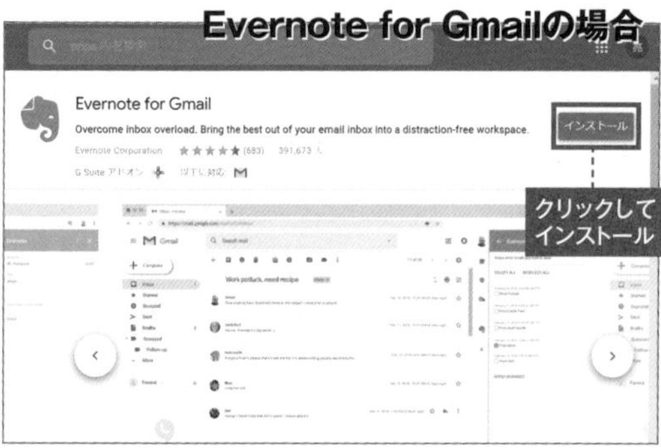

1 GmailにEvernoteとの連携機能を追加するには、G Suite MarketplaceからEvernote for Gmailをインストールしよう。Gmailの受信トレイ右側にあるアドオン追加画面からでもアクセスできる。

2 ブラウザでGmailにアクセスしよう。画面右側にあるアドオン画面にEvernoteのアイコンが追加されている。クリックすると開いているメールをEvernoteに保存できる。

Sparkの場合

1 スマホでメールアプリを使うならSparkがおすすめ。Evernoteを連携するには、設定画面から「サービス」を選択して、「Evernote」をタップしよう。

2 Evernoteに保存したいメールを開き、右下の「…」から「Evernote」をタップする。Evernoteが開くので保存先やファイル形式を指定しよう。

上級

指定フォルダに入れたファイルを自動でノート作成

095 インポートフォルダ機能でDropboxに保存したファイルをEvernoteと同期する

APP Evernote

旧版Evernote（番号36参照）には指定したフォルダを監視し、フォルダ内で新しく生成されたファイルを自動でアップロードする機能がある。この機能で「カメラアップロード」フォルダを指定すれば、写真撮影後、自動でEvernoteに写真をアップできる。

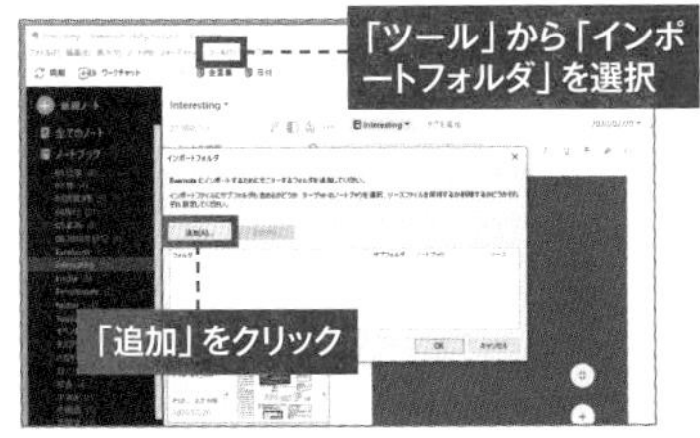

1 メニューの「ツール」から「インポートフォルダ」を選択して、「追加」をクリック。

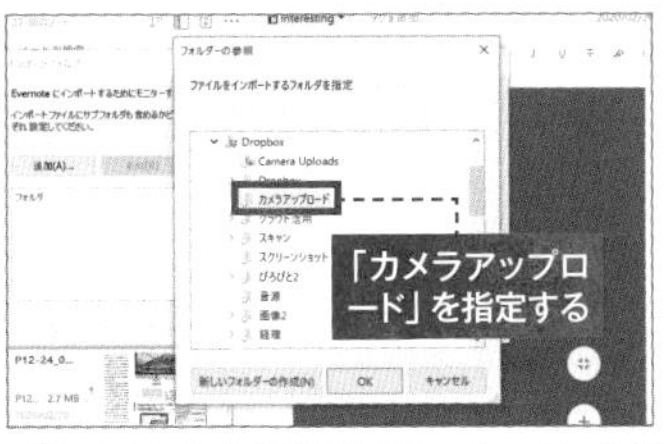

2 フォルダ参照画面でDropboxフォルダ内にある「カメラアップロード」フォルダを指定しよう。

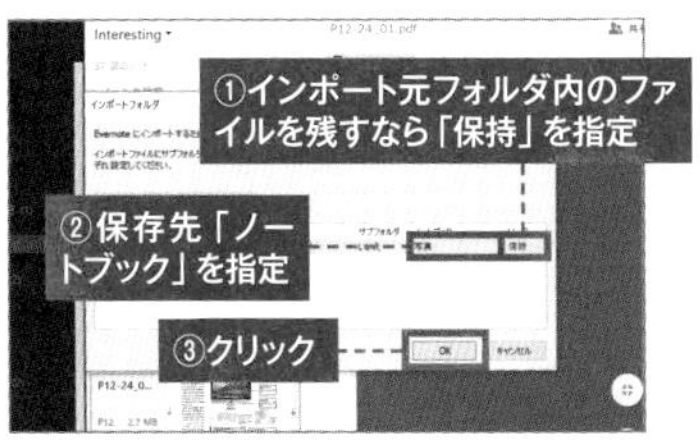

3 フォルダが追加されたら「ノートブック」にて写真が添付されたノートの分類先を指定。「ソース」で「保持」にするとオリジナルファイルを残したままにしてくれる。

オフラインでも使えるEvernote連携ノートを使う

096 Evernoteと同等の機能を持ちつつEvernoteと同期できるメモアプリ

APP Evernote

「Awesome Note」は多機能なiPhone用メモアプリ。ノートの背景選択やフォントの選択などカスタマイズ性が高く、またリマインダーやチェックボックスなどEvernoteと同等の機能を有している。Evernoteと連携でき、互いのアプリ内のメモを同期することが可能だ。

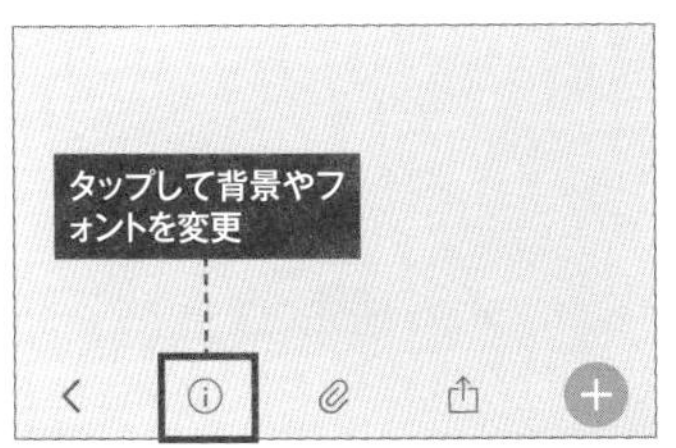

1 ノート画面では下部メニューの「i」をタップして背景やフォントを変更できる。チェックリストやリマインダー機能などメモ機能も充実。

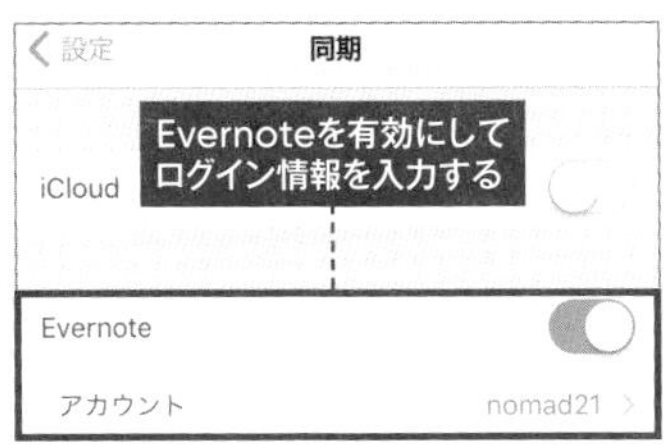

2 Evernoteと連携するにはメイン画面左上の設定アイコンをタップして、「同期」からアカウント情報を入力しよう。

TOOL

Evernote対応メモアプリ

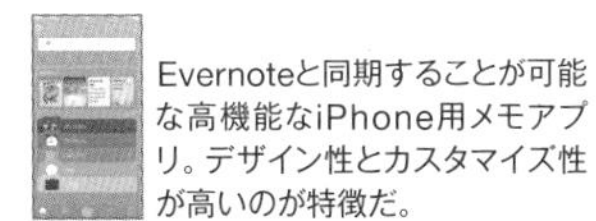

Evernoteと同期することが可能な高機能なiPhone用メモアプリ。デザイン性とカスタマイズ性が高いのが特徴だ。

Tool **Awesome Note 2**
作者●BRID　料金●370円
カテゴリ●仕事効率化
種別●iPhoneアプリ

Evernoteで同期できる機器の台数を増やす

097 サブアカウントを作って3台以上の端末でノートを共有

APP Evernote

Evernoteのベーシックプランでは、1アカウントにつき2台の端末（PC、スマホ）までしかノートを共有することができない。だが、ノートまたはノートブックを共有状態にして、別に作成したEvernoteのアカウントと共有すれば、3台以上の端末でノートを共有することが可能だ。

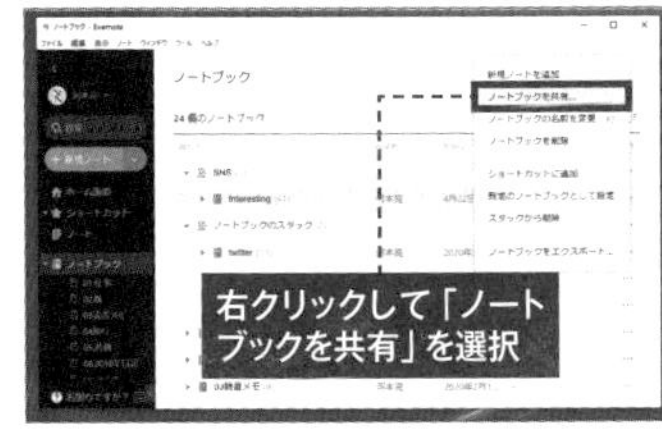

1 ノートブック画面を開き、共有したいノートブックのメニューから「ノートブックを共有」を選択する。

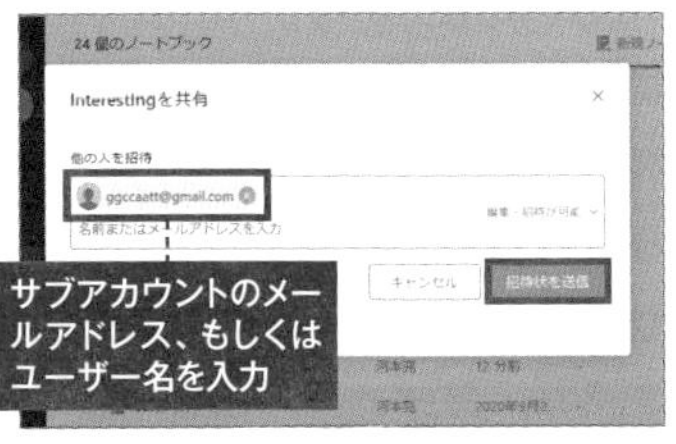

2 サブアカウントで利用しているメールアドレスやユーザー名を入力して「招待状を送信」をクリックしよう。

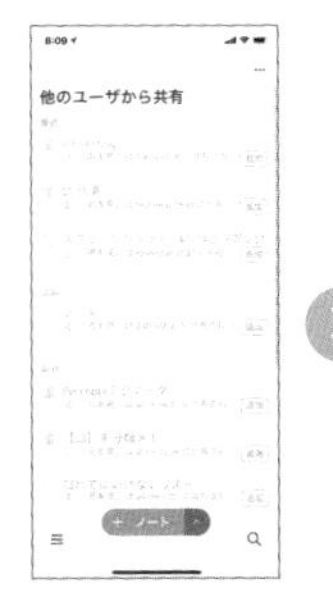

3 ほかのPCやスマホのEvernoteでサブアカウントにログインする。すると共有したノートやノートブックを閲覧・編集することができる。

098

Everoteファイルのインポートとエクスポート

Evernoteのノート全体をDropboxにバックアップする

APP
Evernote

Evernoteのノートを Dropboxにバックアップしておきたい場合は、ノートまたはノートブックを選択してエクスポートを選択すればENEX形式で出力できる。このとき、すべて添付ファイルやタグを含んでくれる。また、インポートする際はほかのEvernoteにENEXをドラッグ＆ドロップすればよい。

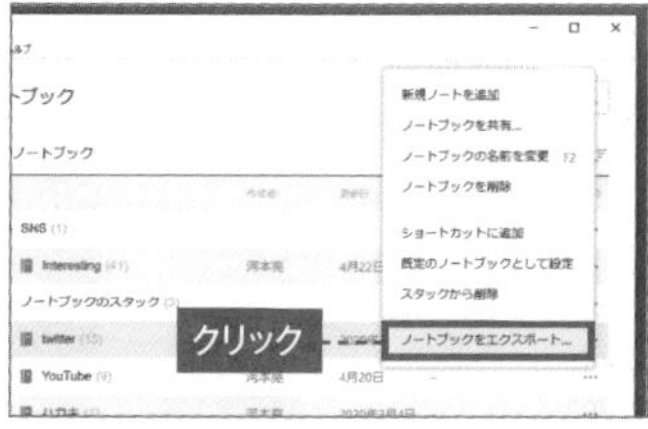

1 バックアップしたいノートブックやノートを右クリックして「ノートをエクスポート」を選択する。

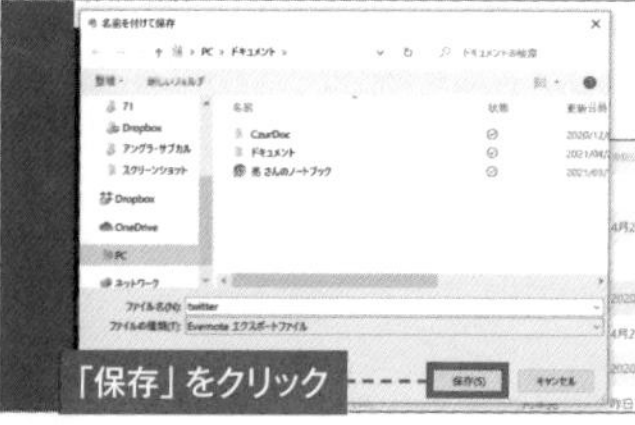

2 エクスポート設定画面が表示される。「ENEX形式のファイル」を選択し、「保存」を選択しよう。

3 バックアップしたENEX形式をEvernoteに戻すにはファイルをドラッグ&ドロップすればよい。

上級

099

間違って削除したノートを復活する

オフラインでログインすれば消えたノートが復活する

APP
Evernote

Evernoteで誤ってノートを削除し、ゴミ箱からも削除してしまった場合は、ほかの端末からオフライン状態でEvernoteを起動しよう。オフラインだと同期されることがないため、削除してしまった古いノートを見つけることが可能だ。

1 まずiPhoneやスマホ端末で機内モードにしてオフラインにする。その後、Evernoteアプリを起動する。

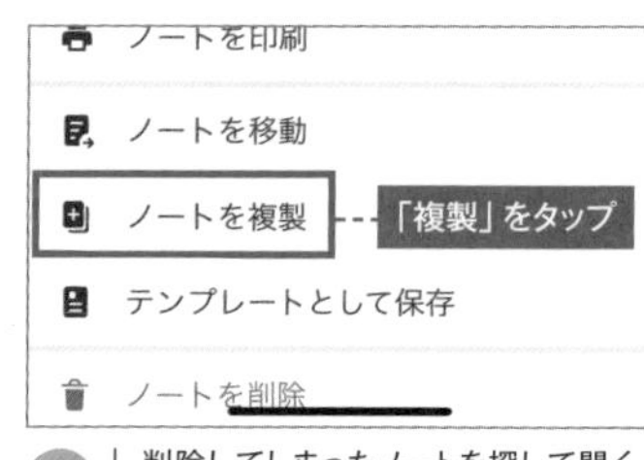

2 削除してしまったノートを探して開く。右下端のメニューボタンから「ノートを複製」をタップする。

3 オリジナルとコピーのノートがあるのが分かる。この後、オンラインにするとオリジナルは消えるがコピーは残ったままになる。

100

Googleドライブの空き容量を節約する

Googleの空き容量が少なくなったらGamilの添付ファイルをチェックしよう

APP
Googleドライブ

無料で利用できるGoogleドライブの容量は15GBだが、GmailやGoogleフォトなどほかのGoogleサービスと共用のため空き容量が少なくなりがち。上限を超えるとメールのやりとりも制限されてしまう。空き容量を増やすには添付ファイル付きのメールをまめに削除しよう。

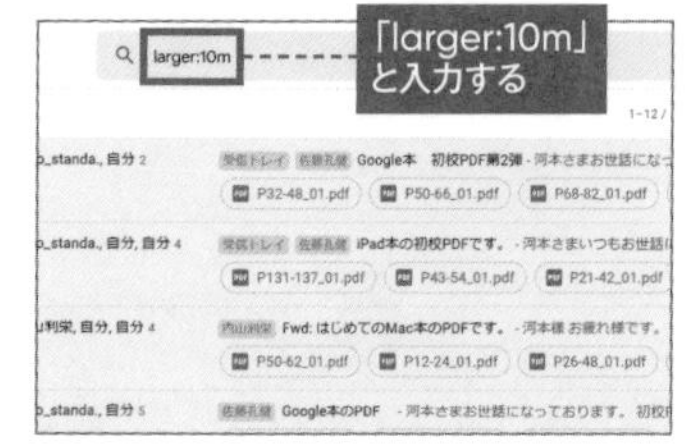

1 Gmailから大きなメールのみ抽出するには、検索フォームに「larger:10m」と入力しよう。すると10MB以上のメールファイル（ほぼ添付ファイル付き）のみ検出できる。

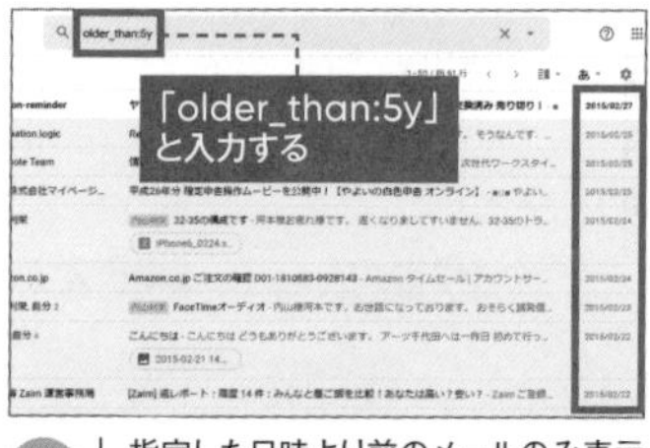

2 指定した日時より前のメールのみ表示させたい場合、たとえば「older_than:5y」と入力すれば5年より前のメールをすべて検出できる。

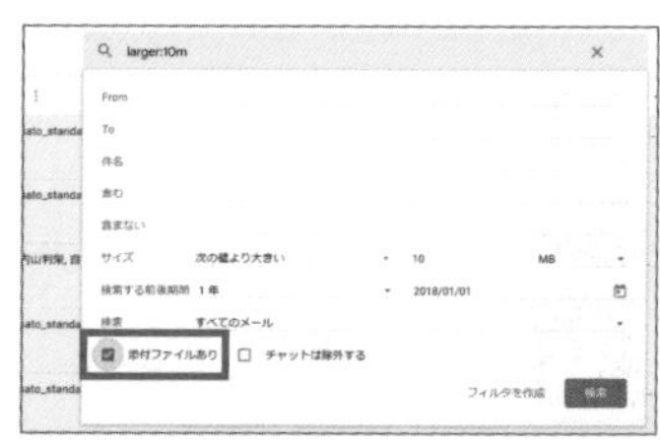

3 検索フォーム欄右にある検索設定画面からさらに細かくメール検索できる。添付ファイルのみ検索結果に表示させることもできる。46番の関連テクニックも参考にしよう。

こんな用途に最適！
▶ もっとストレージ容量を確保したい
▶ Googleサービスとの連携がスムーズ
▶ Googleドキュメントアプリが利用できる

101

GoogleドライブをDropboxのようなストレージとして使用する

無料で15GBの容量が使えて機能も豊富なGoogleドライブ

Googleドライブは無料で15GBの容量を利用できるストレージサービス。ほかのGoogleサービスとの連携性が高く、Googleドライブ上にあるファイルを素早く共有させることができる。Googleユーザーにおすすめだ。

APP
Google ドライブ

15GBフルに利用するならGoogleの新規アカウントを取得しよう

Googleドライブは無料で15GBのストレージを利用できるが、注意したいのはGmailやGoogleフォトとの共用ストレージであること。つまり実際に利用できる容量は少ない。もし15GBいっぱい利用したい場合は、普段使っているGmail用アカウントとは別に新規アカウントを取得しよう。また、有料プランGoogle Oneなら月額250円で100GB、月1300円で2TBと割安。

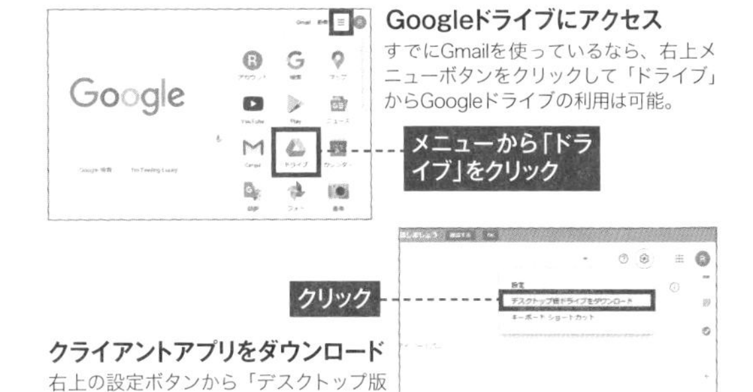

Googleドライブにアクセス
すでにGmailを使っているなら、右上メニューボタンをクリックして「ドライブ」からGoogleドライブの利用は可能。

クライアントアプリをダウンロード
右上の設定ボタンから「デスクトップ版ドライブをダウンロード」をクリックしよう。

PC版Googleドライブを使ってみよう

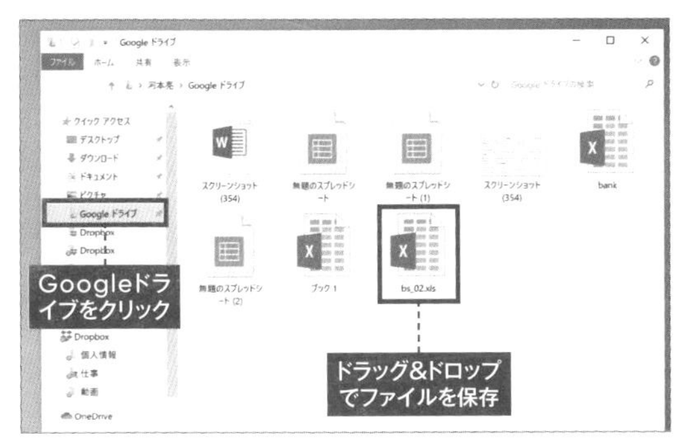

1 インストールすると、Dropbox同様個人フォルダ以下にGoogleドライブ専用のフォルダが作成される。ここにファイルを保存していくだけでよい。

2 インストール後、スタートメニューに追加される「Backup and Sync from Google」フォルダ内のGoogleサービスのアイコンをクリックしよう。各アプリやGoogleドライブの設定が行える。

3 空き容量をチェックするにはブラウザでGoogleドライブを開き、左下の「保存容量」を確認しよう。

4 モバイル端末からでも利用可能。iOS、Android両方のOSで専用クライアントアプリが配布されているのでダウンロードしよう。

102

こんな用途に最適!
- ▶ 複数の端末でブックマークを共有したい
- ▶ PCとスマホを同じブラウザ環境にしたい
- ▶ パスワードや履歴も共有したい

ブックマークを簡単に同期できるブラウザ「Chrome」

複数デバイスで ブックマークやタブを同期する

APP
Chrome

PCやスマホで使っているブラウザのブックマークは常に同じ状態にしておきたいもの。Googleが提供しているブラウザ「Chrome」を使おう。同一アカウントでログインすることで、すべてのデバイスでブックマークやタブなどのブラウザ情報を同期できる。

Gooogleアカウントで紐付けてデータを同期する

「Chrome」はGoogleが提供しているシンプルで軽快なブラウザとして知られているが、データの同期機能が優れている点も忘れてはならない。同じGoogleアカウントを使ってChromeにログインすることで、複数のパソコンおよび携帯端末でブックマークを同期することが可能。ほかに閲覧履歴、自動入力パスワード、テーマ、現在開いているタブなども同期できる。

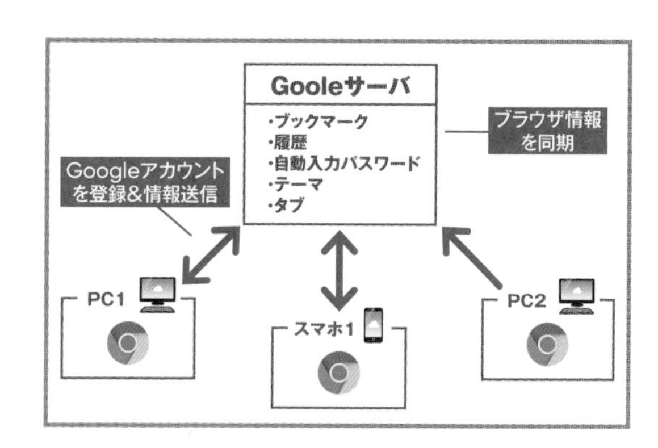

ChromeのブックマークをGoogle経由で同期させる

Chromeの設定画面から同期項目を選択する

同期を行うには、Chromeのインストール後、Chromeの設定画面にある同期設定項目にチェックを入れていけばよいだけ。初期設定ではブックマークを含めたあらゆるデータが同期されることになるが、同期項目を絞り込むことも可能。このときGoogleアカウントへのログインが必要になるので、事前にGoogleアカウントは必ず取得しておこう。

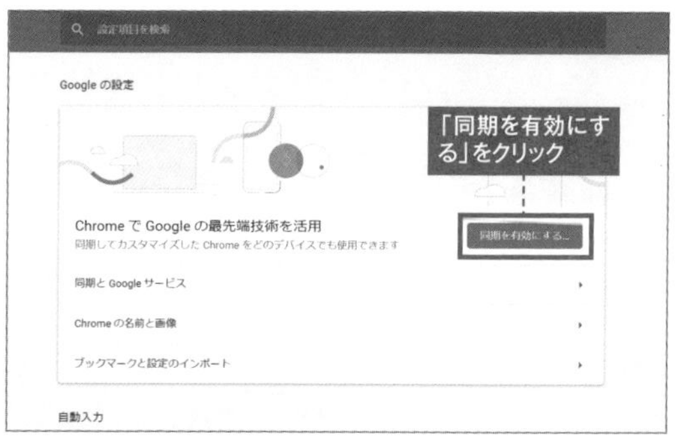

1 Chromeの「設定」画面を開き、「Chromeにログイン」をクリックし、データの同期に利用するGoogleアカウント情報を入力する。

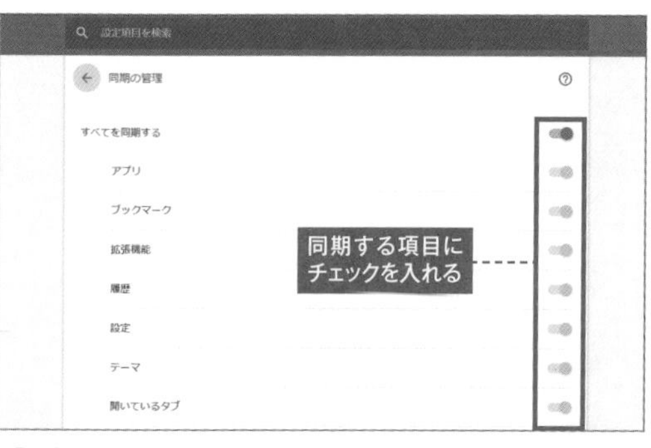

2 同期項目の管理画面が表示される。同期する項目を有効にしよう。すべて同期するなら「すべてを同期する」を有効にする。

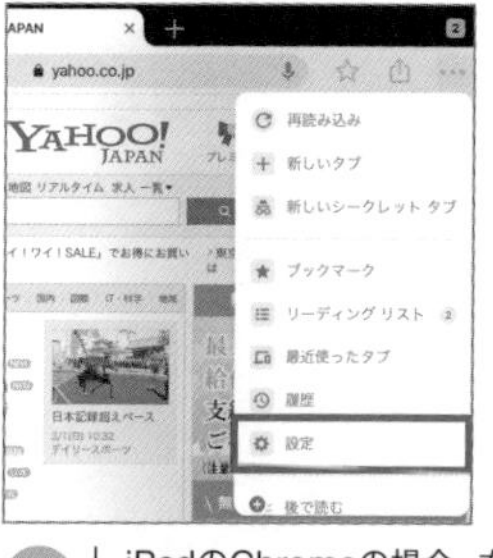

3 iPadのChromeの場合、右上のメニューボタンをタップして「設定」を選択し、「同期とGoogleサービス」画面で同期項目の設定が可能だ。

こんな用途に最適！

▶ 同期なしでオンラインストレージを利用する
▶ ハードディスク容量を節約できる
▶ クライアントをインストールする必要がない

クラウドストレージをWebDAV化して使う

WebDAV機能で外付けHDDのように利用できるストレージ

Windows10のWebDAV機能を使えば一部のオンラインストレージを外付けディスクをマウントしたように使うことが可能。対応サービスはまだ多くないが、利用するとPCのハードディスクを消費せずクラウド上のファイルを扱えるようになる。

WebDAV対応のクラウドサービスを使いこなそう

クラウドストレージサービスの中には「WebDAV対応」と説明されているものがある。代表的なものとしてはTeraCLOUDやBoxだ。WebDAVとはインターネットなどネットワーク上に保存されているファイルをPC上から操作できる機能だ。同期と異なり、PC上にファイルをダウンロードする必要がないため、ストレージを消費することがない。つまり、外付けディスクのようにクラウドストレージを利用できるのがメリットだ。

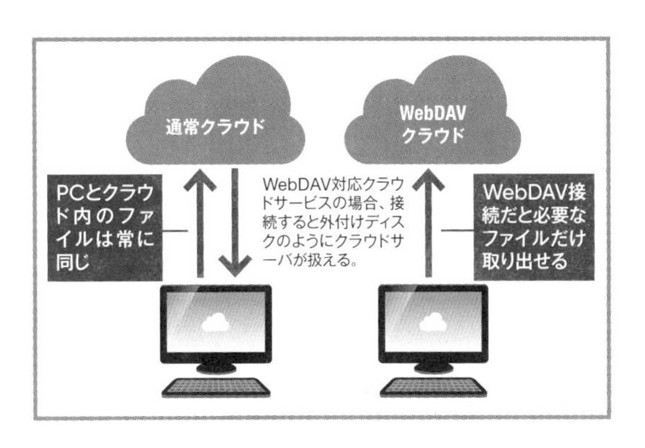

クラウドサービスにWebDAV接続をしてみよう

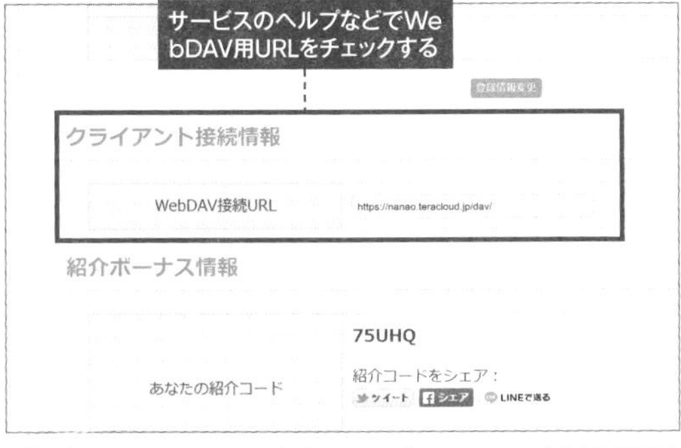

1 ここではWebDAVに対応している「TeraCLOUD」を例に説明する。まず各クラウドサービスのWebDAV用URLをメモしておこう。

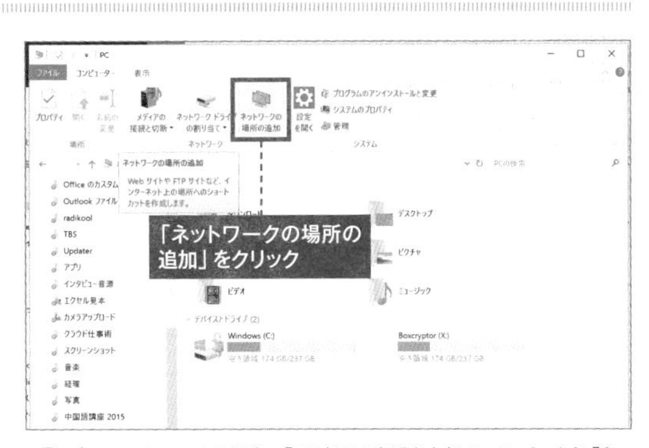

2 Windows10の場合、「PC」画面を開き上部ツールバーから「ネットワークの場所の追加」をクリックしてウィザードを進める。

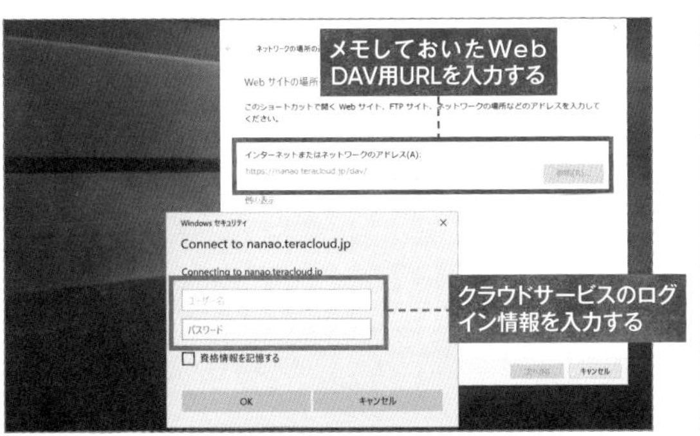

3 「インターネットまたはネットワークのアドレス」でメモしたURLを入力。続いて表示されるログイン画面でクラウドサービスのログイン情報を入力すればWebDAV化完了だ。

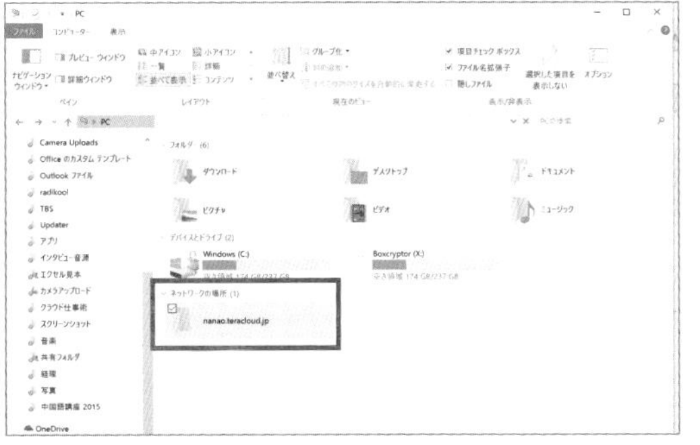

4 設定が終わったらエクスプローラから「PC」を開こう。するとクラウドサービスのネットワークフォルダが追加されている。クリックするとサーバにアクセスできる。

CHAPTER 4

情報伝達に必要なファイルや情報をクラウドで共有する

クラウド上のデータを共有して、グループ内の情報伝達をスムーズに

クラウドサービスは、文書やスケジュールなどの様々なデータをインターネット上のサーバへ保存することで、場所を選ばずに同一データを扱えるという利点がある。この特徴を活かし、データを他のユーザーへ公開（共有）し、ファイルの受け渡しや共同作業を行うといった活用法も提供されている。データを共有することで、クラウドの活用法はさらに広がってくる。

たとえば、友達と行く旅行の資料やプロジェクトの進行状況を公開して情報を共有したり、カレンダーを共有することでスケジュールの調整もしやすくなる。グループ内の情報伝達が必須のシーンで、クラウドの共有機能は威力を発揮する。

104-134

▶ ほかのユーザーとノートを共有できる
▶ 共同作業がスムーズに行える
▶ チャット機能でリアルタイムで共同編集ができる

104

仕事に必要なEvernoteノートを共有・送信する

Evernoteのノートを共有して情報を伝達する

思いついたアイデアやネット上の情報を手軽に登録するのに便利なEvernoteには、作成したノートを他のユーザーと共有する機能がある。活用すれば、プロジェクト内での情報共有がより円滑かつ効率的に進むようになるだろう。

APP
Evernote

便利なノートの共有を使いこなそう!

Evernoteで作成したノートは他の人と共有することができる。共有状態にしたノートは閲覧するだけでなく、「ワークチャット」という場所にコピーされ、編集を許可したユーザーと共同編集することが可能となる。進行管理表やミーティングの議事録の共同編集などに利用しよう。なお、ノートブックはEvernoteユーザー同士のみ共有できる。

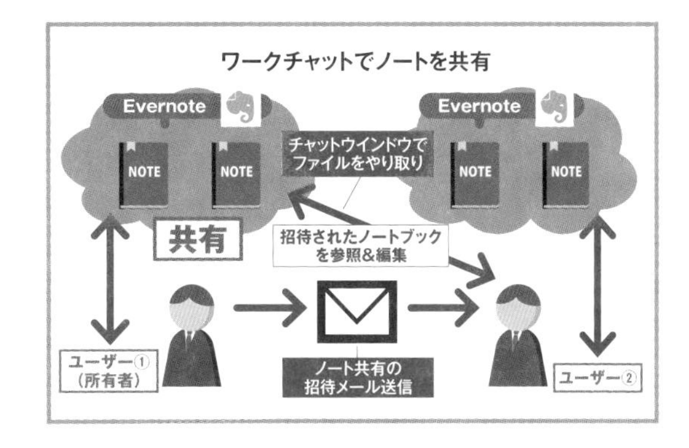

ノートを共有状態にしてほかのユーザと共同編集する

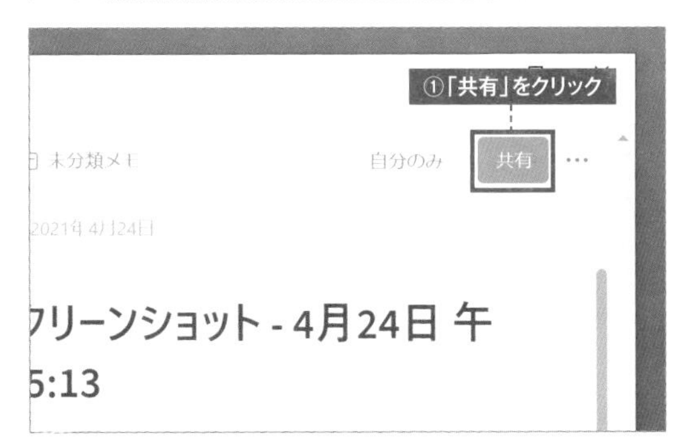

1 ほかのEvernoteユーザーと共有したいノートを開いたら、右上の「共有」をクリックする。

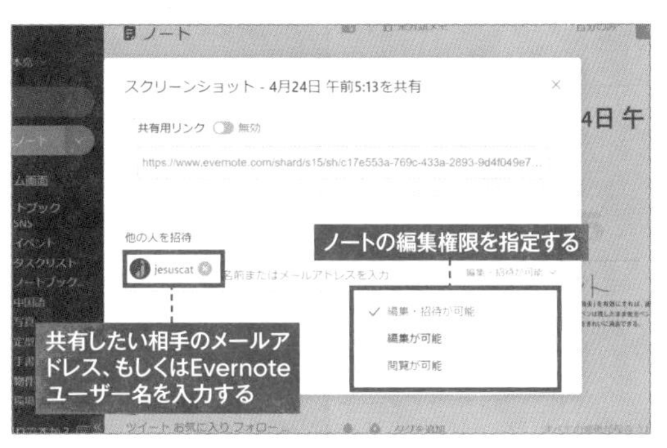

2 ワークチャット設定画面。共有したいユーザーのメールアドレスもしくはユーザー名を入力し、右上のプルダウンメニューから「共有権限」を指定して「招待状を送信」をクリック。

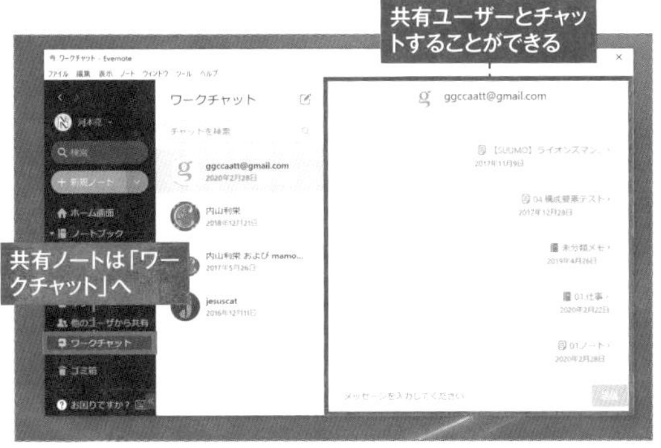

3 共有されたノートはメニューの「表示」から「ワークチャット」にコピーされる。クリックするとチャットウインドウが開き、共有ユーザーとチャット形式で編集作業を進めることになる。

4 共有したノートはスマホ版Evernoteからも閲覧でき、ワークチャットでメッセージをやり取りすることが可能だ。

Notionでやるなら!

こんな用途に最適!
- 他のユーザーとページを共有できる
- 他のユーザーと一緒にページ内の情報を編集できる
- 相手の環境にNotionアプリがなくてもOK

リモートワーク環境でもリアルタイムで情報共有できる

Notionのページを他のユーザーと共有、共同編集する

APP
Notion

リモートワーク環境などで、遠隔地にいる相手とスケジュールやプロジェクトの内容、さまざまな情報などを共有したい場合は、Notionのシェア機能を使うと便利。シェア機能では指定した相手とページの情報を共有できることに加え、その内容を相互に編集できる。

シェア機能を活用してチームワークを促進しよう

シェア機能は、招待したユーザーと特定のページを共有、共同編集するための機能で、以下のように操作するだけで簡単に実行できる。特に現在では、多くの組織でリモートワークが推進されているが、メールでは円滑な意思疎通が難しいと感じている人も多いはず。シェア機能なら、スケジュールやメモ、ビジネス文書など、Notionで作成できるものであれば何でもリアルタイムで共有できる点が便利だ。

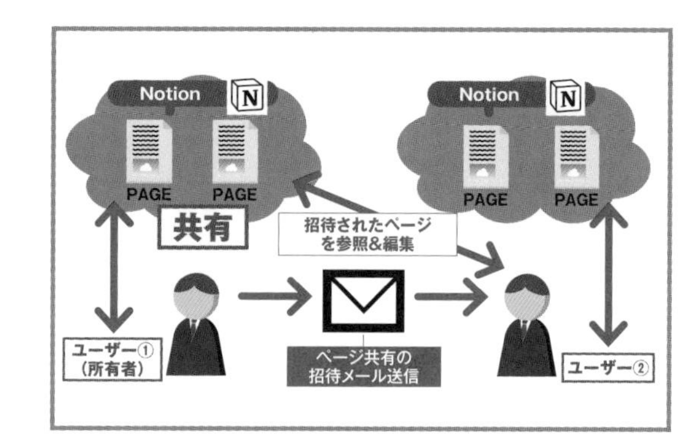

ページを遠隔地にいる他のユーザーと共有する

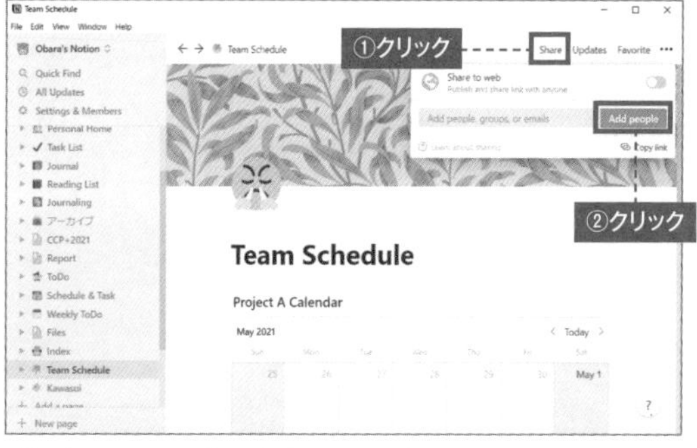

1 Notionアプリで共有するページを開いておき、画面右上の「Share」をクリックすると表示されるメニューで、「Add people」をクリックする。

2 共有する相手のメールアドレスを入力する。続けて、「Can edit」をクリックすると、相手もページを編集できる。「Invite」をクリックして招待メールを送信する。

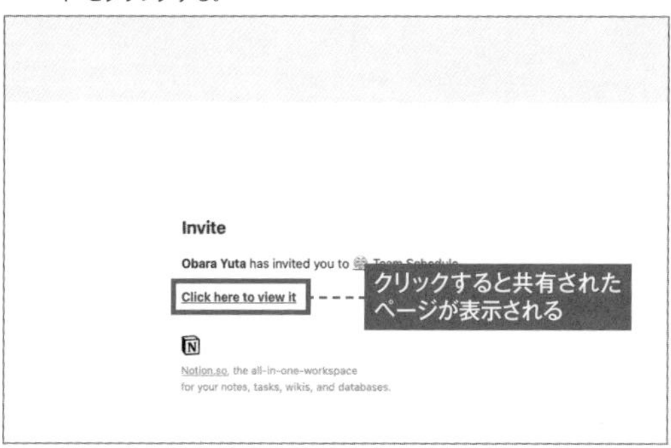

3 相手に送られるメール本文に記載された、「Click here to view it」をクリックすると、相手のNotionアプリが起動して、共有されたページを表示、編集できる。アプリがない環境では、ブラウザでページが開く。

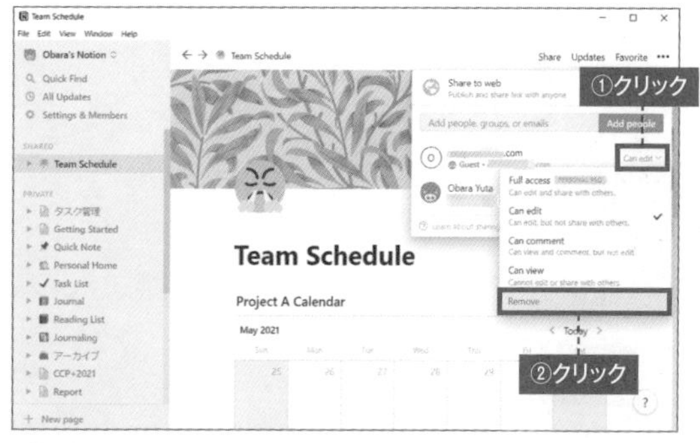

4 共有を解除するには、「Share」のメニューで共有相手の「V」をクリックし、メニューから「Remove」をクリックする

こんな用途に最適!

▶ 手軽に情報を発信できる
▶ メモした内容を不特定多数へ公開できる
▶ 特定のノートのみ公開することができる

105

ノートを公開してブログ代わりに利用する

ノートを不特定多数のユーザーへ公開して簡易ブログにする

Evernoteのノート共有には、先述した特定のユーザーへの共有機能のほかに、不特定多数のユーザーへ公開する機能もある。この機能を使うと共有ノートを簡易的な情報発信ツールとして活用できる。ブログやホームページの代わりとして使ってみよう。

APP
Evernote

公開URLを発行することで誰でもノートを閲覧できる

EvenoteではEvernoteユーザー同士でノートを共有するだけでなく、閲覧するだけなら外部ユーザーにも公開できる。ノートに対して公開用のURLが発行され、外部ユーザーは発行されたURLにアクセスすることで閲覧できるしくみだ。またノートブックも共有することができるが、現在は招待メールを出したEvernoteユーザーのみ公開できる。共有ノートブック以下にあるノートはすべて閲覧できる状態となる。

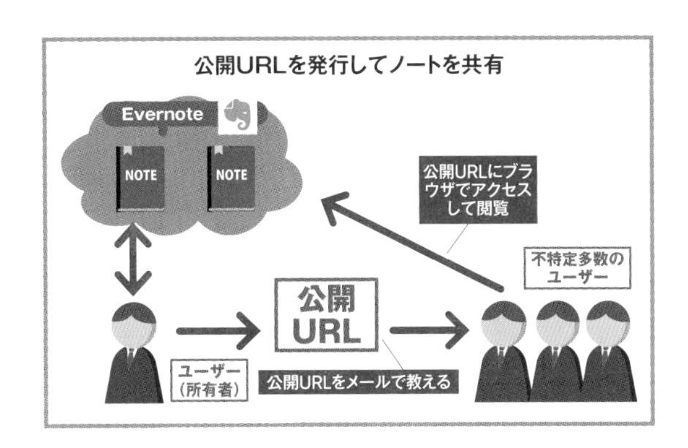

ノートやノートブックを外部に公開する

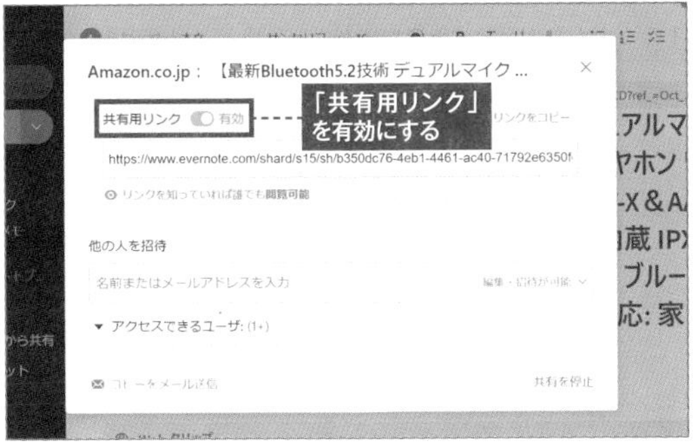

1 ノートを公開する場合は、メニューの「共有」をクリックする。共有設定画面で「共有用リンク」を有効にすると公開用URLを作成できる。

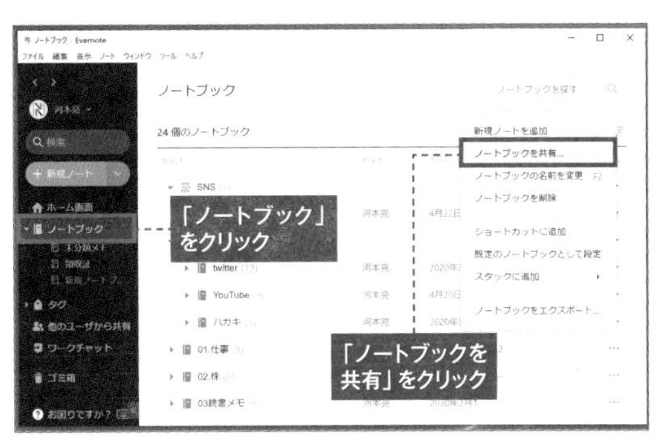

2 ノートブックを共有する場合は、ノートブックを画面を開き、対象のノートブック横にあるメニューを開き「ノートブックを共有」をクリック。

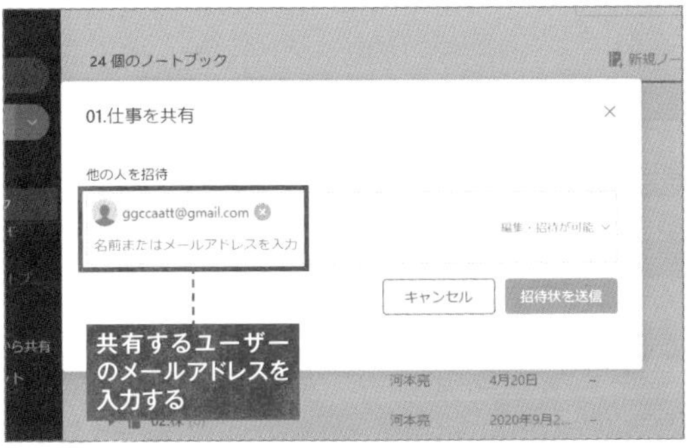

3 ノートブックの共有設定画面が表示される。共有するユーザーのメールアドレスを入力して招待メールを送信しよう。ノートと異なりURLは作成できない。

4 ノートブックの共有を停止したい場合は、ノートブックの画面から対象のノートブックの共有設定画面を開き「共有を停止」をクリックしよう。

▶ 別アプリを用意することなくウェブページを作成、公開できる
▶ ページに対するコメントを受け付けることができる
▶ マークダウン記法が使える

幅広く情報の共有、発信ができる

ページをインターネット上に公開して、簡易ブログにする

APP
Notion

Notionのシェア機能では、ページをインターネット上に公開して、不特定多数のユーザーに向けて情報を共有、発信できる。公開したページには、ウェブブラウザでアクセスでき、その内容に対してコメントを投稿することもできるなど、簡易ブログとして利用できる。

公開すると、アクセス用のURLが生成される

シェア機能では、不特定多数のユーザーと、インターネットを介してページを共有することができる。インターネット共有を有効にすると、ページへアクセスするためのURLが生成されるので、これを他のユーザーに知らせよう。また、共有ページにはコメントを投稿可能。幅広く意見を募りたい場合に便利だ。

なお、ページ本文作成時にはマークダウン記法を使ってさまざまな書式を設定できる。

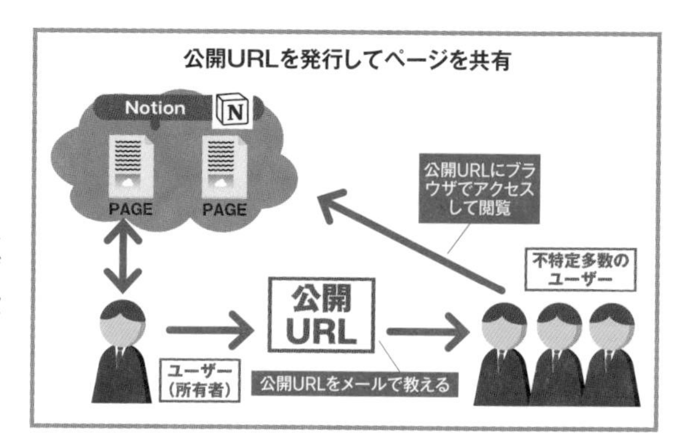

ページをインターネット上に公開する

1 公開するページをNotionで開き、画面右上の「Share」をクリックし、メニューにある「Share to web」のスイッチをクリックしてオンにする。

2 ページにアクセスするためのURLが生成され、「Copy link」をクリックするとURLをコピーできる。「Show link options」をクリックする。

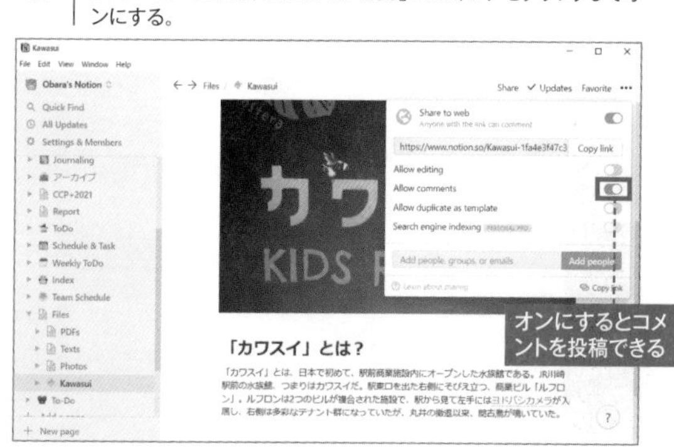

3 メニューで「Allow comments」のスイッチをオンにすると、共有したページにコメントを投稿できる。なお、PROユーザー(有料)であれば、検索エンジンでページが検索されるようにできる。

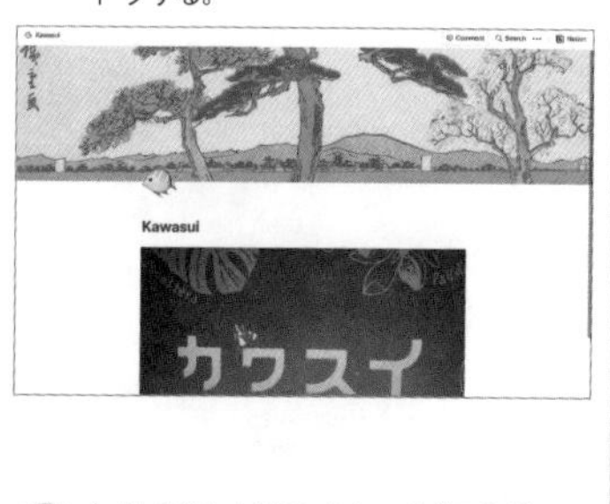

4 生成されたURLをウェブブラウザのアドレスバーに入力すると、共有したページが表示される。ページはレスポンシブデザインとなり、スマートフォンなどでも表示できる。

ノート履歴からデータを復元しよう

上級

106

誤ってノート内容を上書きしたときは ノート履歴から以前の状態に戻そう

APP
Evernote

Evernoteにはノートの編集履歴を閲覧できる機能があり（プレミアム会員のみ）、昔のノートの状況を閲覧したり、また復元することが可能。なお復元作業は現在のノートを上書きするのではなく、新規ノートとして別に作成される。

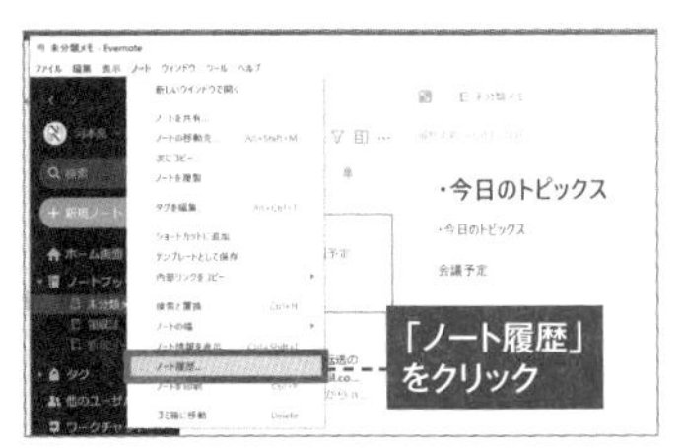

1 プレミアム会員ユーザー側でノートを開き、メニューの「ノート」から「ノート履歴」をクリック。

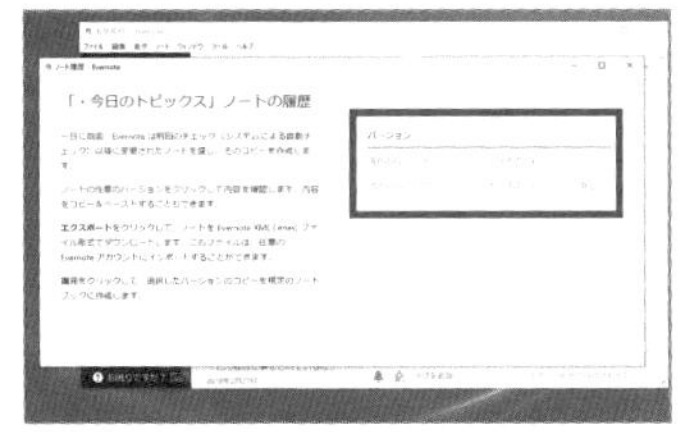

2 ノートの履歴画面が現れる。現在のバージョンが一番上になり、下のものほど古いノート内容となる。閲覧したい履歴をクリックしよう。

3 クリックした時間のノートの内容が表示される。プルダウンメニューからより詳細な履歴変更が可能。「復元」をクリックするとそのバージョンのノートが新規作成される。

リマインダーを共有してToDoをグループで管理

上級

107

共有ノートにリマインダー設定をして 参加者に一斉通知する

APP
Evernote

Evernoteで共同で編集作業をしているノートに対してもリマインダーを追加することができる。設定すればそのノートを共有しているEvernoteユーザー全員に通知される。なおリマインダーは、ノートの編集権限があるユーザーであれば誰でも設定可能だ。

1 共有するノートを開いて、メニューから「リマインダー」をクリックして、通知設定を行う。

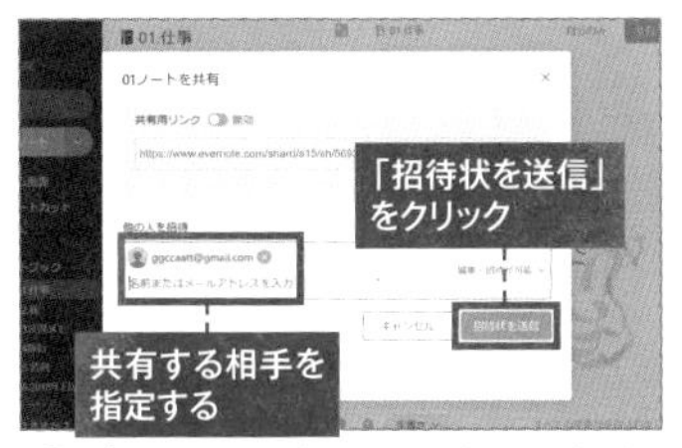

2 ノートの共有設定画面を開き、相手の名前（メールアドレス）を入力して、「招待状を送信」をクリック。これで相手とノートの共有状態となる。

3 リマインダーで設定した時刻になると、設定したユーザーだけでなくノートを共有しているユーザーにも通知が届く。

職場の仲間で飲食店情報を共有する

豆テク

108

不味いお店の情報も外部に公開せず 身内で情報を共有できる

APP
Evernote

職場やサークルなど身内だけで評価に関する情報を共有したいときにEvernoteは便利。Amazonや楽天のレビューのように外部公開する必要がないので、気兼ねなくネガティブな情報も書き込むことができる。職場近くの飲食店情報を共有したいときなどにおすすめだ。

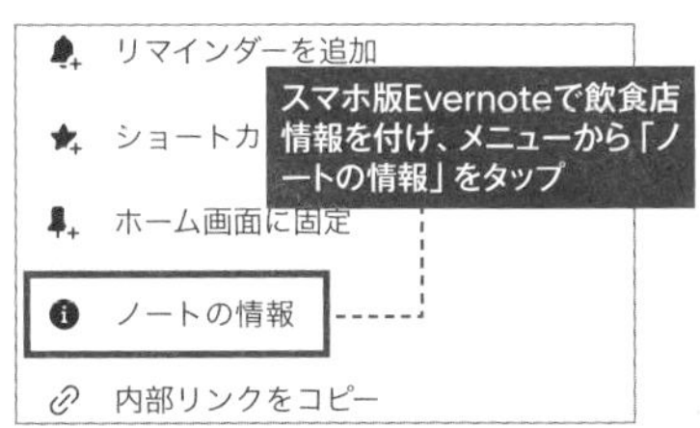

1 位置情報が簡単に付けられるスマホ版Evernoteを使おう。ノートに情報を付けた後、メニューから「ノートの情報」をタップ。

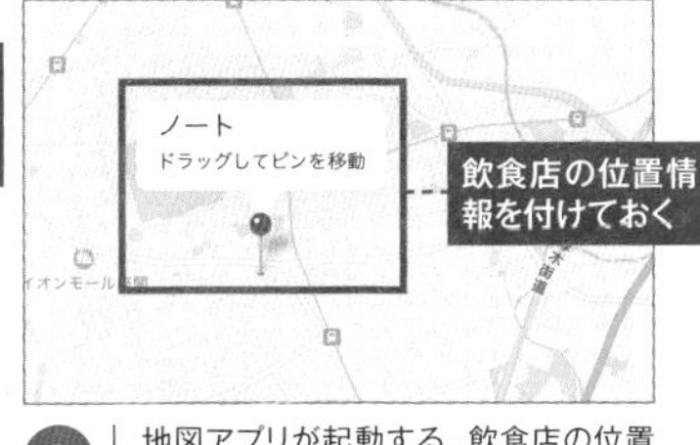

2 地図アプリが起動する。飲食店の位置情報を表示してピンをドロップしておくと共有するときに便利。

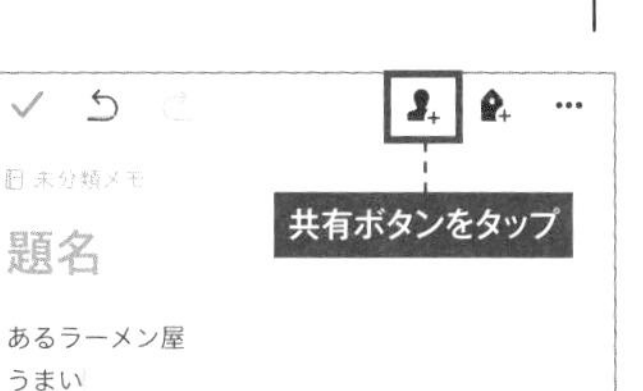

3 ノート編集画面上の共有ボタンからノートを共有することが可能だ。

109

▶ 複数のユーザーとファイルを共有したい
▶ 共有したファイルを共同編集したい
▶ 共有ユーザーごとに編集権限の差を付けたい

Dropboxのフォルダ共有機能を活用する

プロジェクトに必要なファイルを共有して共同編集

APP
Dropbox

Dropbox内のフォルダは、ほかのDropboxユーザーと手軽に共有することが可能。共有フォルダ内のファイルを共有しているユーザー全員が更新できるので、特にグループで進めているプロジェクトに必要なファイルを共同編集するときに便利だ。

ほかのDropboxユーザーと共同で利用するフォルダを作成する

ほかのDropboxユーザーと特定のフォルダを共有したい場合はフォルダ共有機能を利用しよう。共有されたフォルダには共有マークが付き、ほかのユーザーのPC内でも同期が始まり、共有中のすべてのユーザーがファイルを改変できるようになる。なお招待されたユーザーが共有フォルダを承認すると、そのサイズ分だけ自分のDropbox容量も消費するので注意が必要だ。

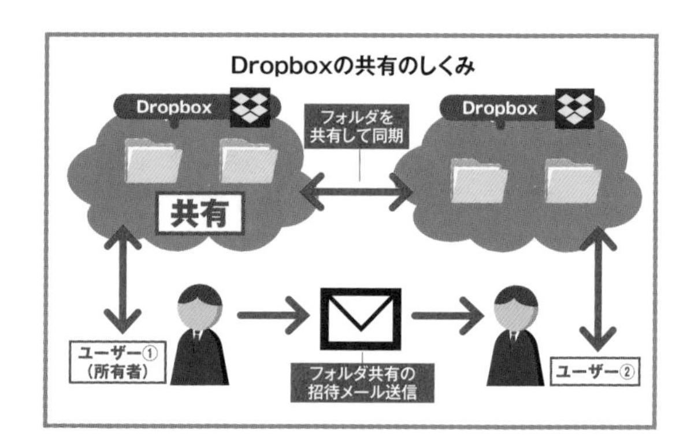

Dropboxの任意のフォルダを招待ユーザーと共有する

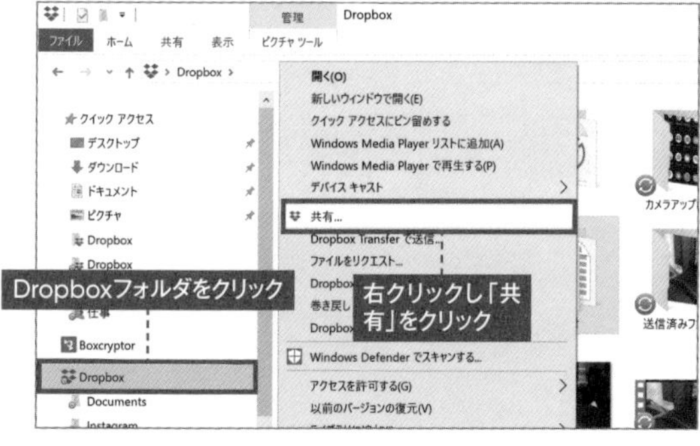

1 エクスプローラ上でDropboxフォルダを開き、共有したいフォルダを右クリックし「共有」をクリック。

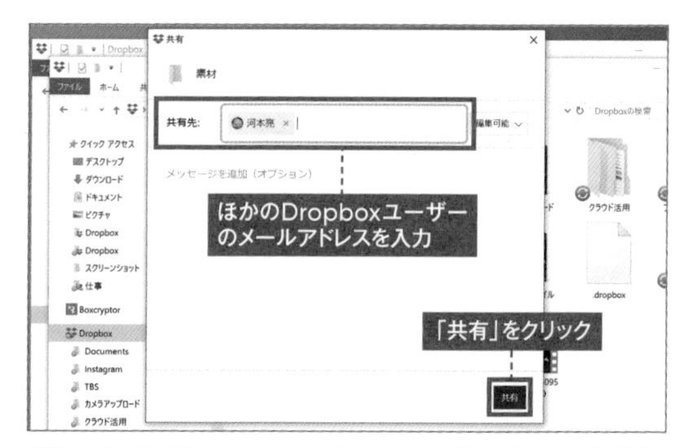

2 共有したいDropboxユーザーのメールアドレスを入力して「共有」をクリック。

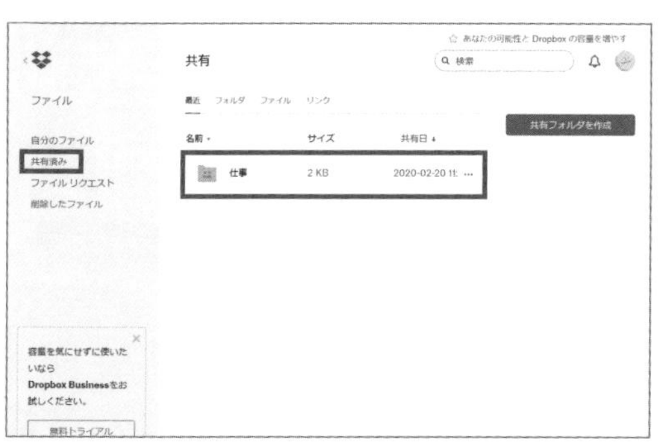

3 共有相手宛に招待メールが届く。相手が承認すると共有開始。ブラウザでDropboxを開くと共有フォルダに分類されている。

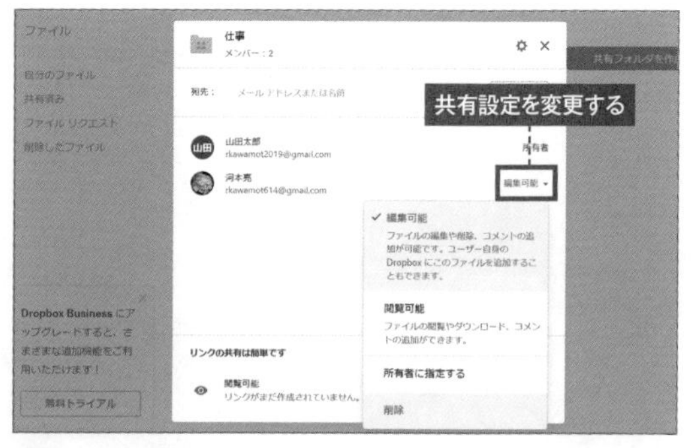

4 共有設定を変更したり、共有を停止したい場合は、所有者のDropboxページから共有フォルダのオプションを開いて設定を行う。

転送機能でファイルを共有しよう

上級

110

共同編集しないファイルは Dropbox Transferで共有する

完成した原稿や請求書など共同編集が不要なファイルを他人に送付したい場合は「Dropbox Transfer」を利用しよう。ダウンロードURLをクリックしてファイルをダウンロードしてもらう方法で、パスワードも設定できる。また、作成したダウンロードURLは7日後に自動で消える。リンクの共有(P80)とうまく使い分けよう。

APP Dropbox

1 Dropboxの右クリックメニューから「Dropbox Transferで送信」をクリックする。

2 ファイル追加画面が表示される。追加ボタンをクリックして共有したいファイルを追加しよう。設定したら「転送を作成」をクリック。

3 ダウンロードURLが作成される。このURLをダウンロードしてもらいたい人に送信しよう。無料プランでは100MBまでのファイルを送信できる。

Dropboxでフォルダを共有する際に注意すべきポイント

111

共有フォルダ内にユーザー別フォルダを作成しておこう

Dropboxでほかのユーザーと共有作業をする際には色々注意したいことがある。たとえば、共有フォルダ内でファイル移動する際は「コピー」で移動するようにすれば、ファイルの消失を防げる。ここでは特に覚えておきたい注意事項を紹介しよう。

APP Dropbox

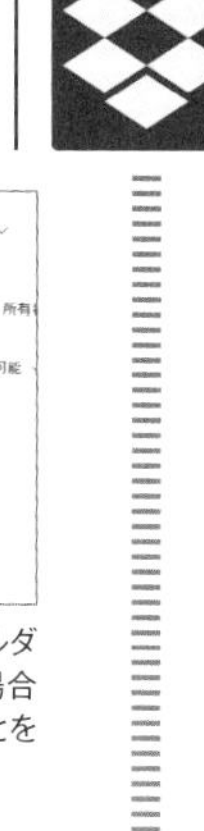

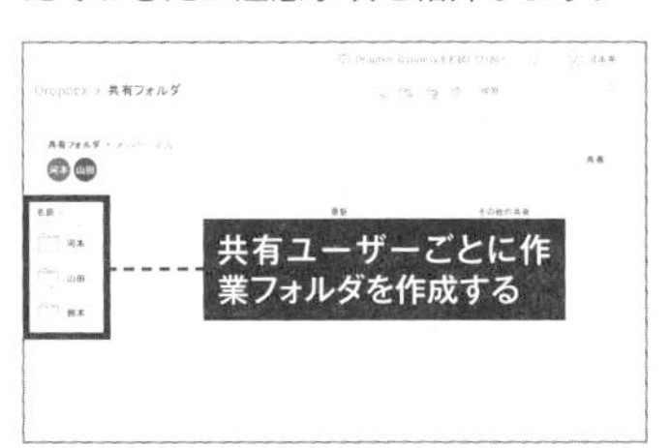

1 共有するフォルダ内にはユーザーごとに作業フォルダを作っておくこと。これで各ユーザーが操作したファイルの区別が付くようになる。

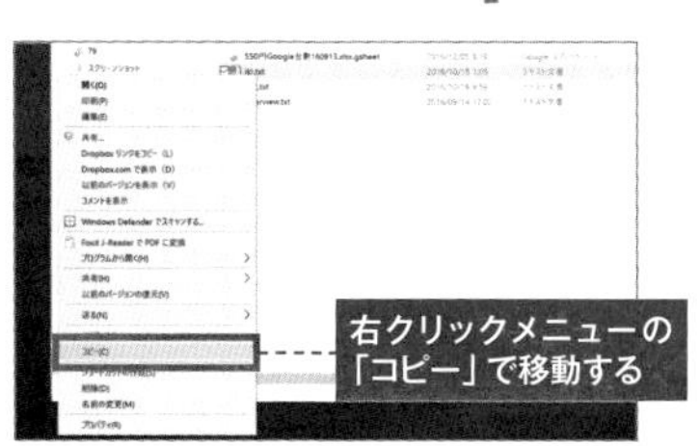

2 共有フォルダ内でファイルを移動する際はコピー移動しよう。ドラッグ&ドロップで移動すると元フォルダ内のファイルがなくなってしまい、共有ユーザーが困る。

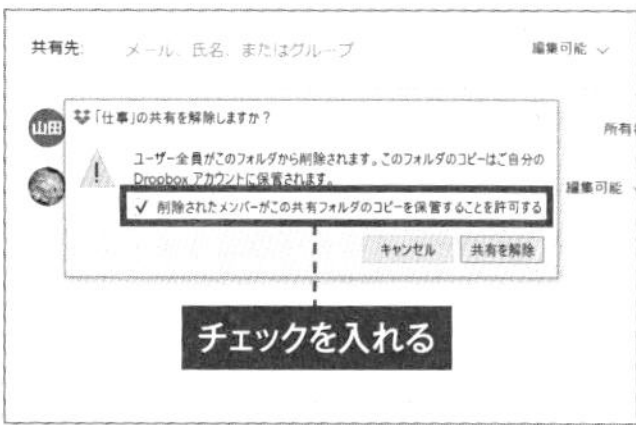

3 共有を解除するときに、相手のフォルダから共有ファイルを強制削除する場合は、解除メニューで「~コピーを保管することを許可する」のチェックを入れる。

一度に大量の変更内容を取り消す

112

Dropbox上のファイルが大量に破損したら巻き戻そう

Dropbox上にあるファイルが一度に大量に破損してしまったり、フォルダ内の状態を以前の状態にまとめても戻したい場合は「巻き戻し」機能を使おう。Dropbox上のファイルを指定した日時の状態に復元することができる。ファイルの編集、ファイル名の変更、追加内容、削除した内容などを元に戻すことができる。ランサムウェアなどに感染してファイルを復元するときに便利。

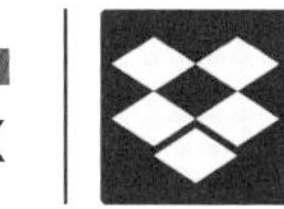

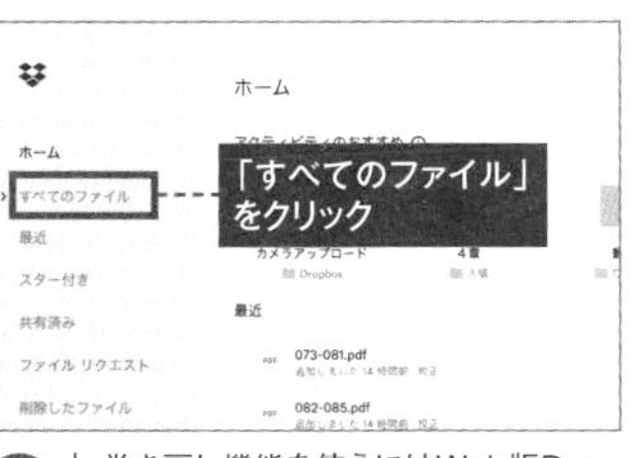

1 巻き戻し機能を使うにはWeb版Dropboxにアクセスする必要がある。アクセスしたら左メニューから「すべてのファイル」を選択する。

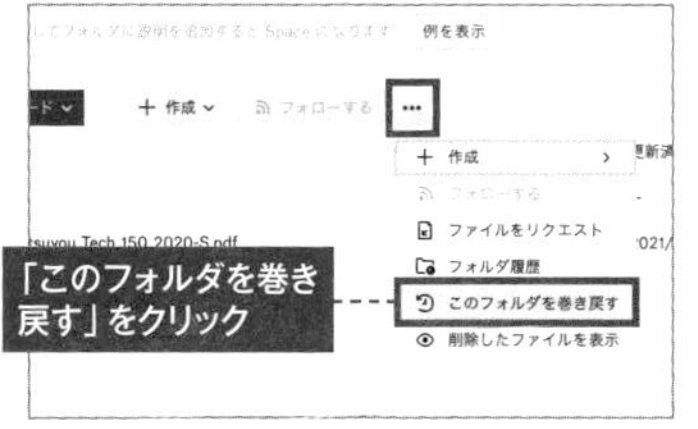

2 以前の状態に巻き戻したいフォルダを開き、右上のメニューボタンをクリックして「このフォルダを巻き戻す」をクリック。

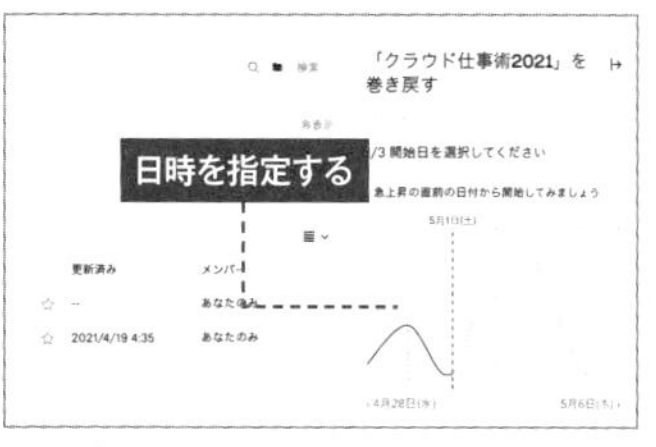

3 巻き戻す日時を選択して、画面下にある「続行」ボタンをクリックすると、その時点の状態に戻すことができる。

113

▶ 大容量のファイルを手軽に送信できる
▶ 不特定多数のユーザーがダウンロードできる
▶ さまざまな手段でリンクを教えることが可能

リンク共有機能でファイルを受け渡す

メールで送れない大容量ファイルをDropbox経由で送信する

APP
Dropbox

何百MBもある原稿ファイルなどメールに添付して送信するのが難しいときに役立つのがDropboxのリンク共有機能。指定したファイルに公開URLを発行すれば、相手はURLをクリックするだけでDropboxのサーバからダウンロード可能だ。

Dropboxユーザー以外でも簡単にダウンロードが可能!

DropboxではDropboxユーザー同士がファイルを共有するだけでなく、公開URLを作成することで誰でもファイルをダウンロードできる。方法は簡単で、共有したいファイルを選択して、右クリックメニューから「Dropboxリンクをコピー」を選択すれば、ダウンロードURLがクリップボードにコピーされる。あとはメールやメッセンジャーに貼り付けて送信すればよい。

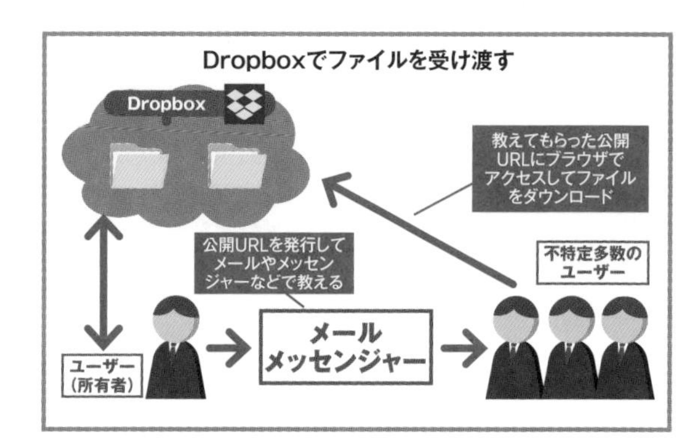

送信したいファイルに対して共有リンクを作成しよう

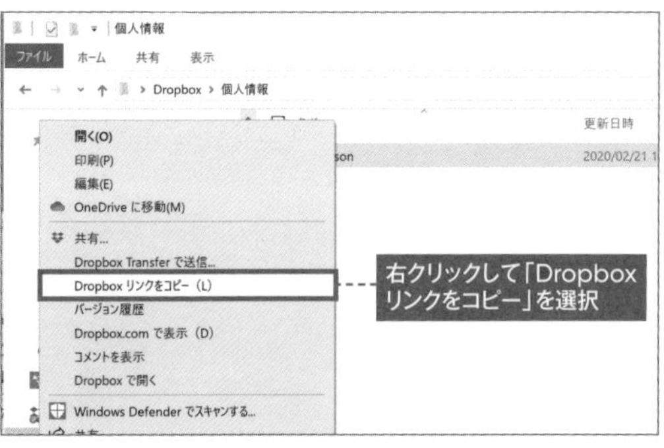

1 Dropboxフォルダ内から共有リンクを作成したいファイルを右クリックして「Dropboxリンクをコピー」をクリック。

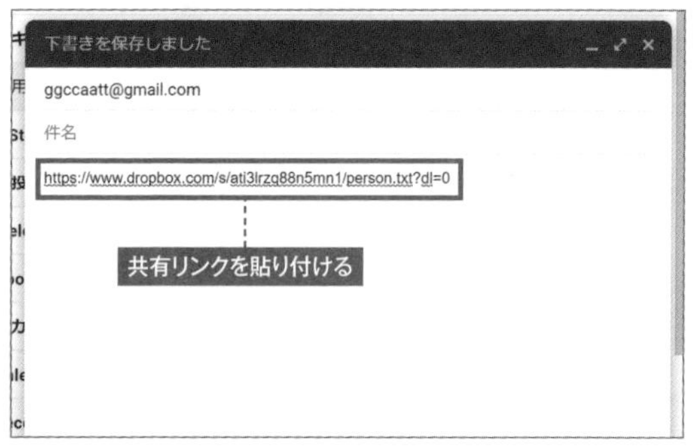

2 URLがクリップボードにコピーされるので、メールやメッセンジャーアプリなどにURLを貼り付けて、送信しよう。

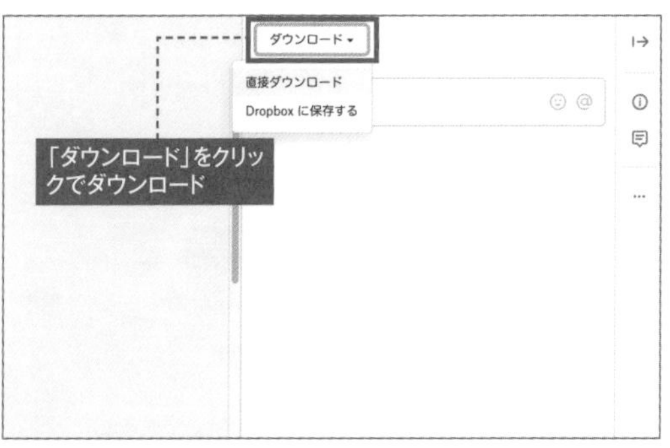

3 受け取った共有リンクをクリックして、ブラウザで開けば閲覧したり、ダウンロードすることが可能だ。

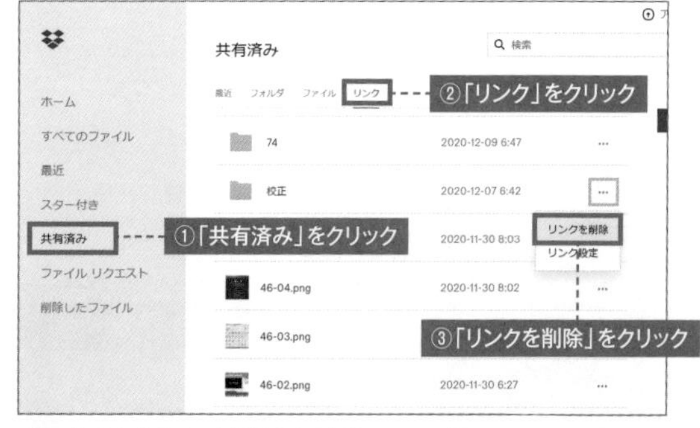

4 なお共有リンクを削除する場合は、Web版Dropboxにアクセスして、メニューの「共有済み」から「リンク」タブを開く。対象のファイル名横のメニューボタンをクリックして「リンクを削除」をクリック。

特定の相手にフォルダ単位でファイルを送る

フォルダ単位で Dropbox内のファイルを受け渡す

114

APP Dropbox

前ページではファイル単体での共有リンク作成を紹介したが、フォルダ単位での共有リンクの作成も可能。方法も同じで共有したいフォルダを右クリックして「Dropboxリンクをコピー」を選択すればよい。解除も同じくWeb版Dropboxの「リンク」画面から行える。

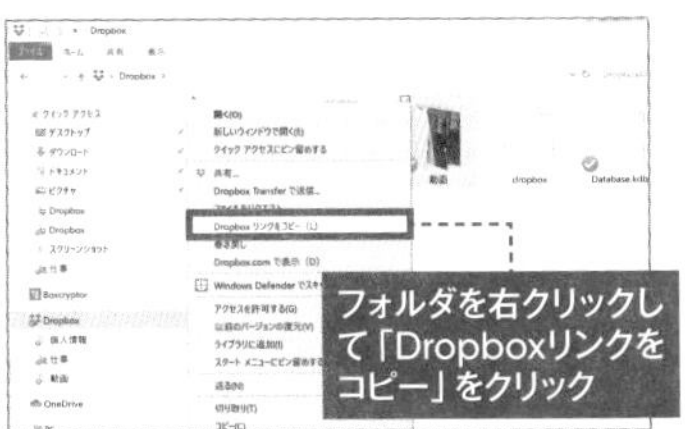

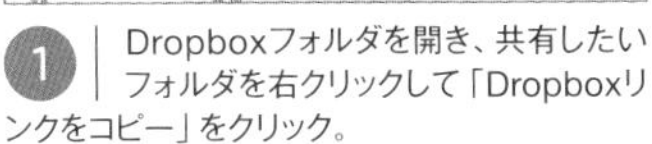

1 Dropboxフォルダを開き、共有したいフォルダを右クリックして「Dropboxリンクをコピー」をクリック。

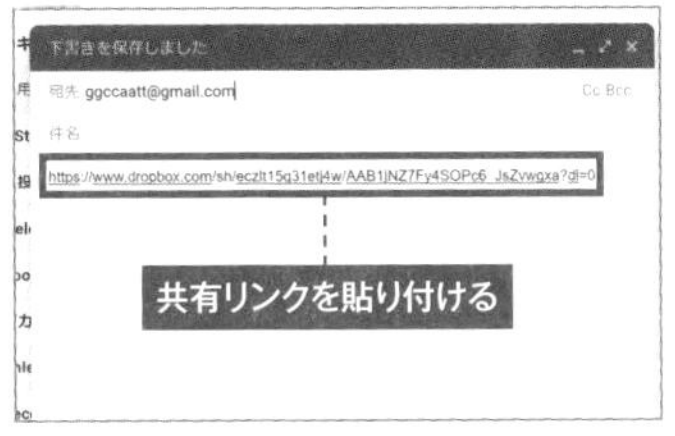

2 URLがクリップボードにコピーされているので、メールやメッセンジャーアプリなどにURLを貼り付けて、送信しよう。

3 相手がURLをクリックして開いたところ。右上の「ダウンロード」から「直接ダウンロード」でまとめてダウンロードできる。

連絡事項をひとまとめにする

Dropboxの共同編集機能 Dropbox Paperを使いこなそう

115

APP Dropbox

「Dropbox Paper」はDropboxが提供している他のユーザーと共同でのドキュメント編集機能。アイデアを出し合って共同編集するのに便利な機能を備えており、オンラインを通じてブレインストーミング、タスク管理、表作成、ミーティングなどが行える。各項目にはユーザー同士でコメントを付けることが可能。

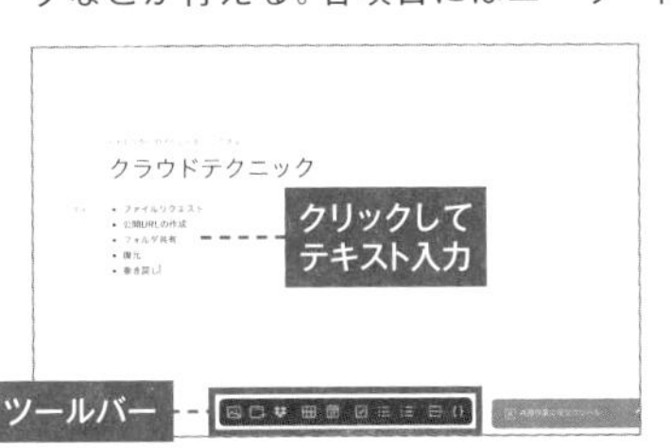

1 Dropbox Paperの画面を開きクリックすると画面下部にツールバーが現れ、画面をクリックするとテキスト入力が行える。入力した内容は自動でDropboxのホームフォルダに保存される。

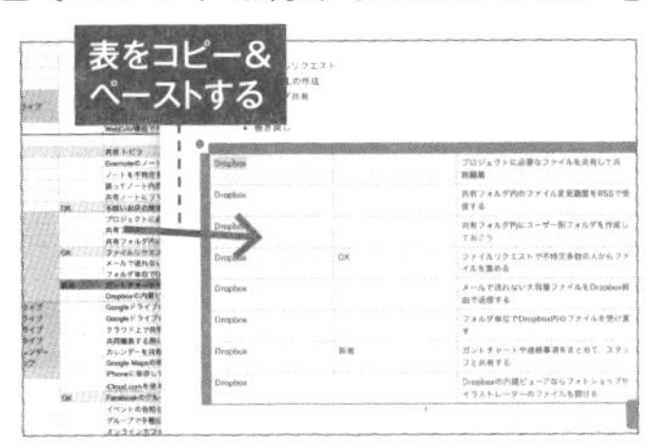

2 表を作成するだけでなく、エクセルやNumbersなどほかの表作成アプリからコピー&ペーストすることができるのが便利。ペーストした表を編集することもできる。

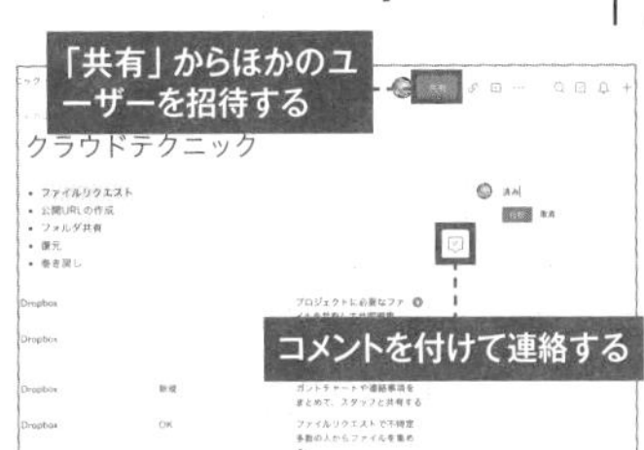

3 右上の「共有」からほかのDropboxユーザーを招待して共同編集ができる。入力した各項目はコメントを付けることができるのでコミュニケーションもスムーズにできる。

豆テク

Dropbox内蔵の多機能ビューアを利用しよう

Dropboxの内蔵ビューアならフォトショップやイラストレーターのファイルも開ける

116

APP Dropbox

ブラウザ版のDropboxはビューアが非常に便利。画像、動画、音楽、オフィスファイルなど、あらゆるファイルをブラウザ上で表示することができる。ai、psd、pptx、keyなど特殊形式のファイルも表示可能。再生環境が不十分な人にフォトショップやイラストレーターのファイルを見てもらうときに便利だ。

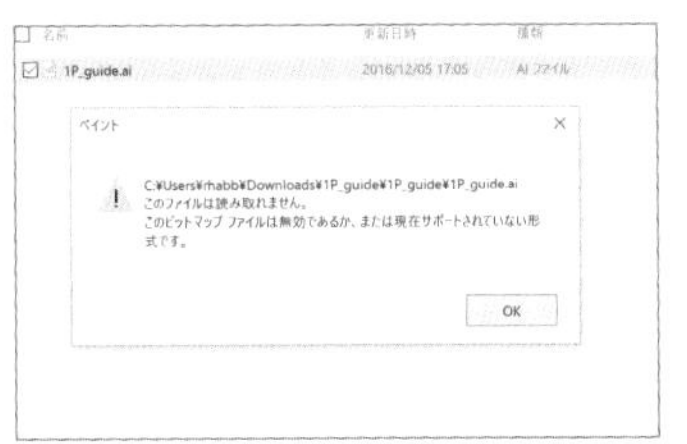

1 イラストレーターのaiファイルやフォトショップのpsdファイルは、相手の端末環境によっては開けないことが多い。そんなときにDropboxをうまく使おう。

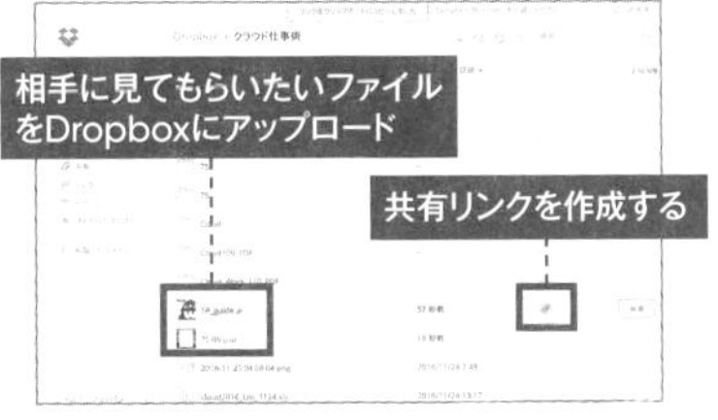

2 相手に見てもらいたいファイルをDropboxにアップロードする。あとは共有リンクを作って相手にファイルの共有リンクを教えよう。

3 相手がDropbox上のファイルに直接アクセスすれば、きちんとファイルを表示することが可能だ。

117

こんな用途に最適!
- ▶ オフィスファイルを共同編集する
- ▶ 公開設定を細かく指定したい
- ▶ 売上情報や業務日報を共有したい

グループで1つのドキュメントを共同編集

Googleドライブの共有機能を使ってエクセルやワードを共同編集する

APP
Googleドライブ

オフィスファイルを共同編集するならクラウドサービスに「Googleドライブ」を使うのがおすすめ。ストレージ機能だけでなくブラウザ上で直接ドキュメントファイルの作成、編集ができる。公開設定も細かく指定することが可能だ。

複数のユーザーとリアルタイムで編集ができる

Googleドライブは、「Googleドキュメント」にファイルストレージ機能を追加したクラウドサービス。ストレージ内にあるファイルをダウンロードする必要なく、クラウド上で直接編集できるのが最大の特徴だ。共同編集も可能で、招待したGoogleユーザーとリアルタイムでクラウド上で編集ができる。各店舗の売上や日報を社員全員で入力するときなどに効果抜群のサービスだ。

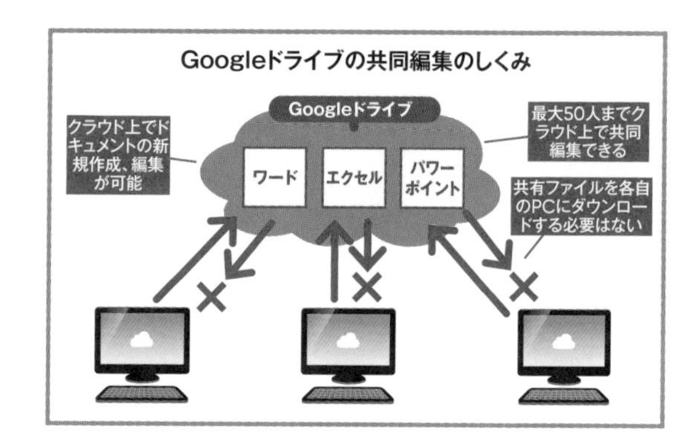

Googleドキュメントの文書を共有して共同編集する

ドキュメントファイルを編集する場合はファイル形式を変換

Googleドライブでは、Microsoftのオフィスファイル（ワード、エクセル、パワーポイント）をアップロードして閲覧することが可能。しかしブラウザ上で直接編集する場合は、Google独自のファイル形式にファイルを変換する必要がある。また、ほかのGoogleユーザーと共同編集する場合もGoogleドキュメント形式に変換する必要がある。ダウンロード時にはOffice形式で保存できるので安心だ。

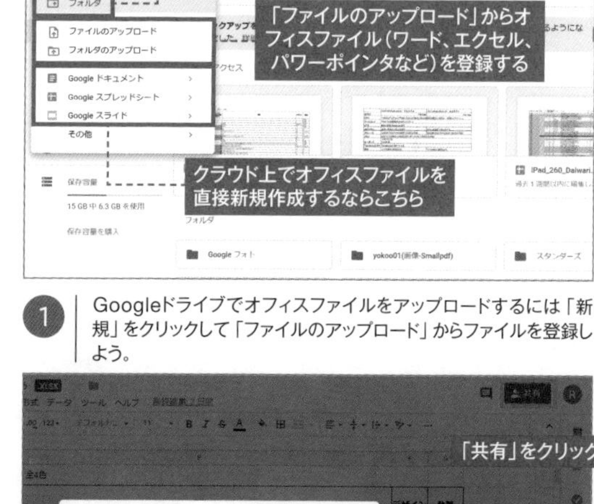

1 Googleドライブでオフィスファイルをアップロードするには「新規」をクリックして「ファイルのアップロード」からファイルを登録しよう。

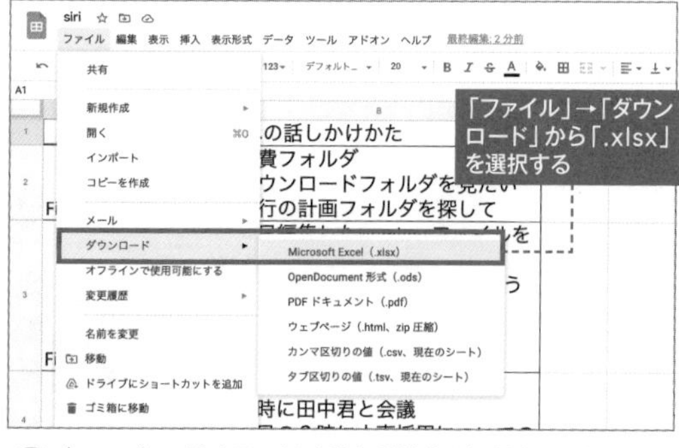

2 アップロードしたファイルを開く。閲覧するだけならそのままでよいがブラウザ上で編集する場合は、エクセルの場合は自動的にGoogleスプレッドシート形式に変換されて編集され、保存される。なお、ダウンロードする際にエクセル形式に変換できる。

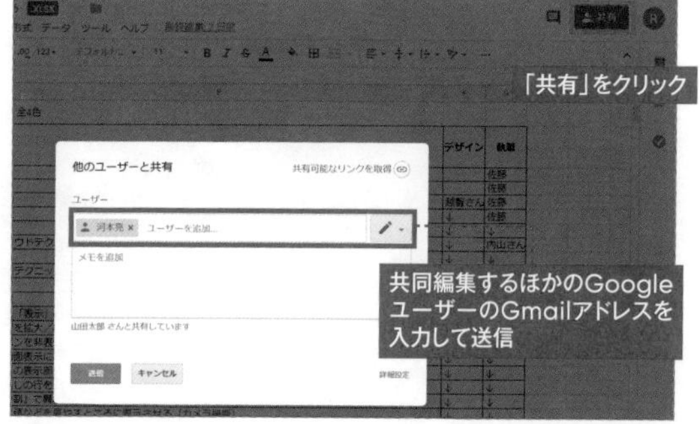

3 編集画面で右上の「共有」をクリックして、共同編集したいユーザーのGmailアドレスを入力して送信すれば共同編集が可能となる。

いつ誰が文書を編集したかを確認する

118

Googleドライブの共同編集ファイルの編集履歴を確認する

APP Googleドライブ

Googleドライブでファイルを共有して作業していると、そのファイルをいつ誰が更新したかが分からなくなってしまう。そこで共有したファイルの作業履歴を確認する方法を覚えておこう。なおリアルタイムで編集中の箇所を確認することもできる。

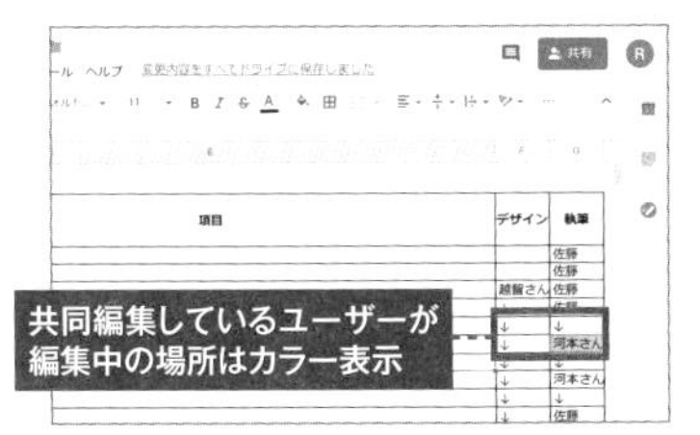

1 Googleドライブで共同編集を行うと、リアルタイムでほかのユーザーが編集している箇所を名前のポップアップと色付き枠で示して教えてくれる。

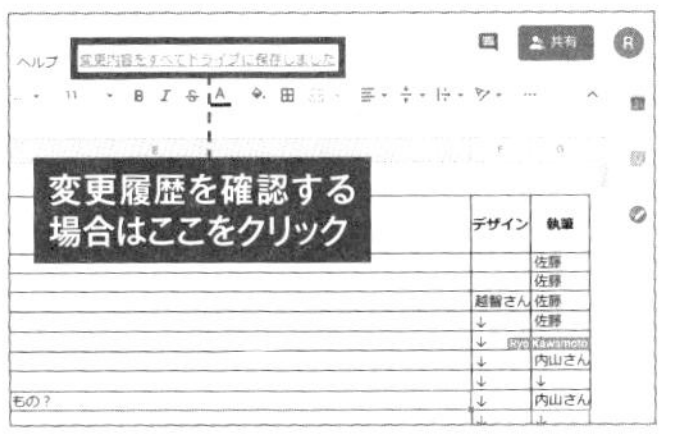

2 変更履歴を確認するには、編集画面上部にある「変更内容をすべてドライブに保存しました」のリンクをクリック。すると変更履歴と編集した詳細な箇所を表示してくれる。

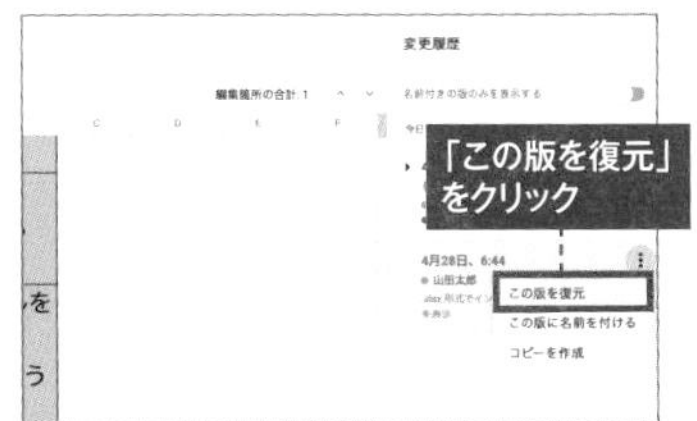

3 復元したい版を選択し、右上のメニューボタンから「この版を復元」をクリックすると、そのときのファイルの状態に戻すことができる。

ドキュメントをメールで送信したり、一般に公開する

119

クラウド上で共同編集したドキュメントを不特定多数ユーザーへ公開する

APP Googleドライブ

Googleドライブで共同編集したドキュメントファイルを外部に公開することも可能。共有したいファイルを選択したら、上部メニューの「共有」をクリックすると公開用のURLが発行される。なおファイルの公開レベルは変更できる。

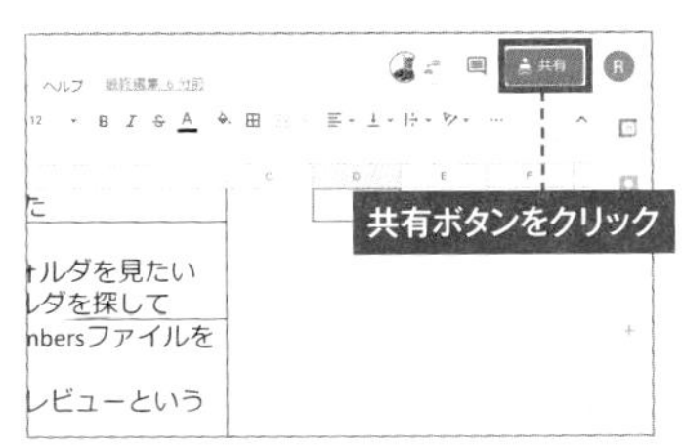

1 共有したいファイルを開いたら、右上にある共有ボタンをクリックする。

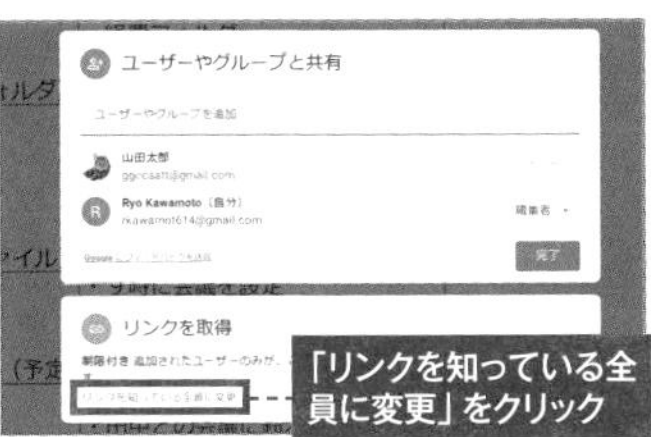

2 共有設定画面が現れる。「リンクを取得」の「リンクを知っている全員に変更」をクリックする。

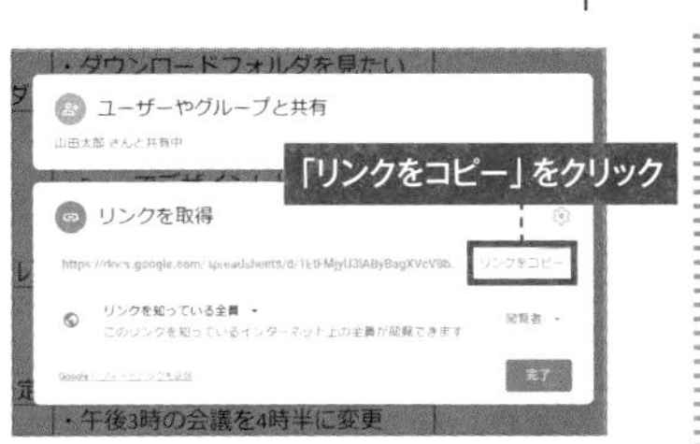

3 「リンクを取得」の「リンクをコピー」をクリックすると公開用のURLをクリップボードにコピーできる。

豆テク

Googleドキュメントを提案モードで編集する

120

共同編集する際にはコメント機能を使えば相手との編集が円滑になる

APP Googleドライブ

Googleドキュメントでほかのユーザーと共同編集する際、自分の意見を提案したいときに便利なのがコメント機能。指定した箇所を黄色でマーキングし、自分のコメントを表示させることができる。コメントに対しては返信することも可能。共同編集がスムーズに行えるだろう。

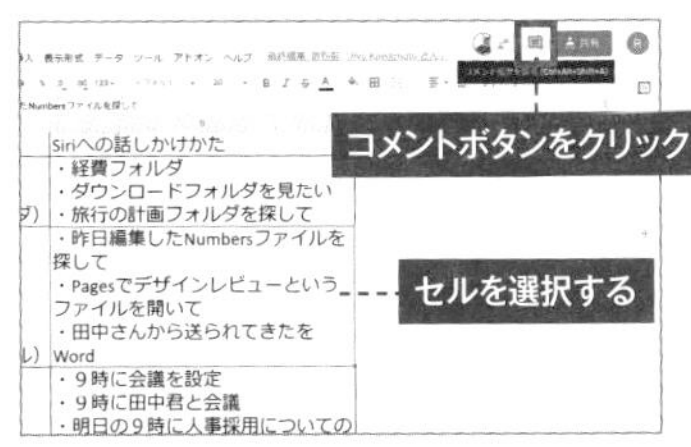

1 コメントを付けたいセルを選択して、右上のコメントボタンをクリックする。

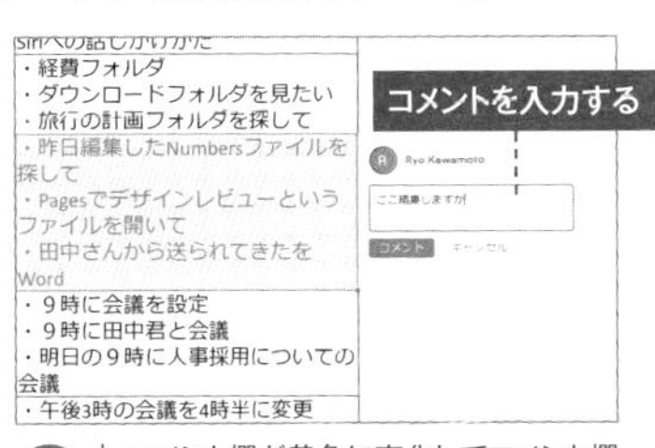

2 コメント欄が黄色に変化してコメント欄がポップアップ表示される。テキストを入力して「コメント」をクリックしよう。

3 共有相手の編集画面。コメントボタンをクリックすると付けたコメントが表示される。返信テキストを入力したり、解決ボタンをクリックすることができる。

121

▶ グループでスケジュールを共有したい
▶ 便利なカレンダー情報をインポートできる
▶ 相手のスケジュールを確認したい

グループ共通のスケジュールを共有して管理する

カレンダーを共有して同僚やメンバーの予定を確認する

31 APP Googleカレンダー

ビジネスでもプライベートでも、何かイベントを計画する上で、参加メンバーのスケジュール調整は重要な作業。Googleカレンダーの共有機能を活用すれば、お互いの公式スケジュールを把握でき、コミュニケーションの円滑化にも一役買ってくれる。

Googleカレンダーでお互いのスケジュールを共有する

イベントやプロジェクト進行の際に意外とやっかいなのが参加者のスケジュール調整。予定を個別に聞いて日程を調整するのは面倒だ。そこで活用したいのが「Googleカレンダー」。Googleカレンダーは共有機能を搭載しており、自分のスケジュールだけでなく、ほかのユーザーが作成したGoogleカレンダーのスケジュールを表示することが可能。

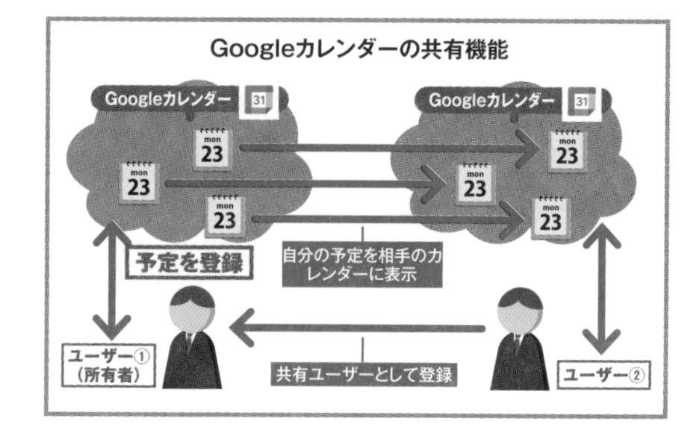

Googleカレンダーの共有設定を変更しよう

特定の人たちとスケジュールを共有するなら限定公開設定にする

Googleカレンダーを共有するには、各カレンダーの共有設定画面で公開設定を変更する必要がある。不特定多数の人に向けて一般公開のほか、特定のユーザーのみにカレンダーを公開する限定公開も可能。仕事のグループでスケジュールを共有する場合は限定公開を行おう。相手がカレンダーの共有を承認すれば、相手のGoogleカレンダーに自分のカレンダーが表示される。

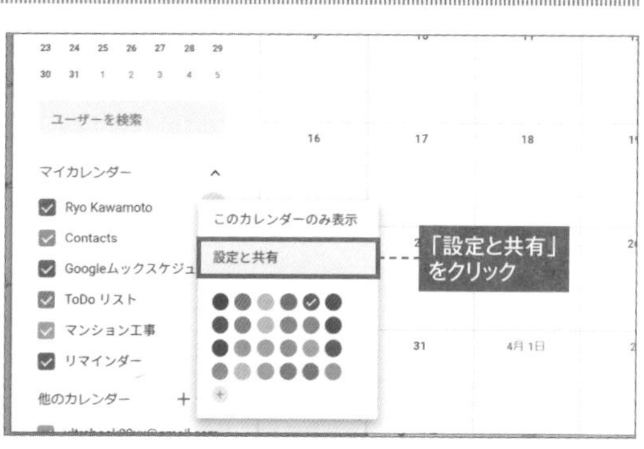

1 共有したいカレンダー名の横にあるプルダウンメニューを開き、「共有と設定」をクリック。

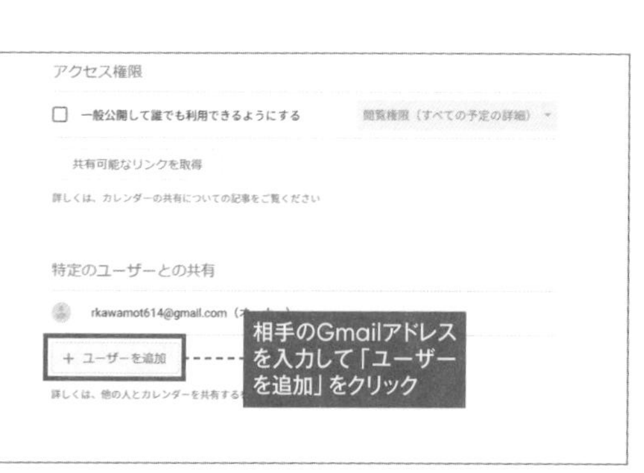

2 「特定のユーザーと共有」で「+ユーザーを追加」をクリックして共有するユーザーのGmailアドレスを入力して送信しよう。

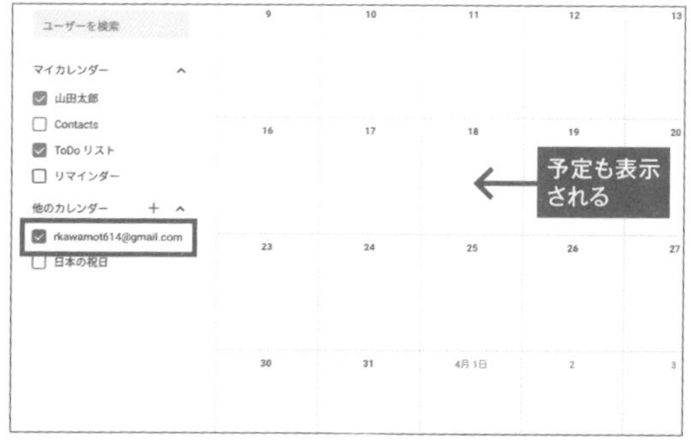

3 共有を許可した相手のカレンダー画面。「他のカレンダー」の部分に自分のカレンダーが表示される。予定も表示される。

作成したマイマップをグループで共有して利用する

Googleマップの地図にルートを描き込んで相手と共有する

122

案内地図をクライアントに渡す際、ルートも描かれていれば親切丁寧。Googleマップのマイマップ機能を使えば、地図上にルートを描いて保存し、共有したり公開したりすることが可能だ。なお作成した地図はGoogleドライブに自動的に保存される。

Site

Googleマイマップ

https://www.google.com/maps/d/u/0/

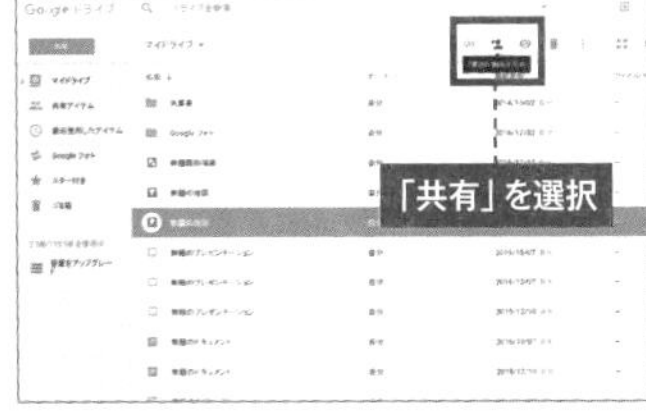

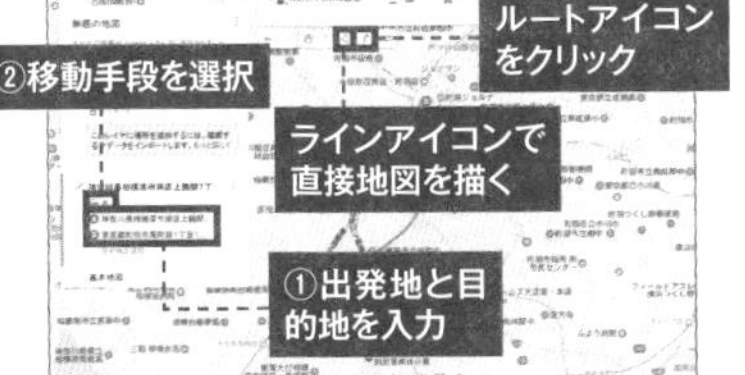

「共有」を選択

1 Googleマイマップのページにアクセスしたら「新しい地図を作成」をクリックして地図作成ページを開く。

2 地図作成画面が現れる。出発点と目的地を指定し、移動手段を決めたら直接地図上にマウスカーソルでルートを描こう。

3 作成した地図はGoogleドライブに自動保存されている。地図を選択して共有ボタンから地図を共有することが可能。

ボイスレコーダーで会議を録音、共有

iPhoneに保存している写真やボイスメモを素早くDropboxに保存する

123

iPhoneの「ボイスメモ」アプリに保存しているファイルは、共有メニューから直接Dropboxにアップロードできる。保存先のフォルダも自由に選ぶことが可能。録音した会議の議事録などを共有フォルダに保存しておくと便利。

APP

Dropbox

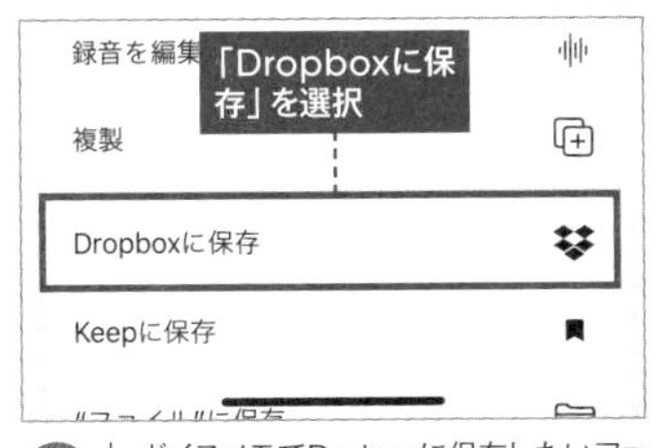

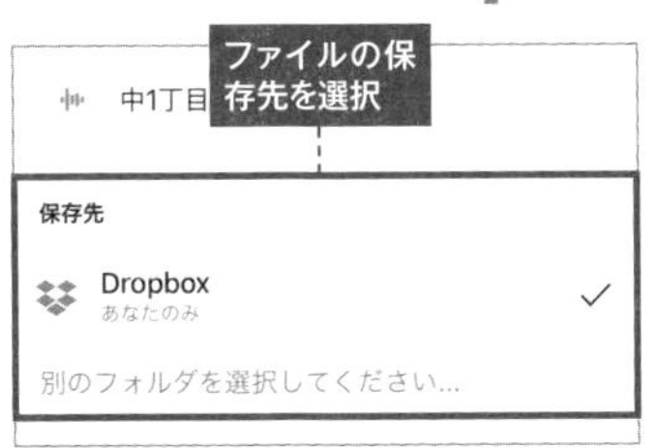

1 ボイスメモでDroboxに保存したいファイルを開き、共有ボタンから「Dropboxに保存」を選択しよう。

2 Dropbox保存画面ではデフォルトではDropboxメインフォルダに保存されるが、サブフォルダに変更することも可能。

3 「別のフォルダを選択～」をタップしてサブフォルダを選択して、「選択する」をタップしよう。

WindowsでもMacのiWorkソフトを扱える

豆テク

iCloud.comを使えばMacのオフィスアプリを使うことが可能

124

Pages、Keynote、NumbersといったMac専用のオフィスアプリは、通常Windows環境では利用できないが、Appleのクラウドサービス「iCloud.com」を利用することでブラウザ経由で利用が可能。iCloud.comでは、共同でオフィスファイルをリアルタイム編集をすることも可能だ。

Site

iCloud

http://www.icloud.com

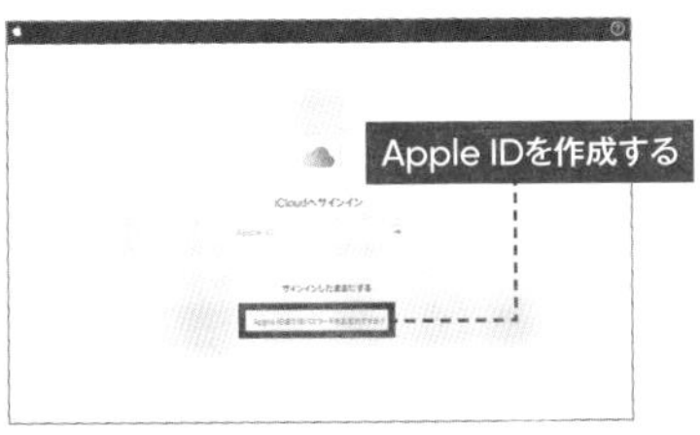

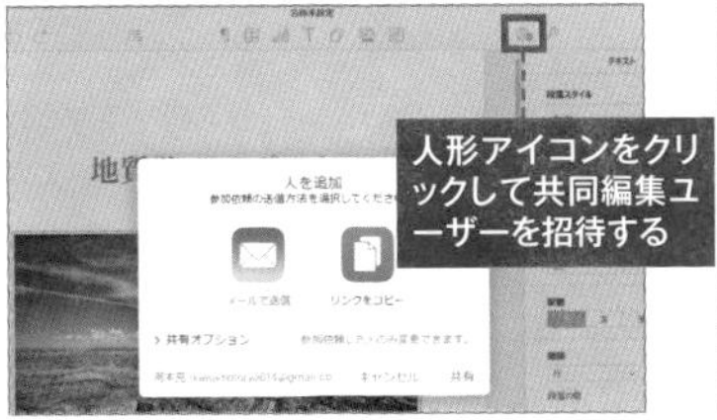

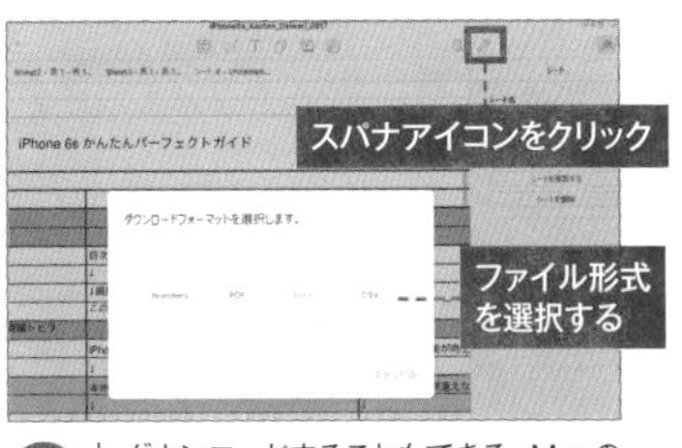

1 iCloud.comを利用するには、Apple IDを作成する必要がある。持っていない場合はトップページ下にあるリンクから作成を行おう。

2 iCloud.comにログインしてワープロアプリのPagesを起動したところ。ブラウザ上で利用できる。右上の人形アイコンからほかのユーザーと共同編集が可能だ。

3 ダウンロードすることもできる。Macのファイル形式であるNumbersのほかExcel、PDF、CSVに変換することができる。

125

- Facebookユーザーと共同作業が気楽に行える
- ビジネスに便利な機能満載
- ビデオチャットでコミュニケーションできる

グループ間で情報を多角的に共有できる!

Facebookのグループ機能でミーティングを効率化

Web
Facebook
https://www.facebook.com/

国内ではTwitterと並んで人気のSNS「Facebook」。そのグループ機能は、小規模グループのコミュニケーションツールとしても優秀で、ビジネスでも趣味でも利用できる。グループでのやりとりを円滑に薦めたいなら、メンバー全員がFacebookで繋がっておこう。

顔を合わせずとも円滑なグループワープが可能

ミーティングやグループワークを円滑に行ないたいなら、Facebookのグループを活用しよう。グループ作成は誰でも行なえる基本機能で、左メニューからグループを作成して、友だちリストからメンバーを追加するだけでいい。なお、グループの公開範囲も設定できるため、社外秘のプロジェクトの場合は「秘密」や「非公開」にしておけば、情報は外部に漏れることはない。

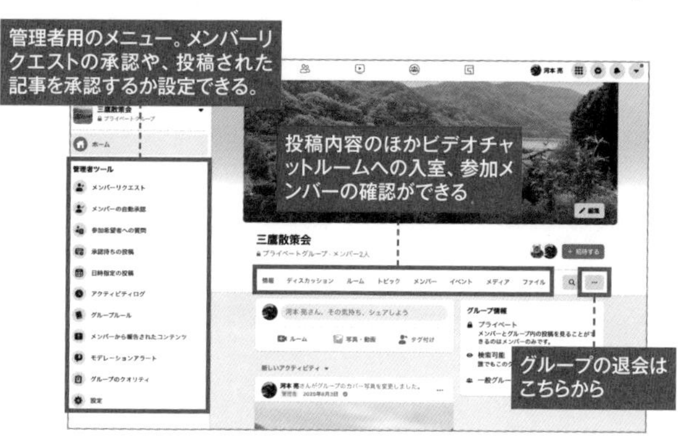

多機能で効率的なグループ機能を使いこなす

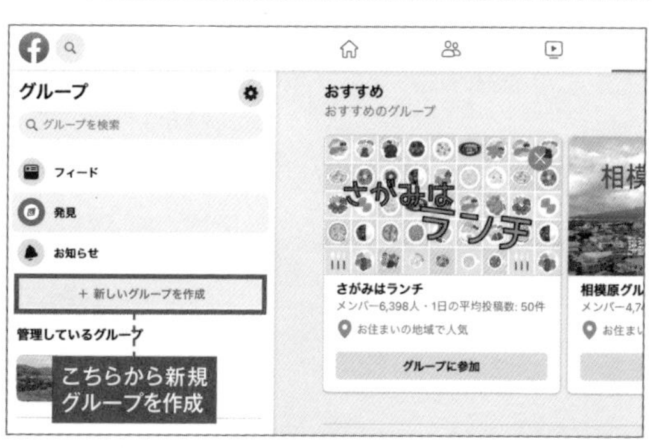

1 左メニューの「グループ」をクリックして「グループを作成」をクリック。グループの情報を設定しよう。

2 グループへファイルや写真を投稿することもできる。PCから選択や、Dropboxからの共有も可能だ。ファイルは更新しての再アップロードなども可能と、取り扱いは柔軟。

3 アンケート機能もまた便利だ。複数人の意見を効率良く集めることができるため、グループワークをより円滑に進められる。

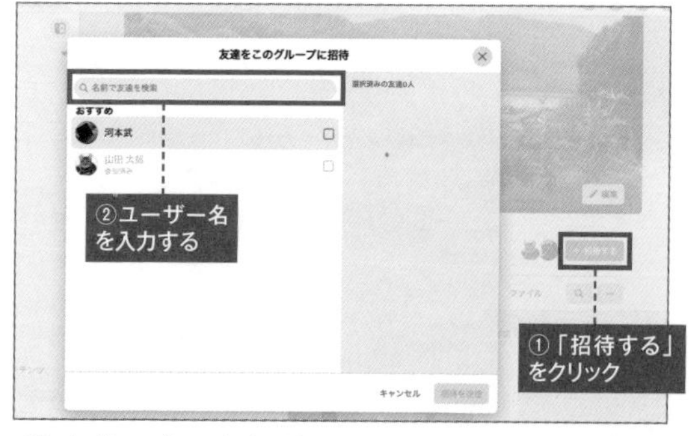

4 グループメンバーとのビデオチャットで、リアルタイムなやりとりが可能。また、「+招待する」からメンバーを追加できる。

こんな用途に最適!

- Facebookユーザー同士でイベントを行いたい
- イベントの告知を手軽に行いたい
- イベント参加者を確認したい

友だちを招待してイベントを楽に主催

イベントの告知と人数管理を効率良く行なう

人気のSNS「Facebook」ではユーザー間のコミュニケーション機能も充実している。そのひとつがイベント機能だ。主催者はイベントを作成して、指定した友だちにイベントへの参加可否の募集が可能。参加人数を確実に把握することができる。

Web
Facebook
https://www.facebook.com/

Facebookを使ってイベントを楽に開催

イベントを開催するのは楽しいものだが、参加人数を把握したり、管理したりするのが大変だ。そこでFacebookのイベント機能を利用しよう。Facebookではイベントを作成し、友だちを誘って参加可否を募ることができる。主催は参加予定の人物、人数がわかるため、規模や予算などの計算がしやすい。また、連絡事項の周知も手軽にできるため、主催のハードルはぐんと低くなるはずだ。

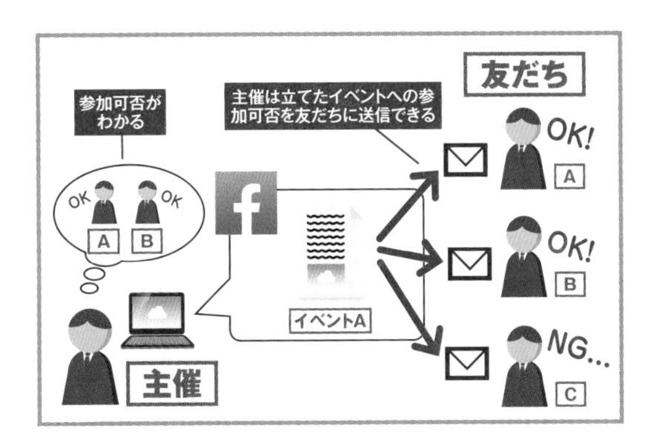

イベントを主催して友だちに参加可否を求める

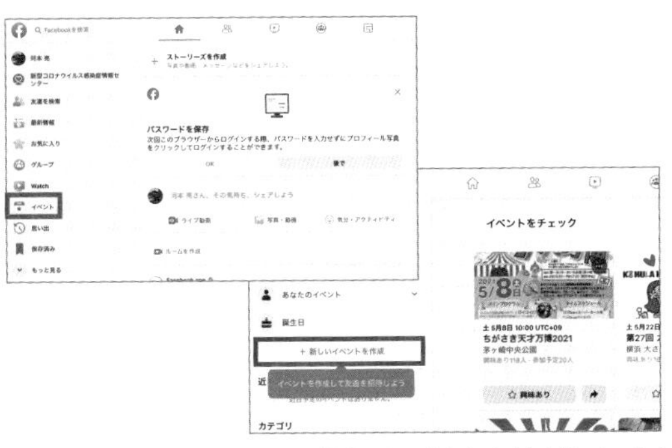

1 Facebookのメインページを表示して「イベント」をクリック。イベントの作成画面で「+イベントを作成」をクリックする。

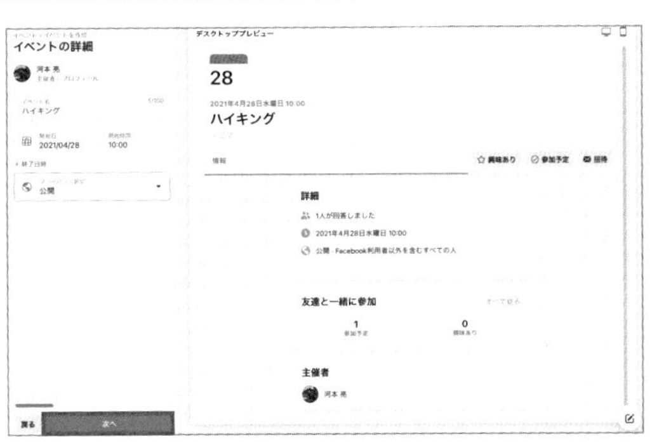

2 イベントの名前や詳細、場所、日時などを入力して画面に従ってイベントの作成を進めよう。

3 イベントが新規作成されるので、内容を確認できたら「シェア」から「友達を招待」をクリックしよう。

4 友だちリストが表示されるので、招待したい人にチェックを入れて「招待を送信」をクリック。イベントへの招待が送信される。

127

タスク管理に特化したクラウドサービス

グループでのタスク管理をブラウザ経由で手軽に行う

App
Trello
https://trello.com/

「Trello」は、おもに仕事におけるグループワークに特化したクラウドサービス。個人のタスク管理だけでなく、チーム単位で行うタスクの進行状況を共有できる。相手側でタスクが更新されると同時に自分側の画面も更新される。ブラウザベースで利用できるほか、スマホ用のアプリも配信されている。

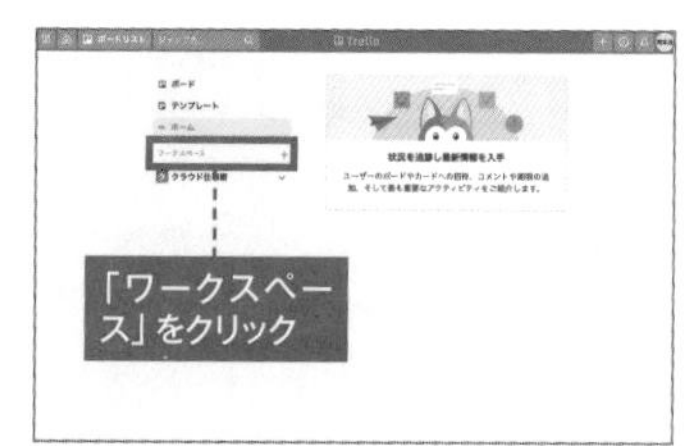

1 ここでは、チームでタスク管理する際の方法を紹介しよう。ホーム画面左側にある「ワークスペース」をクリックしよう。

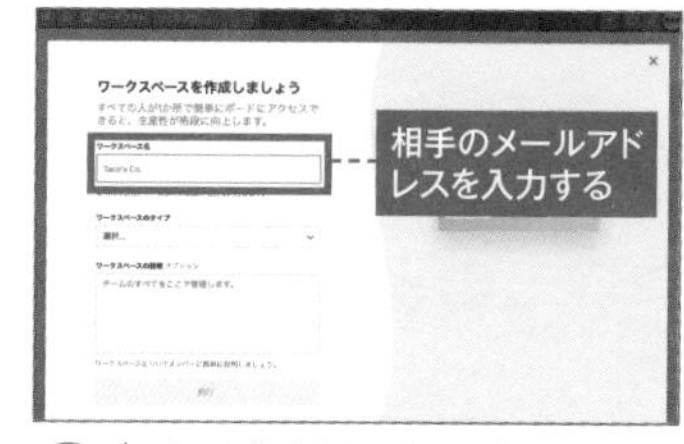

2 チーム作成画面のあとに招待画面が表示される。共同作業する相手のメールアドレスを入力してTrelloへの参加メールを送信しよう。

3 相手が承認すると共同作業ができる。相手側でタスクが更新されると自分の画面側も自動的に更新される。タスクには期限を設定したり、ラベルを付けることができる。

128

ホワイトボードの使い勝手の良さをオンラインで!

オンラインホワイトボードでクラウド会議する

Site
Mural.ly
https://mural.ly/

文字を書いたり、付箋を張ったりというホワイトボードのレイアウトの自由さ、そして使い勝手の良さをクラウド上で再現したサービス。個人利用で月額12ドルからの有料サービスだが、30日間は無料でトライアルすることができる。

1 メールアドレスで無料トライアルを開始できる。なお、Googleアカウントでのサインインも可能。

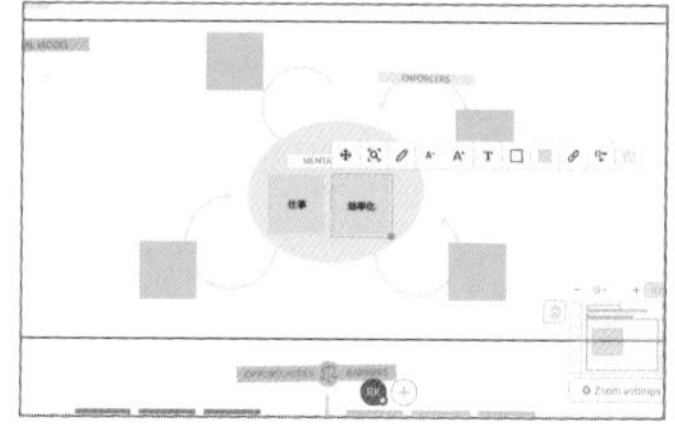

2 付箋でのコメントを貼ったり、イラストを挿入したり、記号や矢印を描いたりと、自由にスペースを利用できる。

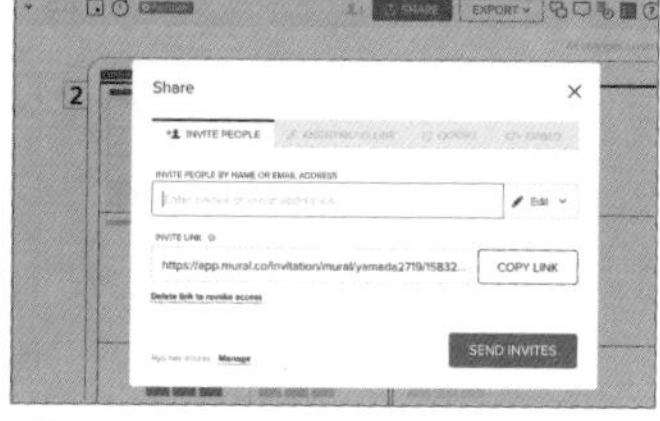

3 シェアボタンからはホワイトボードの編集権・閲覧権を持つユーザーを追加することができ、複数人での同時編集が可能だ。

豆テク

129

通常では不可能なファイルのプレビューをFacebookに表示させよう

FacebookのタイムラインにPDFのプレビューを表示させる

APP
Facebook

Facebookでは通常のタイムライン上にワード、エクセル、PDFなどのオフィスファイルをアップロードできない。しかし、Googleドライブや一部のクラウドストレージでファイルの公開リンクを作成し、リンクをタイムラインに貼り付ければ内容をプレビュー表示した状態で投稿できる。

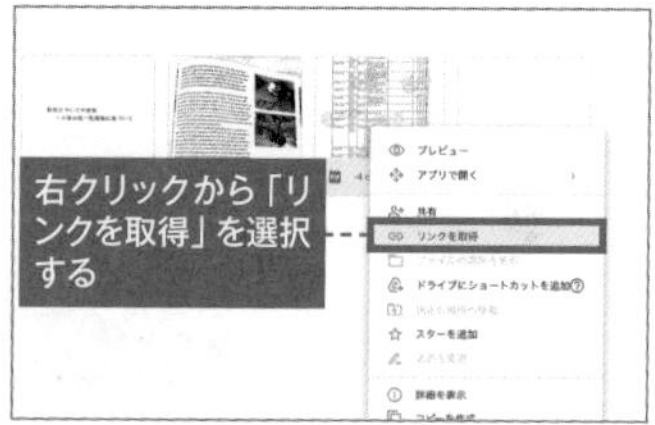

1 Googleドライブ上にあるファイルをFacebook上に表示したい場合は、右クリックして「リンクを取得」を選択する。

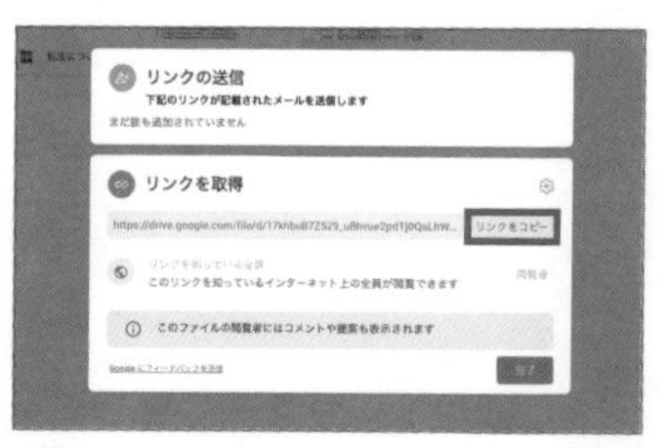

2 公開設定画面で誰でも閲覧できるように設定したら、公開リンクをクリップボードにコピーする。

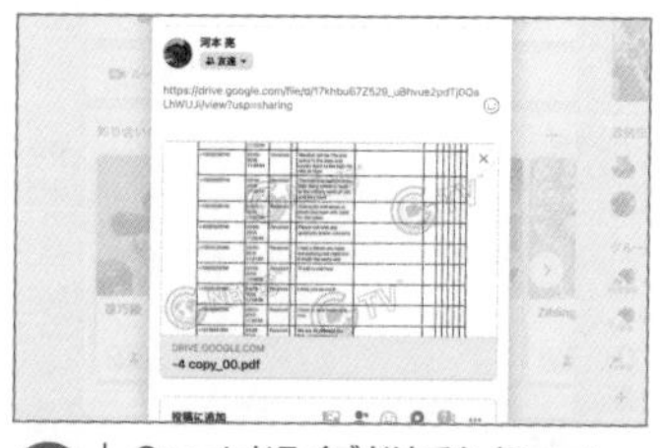

3 GoogleドライブだけでなくDropboxの公開リンクでもプレビュー表示は可能だ。

マインドマップを使って頭の中を整理整頓!

130

ブレストに最適な共同編集型マインドマップ

思考やアイディア、プロジェクトの整理などに活躍するマインドマップ。問題点や目標が「見える化」できるので、生産性の向上に活躍するアプローチだ。「MindMeister」ではそんなマインドマップをオンラインで共同編集することができる。

Web
MindMeister
https://www.mindmeister.com/ja

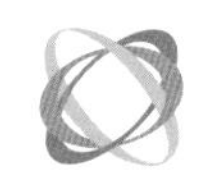

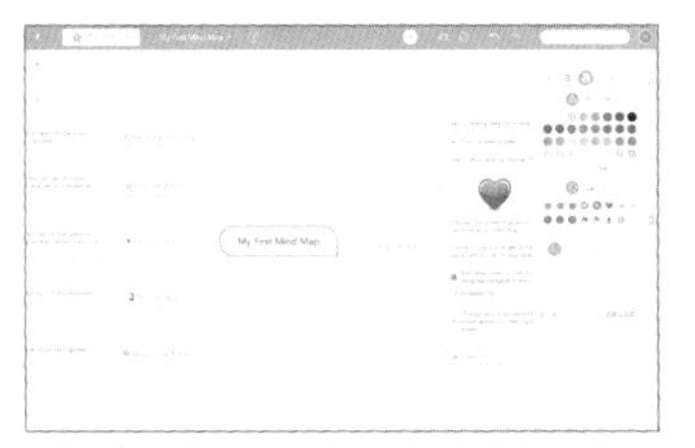

1 マインドマップを、ブラウザ上で手軽に作成できる。テンプレートも各種用意されており、直感的に利用できるサービスだ。

2 画面下の「共有」をクリックすると、複数のユーザーで同じマインドマップを共同編集することができる。

iPhone APP **MindMeister**
作者●MeisterLabs
料金●無料
カテゴリ●仕事効率化

Android APP **MindMeister**
作者●MeisterLabs
料金●無料
カテゴリ●仕事効率化

コミックツールはビジネスに活用できる!

131

チラシやポップなどの販促物をチームで制作する

クラウド保存が可能なコミック作成ソフト。マンガ制作機能に特化しているが、ポップやチラシなどの販促物の制作にも向いている。また、「メディバンクリエイターズ」のMyチームと連携でき、複数人でのチーム制作に対応している点がユニークだ。

APP
MediBang Paint

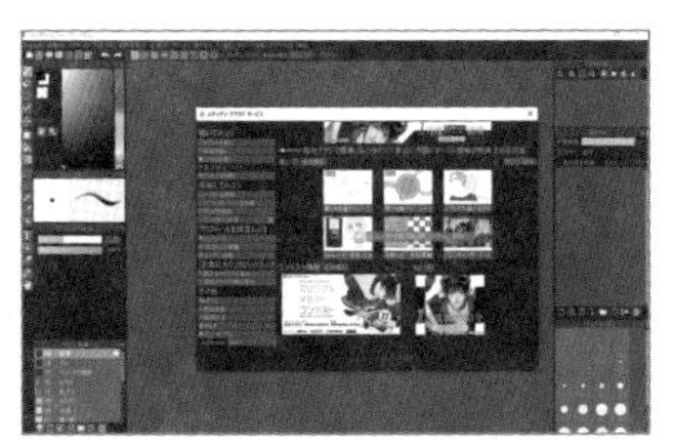

1 無料で利用できるコミック作成ソフト。ポップなどの販促物のイメージ作成などにも活用できる。

2 「チーム制作」機能が最大の特徴。「メディバンクリエイターズ」でMyチームを作成すれば、多人数制作が利用できる。

コミックを簡単に作成できるドローイングツール。クラウドとの連携機能がある。

PC APP **MediBang Paint**
作者●MediBang
料金●無料
URL●https://medibangpaint.com/

Googleドライブでもフォルダ単位で共有できる

132

Googleドライブで公開リンクを作成して誰でもアクセスできるようにする

Googleドライブはオフィスファイル共同編集をする際によく利用されるサービスだが、フォルダ単位でほかのユーザーと共有する機能も搭載している。特定のユーザーだけでなく、公開リンクを作成してリンクを知っている人であれば誰でもアクセスできるようにすることも可能だ。

APP
Googleドライブ

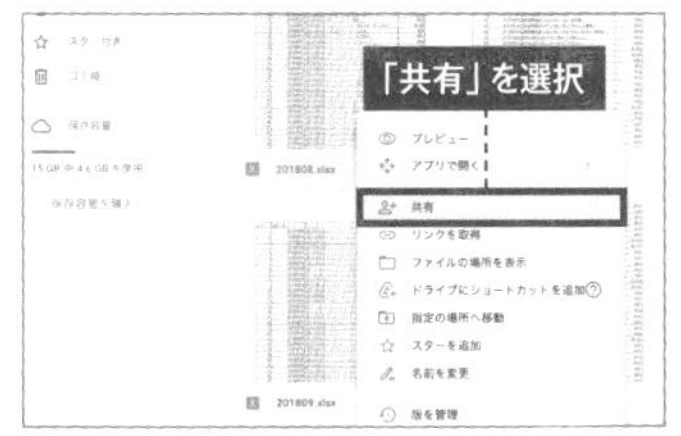

1 Googleドライブで共有したいフォルダを右クリックしてメニューから「共有」をクリックする。

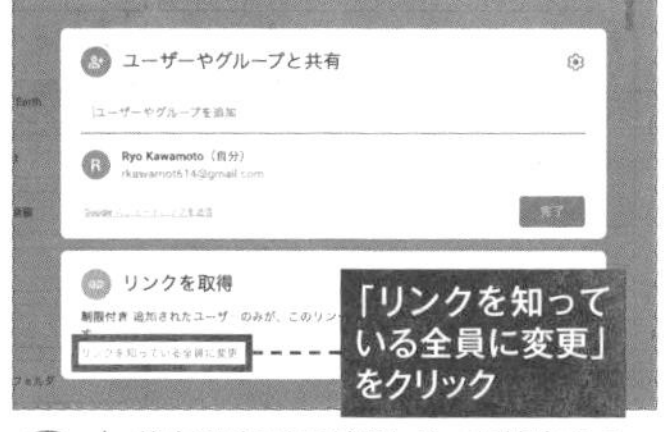

2 共有設定画面が現れる。不特定のユーザーとフォルダを共有する場合は、「リンクを取得」から「リンクを知っている全員に変更」をクリック。

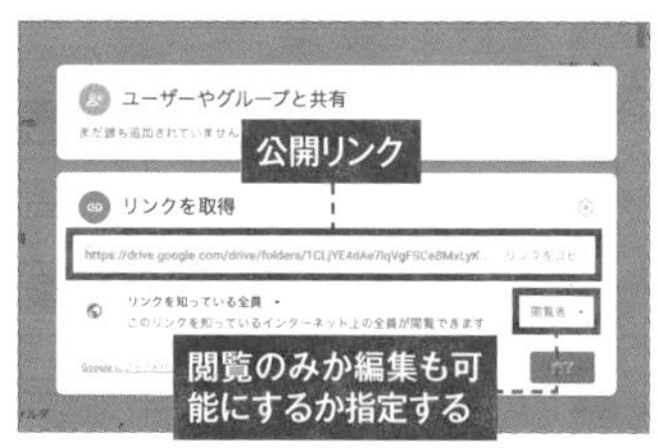

3 公開リンクが作成されるので、リンクをほかのユーザーに知らせよう。なお閲覧のみか編集も可能かも設定できる。

133

- テンプレートでサイトを簡単に作成できる
- 複数のユーザーでブログを共同運営できる
- プロジェクト管理ページの利用に便利

プロジェクト管理サイトを共同運営できる!

Googleサイトを使って社内ポータルサイトを作成する

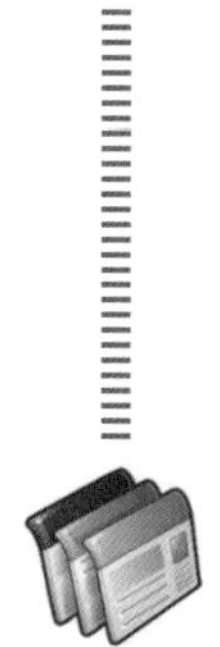

Web
Googleサイト
http://www.google.com/sites/help/intl/ja/overview.html

Googleのサービスのひとつ「Googleサイト」では、誰でも簡単かつ素早くWebサイトを作成することができる。ほかのGoogleサービスと連動して、Googleドライブに保存しているオフィスファイルを挿入できる点が特に便利だ。

共有サイトを社内業務の運用に活用する

企業内でプロジェクトやチームのノウハウ、ルール、新人向けのガイダンスなどをまとめた情報を共有したいという要望は多いだろう。これらはドキュメント文書で共有するよりも、Web上に専用サイトを作ったほうが簡単で、常に最新情報に更新、確認できる。「Googleサイト」にドキュメントやスプレッドシートを貼り付け外部公開すると楽になる。

googleサイトのここがスゴイ!

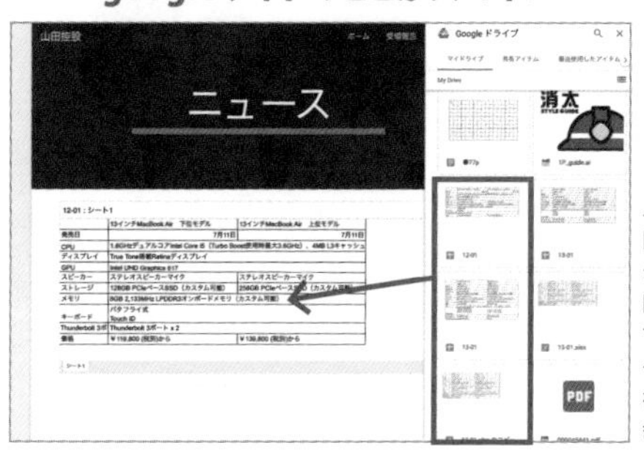

メニューにGoogleドライブが用意されており、Googleドライブに保存しているドキュメントやスプレッドシートをそのまま挿入できる。

Googleサイトで社内ポータルサイトを作成する

1 Googleサイト（https://sites.google.com/）にアクセス。「最初のサイトを作成してみましょう」をクリックしてサイト作成を開始する。

2 まずは「テーマ」を設定しよう。右上の「テーマ」タブを選択して、イメージに近いテーマを選択しよう。

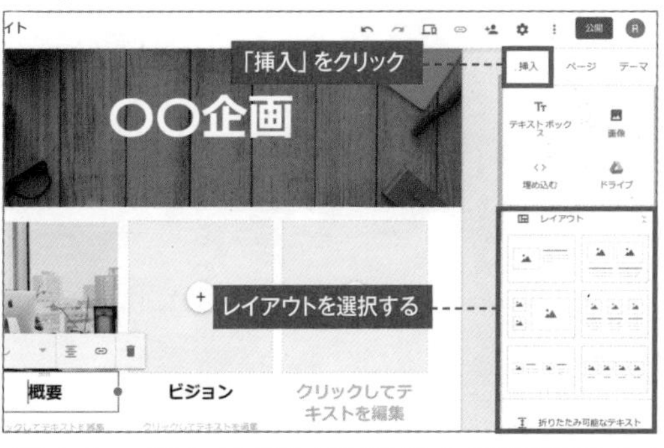

3 テーマが決まったら「挿入」から好きなレイアウトを選択する。レイアウトが挿入されたら写真やテキストで共有したい情報をドンドン追加していこう。

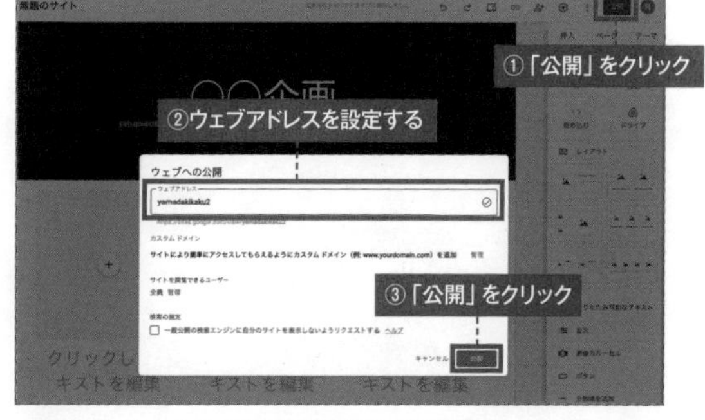

4 作成したサイトを外部に公開するには「公開」をクリック。ウェブアドレスを指定して「公開」をクリックしよう。

- ▶ ほかのユーザーと共同編集する
- ▶ リアルタイムで共同編集できる
- ▶ チャットやビデオ会話もできる

134

Googleサイトで共同編集をしよう

共同編集機能が強力 リアルタイムでサイトを共同制作する

Googleサイトがほかのブログサービスと一線を画するのは、強力な共同編集機能が搭載されていることだろう。ほかのユーザーとリアルタイムで共同編集できるほか、チャットやビデオ動画でコミュニケーションを取ることも可能だ。

Web
Googleサイト
http://www.google.com/sites/help/intl/ja/overview.html

ドキュメントやスプレッドシートと同じ要領で共同編集する

Googleサイトで共同編集する方法は、Googleドキュメントやスプレッドシートを共同編集するときとまったく同じ。「共有」ボタンをクリックして、共有設定画面からユーザーを招待すればよい。共有相手が編集している箇所をリアルタイム画面でユーザー名を付けて教えてくれ、編集を確認できる。リアルタイムで編集箇所を確認できない場合は、変更履歴から変更箇所を確認しよう。

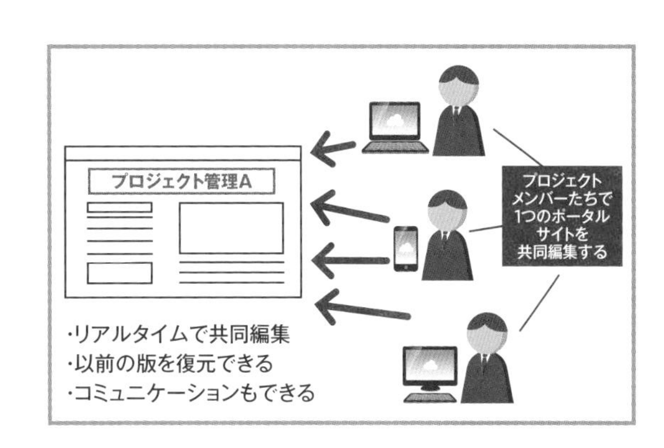

Googleサイトで共同編集しよう

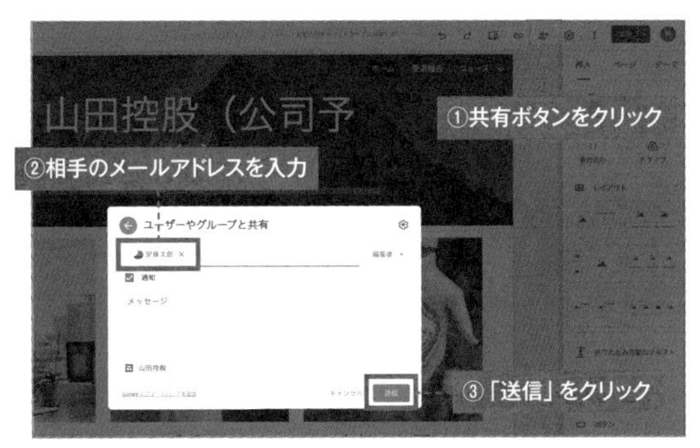

1 ほかのユーザーと共有するには、右上の共有ボタンをクリック。共有相手のメールアドレスを入力して「送信」をクリックする。招待メールが送信される。

2 リアルタイムで共有しているユーザーが編集している部分を名前とともに教えてくれる。相手が編集するとタイムラグなしで自分の画面も編集される。

3 右上のメニューボタンから「変更履歴」をクリックすると変更履歴画面に切り替わる。版を選択して「この版を復元」をクリックすると復元できる。

4 チャットやビデオチャットなどでコミュニケーションする場合は、共有設定画面を開く。相手を選択してコミュニケーション方法を選択しよう。

CHAPTER 5

クラウドサービスを様々な用途で応用する

クラウドの活用法は、データの記録や同期だけじゃない

これまでは、クラウドの活用法を「記録」「収集」「同期」「共有」という４つのキーワードで解説してきたが、もちろんクラウド技術の活用法はそれだけではない。ここでは最後に、クラウドを応用した様々な活用法やデータ同期系以外のクラウド的サービスを紹介していこう。クラウドサービスは、各サービスの提案する使い方だけでなく、フリーソフトやスマホなどを組み合わせることで、面白い使い方ができる。それは、サービス自体のシンプルさが、様々な活用法を許容してくれるからだろう。

たとえばDropboxは「ファイルを同期する」というシンプルなクラウドストレージだが、それだけに「どういうデータを同期させるか」を考えることで、また新たな活用法が見えてくる。ここで紹介した活用法以外にも、アイデア次第で様々な用途が考えられる。フリーソフトやスマホアプリなどを組み合わせることで、ネット世界とリアル生活を連携させる新しいアイデアが生まれてくるはずだ。

135-150

こんな用途に最適！
▶ デスクトップからクラウドサービスをすぐに起動できる
▶ GmailやGoogleカレンダーをアプリ感覚で使う
▶ YouTubeなどクラウド以外にも利用できる

豆テク 135

クラウドサービスをWindowsアプリのように独立して使う

クラウドサービスのショートカットを作ってデスクトップから起動する

クラウドサービスの中には、GmailやGoogleカレンダーなど、ブラウザからアクセスして利用するサービスも多い。通常、そのようなサービスはブックマークに登録して使うが、もっと素早く開きたいならショートカットを作成して、デスクトップに設置しよう。

APP Chrome

ログイン情報を含め、単独ウィンドウで起動するクラウドアプリを作成

Googleのブラウザ「Chrome」は、開いているWebサービスのデスクトップ用ショートカットを作成できる。ショートカットをクリックするとそのサービスをすぐに開くことができ、ブックマークよりも効率的に利用できる。作成方法は簡単で、Chromeで利用したいサービスにログインしたら、ショートカットを保存すればOK。サイトによってアイコンもセットできるので、よりアプリ的に活用できる。

起動後、タブを切り離して独立させればまるでアプリのようにサービスが利用できる。

Chromeを利用して、クラウドWebサイトをアプリとして保存する

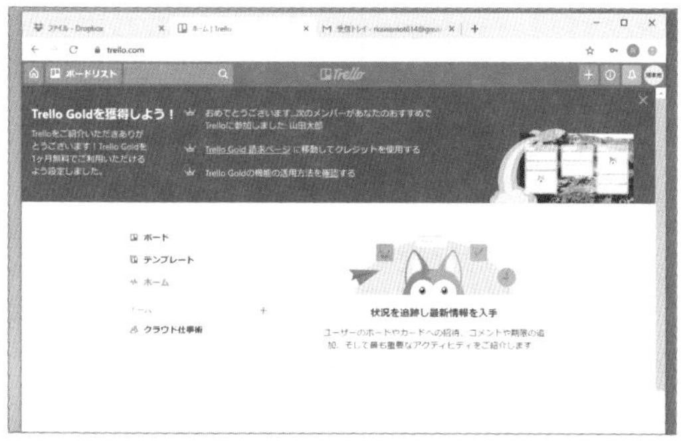

1 Chromeを起動し、アプリ化したいWebサービスにログインする。特に事情がなければサイトのトップを表示させよう。

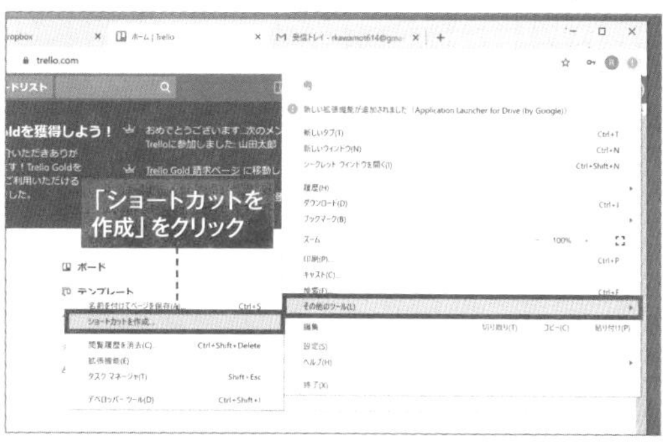

2 メニューボタンをクリックして「その他のツール」>「ショートカットを作成」を選択する。

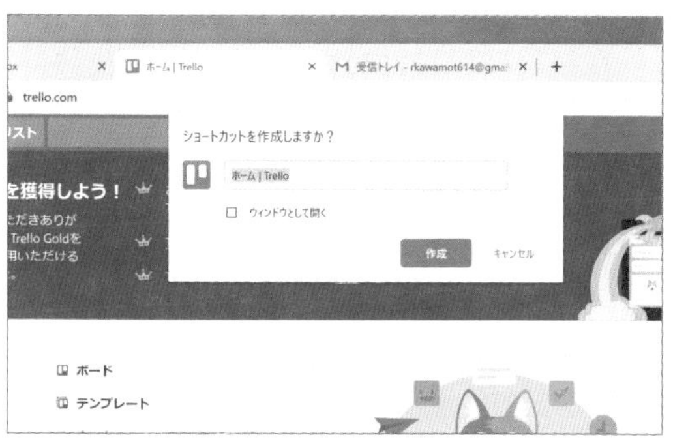

3 ファイル名を指定して「作成」ボタンをクリックするとショートカットがデスクトップに保存される。

4 作成されたショートカットをダブルクリックするとChromeですぐにそのサービスを開くことができる。削除はアイコンをゴミ箱に入れるだけでOK。

136

▶ 離れた場所のPCを操作したい
▶ 離れた場所にあるPCのファイルを使いたい
▶ 異なるOS間でファイルを受け渡ししたい

外出先や離れた部屋からPCを遠隔操作する

離れた場所にあるPCのデスクトップを操作する

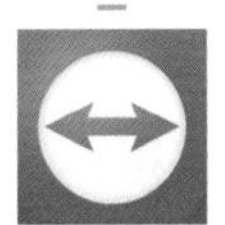

PC APP
TeamViewer

離れた場所にあるPCを操作したいときに便利なのがリモートコントロールアプリ。移動することなく手元にあるPCからネットワーク経由で遠隔操作ができるようになる。「TeamViewer」は難しいネットワーク設定なしで使えるリモートコントロールアプリだ。

異なるOS間のパソコンでもTeamViewerなら相互接続可能

WindowsにもMacにもリモートコントロール機能は初期設定で搭載されているものの、異なるOS間だと接続できない問題がある。そこで「TeamViewer」の出番だ。Windows、Mac、LinuxなどあらゆるOSに対応しているので、異なるOS間でも接続することが可能。スマホやタブレットなどのモバイル端末から遠隔操作することも可能だ。

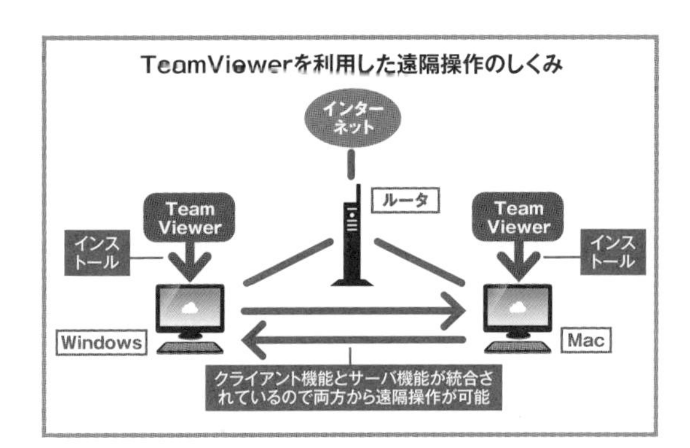

お互いのPCにTeamViewerをインストールするだけと簡単

接続IDとパスワードをクライアント側から

TeamViewerの使い方は難しくない。2台のPCに公式サイトからダウンロードできるアプリをインストールし、起動しておくだけでよい。あとはTeamViewerのメイン画面に記載されている接続IDとパスワードをクライアント側のPCのTeamViewerから入力すれば接続できる。ファイアウォールの設定や細かなルータ設定をする必要もなくインストールするだけで簡単に使えるのが大きな魅力だ。

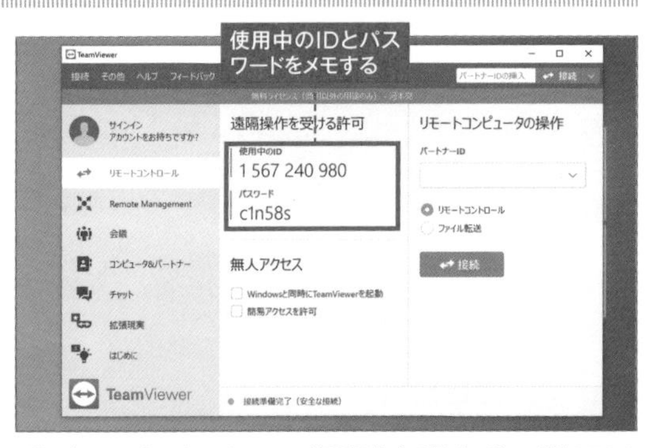

1 LAN内にあるパソコンの遠隔操作する場合、サーバ側のPCのTeamViewerを起動し、メイン画面に記載されたIDとパスワードをメモしておく。

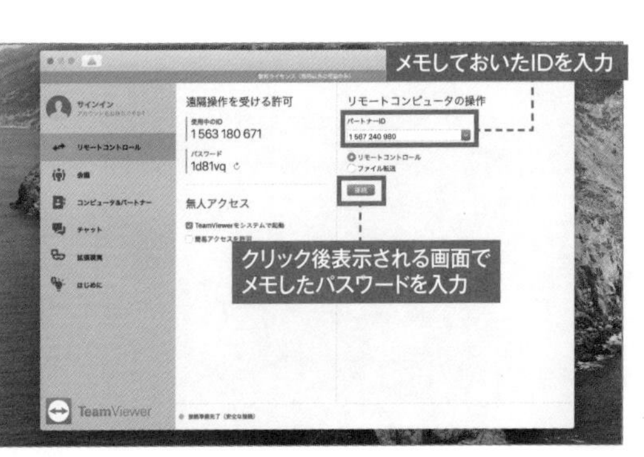

2 クライアント側PCのTeamViewerを起動し、パートナーIDにメモしたIDを入力して「接続」をクリックして、メモしたパスワードを入力。

3 接続がうまくいくとサーバ側のデスクトップが表示される。マウスカーソルをTeamViewer内に移動すると直接操作できる。

遠隔操作ソフトでファイルをどこからでも取り出せる

多機能なTeamViewerなら PC間のファイルのやり取りもスムーズ

137

APP TeamViewer

TeamViewerではPC内にあるファイルを自由に送受信できる。クライアント画面の「ファイル転送」画面から送受信を行おう。ドラッグ&ドロップで送受信を行う「ファイルボックス」形式と、FTPソフトのように送受信する方法が用意されている。

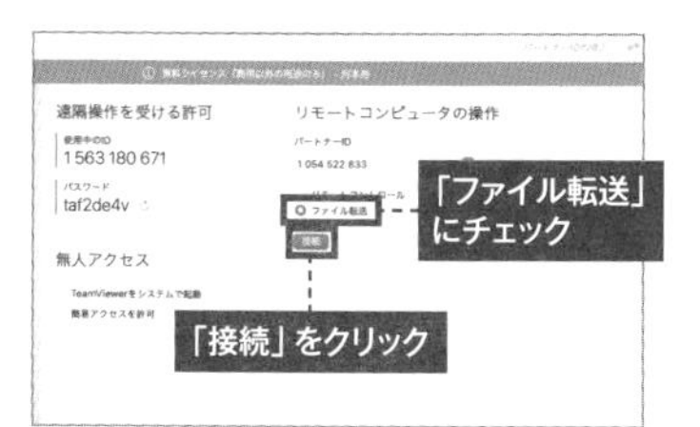

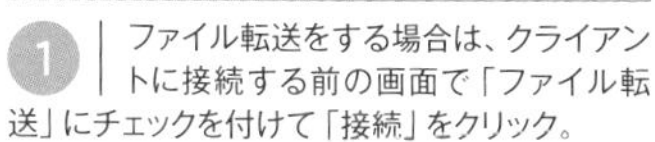

1 ファイル転送をする場合は、クライアントに接続する前の画面で「ファイル転送」にチェックを付けて「接続」をクリック。

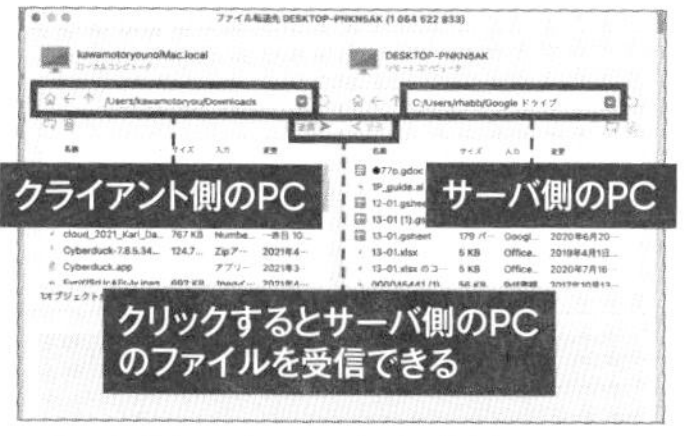

2 「オープンファイル転送」を選択するとFTPクライアントのようにディレクトリ同士を接続してファイルの送受信ができる。

TOOL

携帯端末でも遠隔操作可能

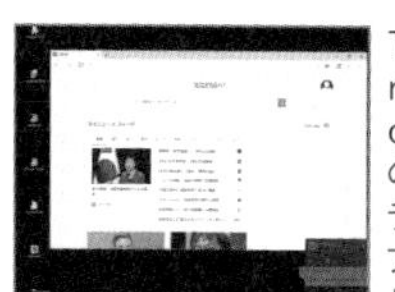

TeamViewerはiOSとAndroidの両方のスマホでクライアントアプリが配布されている。タブレットやスマホからPCを遠隔操作することが可能だ。

クラウドを経由してファイルを参照できるルータ

LAN経由で接続する外付けHDD「NAS」なら 外出先からでもアクセス可能

138

DropboxやGoogleドライブなどのストレージサービスに頼らず、自家製のクラウドサーバを構築するなら「NAS」を導入しよう。NASとはネットワーク対応型の外付けハードディスク。ルータやハブのLANポート経由でファイルのやり取りができる。NASが便利なのは出先のPCやタブレット、スマホからでもインターネット経由でアクセスしてファイルを取り出せること。1TB以上の大容量ストレージが基本なので、録り貯めたテレビ番組や映画を外出先から見たいときに便利だ。

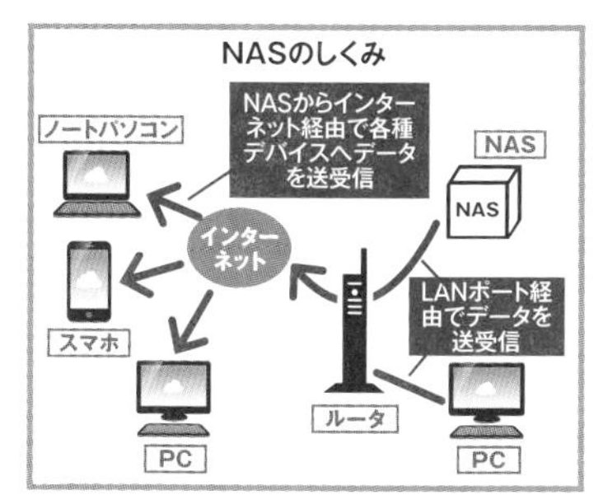

LinkStationシリーズ
実勢価格:18,000~34,000円(4TB)

Buffaloのサーバを通じて外出先からでもブラウザで簡単にアクセスできるNASサーバ。2TBから8TBまで容量も大きい。

LinkStationはスマホやタブレットなどの端末からでもアクセス可能。Webアクセスの設定も簡単。NAS初心者におすすめだ。

無料でDropboxの容量を増やす

公式サイトのヘルプ画面で 無料でストレージ容量を増やす方法を知る

豆テク 139

APP Dropbox

Dropboxは無料プランだと2GBのストレージしか使えない。Pro版を購入すればよいが、2TBも使う機会はない人は多いはず。無料で容量を増加したいなら、Droboxのヘルプセンターページにアクセスしてみよう。ここには容量の増やし方の詳細が細かく書かれている。

1 Dropboxのヘルプセンターのページから「容量増加」を開こう。さまざまな容量の無料獲得方法が解説されている。

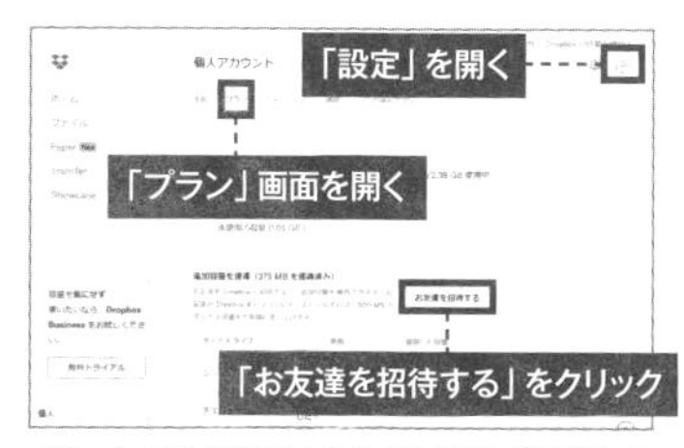

2 最も手軽で大幅な容量追加が可能なのがお友達を紹介する方法。1人紹介するごとに500MB、最大16GB獲得することが可能だ。

3 ほかにも初期設定のチェックリストにチェックを入れたり、Dropboxのガイドツアーを表示するなどで容量を追加できる。

上級

140

▶ 複数のクラウドサービスをまとめて管理したい
▶ クラウドサービス間でファイルをやりとりしたい
▶ PCにアプリをたくさん入れて負荷をかけたくない

複数クラウドストレージを一括で管理する

複数のクラウドサービスにアクセスする

Web App

MultCloud

https://www.multcloud.com/

クラウドストレージをいくつも使っているとアプリを切り替えるのが面倒なだけでなくメモリ負担も大きい。複数のクラウドストレージを1つに統合した「MultCloud」を使おう。各種クラウドストレージへ接続してファイルを一元管理することができる。

ブラウザから各種クラウドサービスに直接接続できる

「MultCloud」は複数のクラウドサービスに接続できるウェブサービス。Dropbox、Googleドライブ、OneDrive、Box、Amazon S3など主要なクラウドストレージサービスならすべてに対応。ブラウザ上から利用できるので、PCにアプリをインストールすることがなく負担もかけない。スペックの低いノートパソコンでクラウドを活用するのに効果的だ。

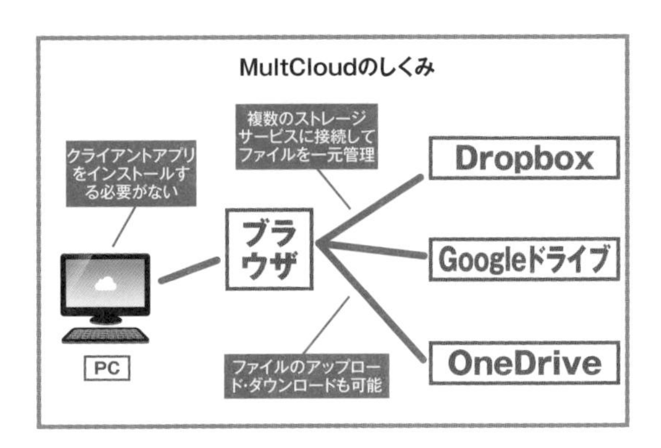

MultCloudで複数のクラウドサービスにアクセス

ストレージ間で直接ファイルのコピーができる

MultCloudを利用するにはアカウントを取得する必要がある。登録後、アカウント追加画面から利用しているクラウドサービスとログイン情報を入力すれば、クラウドにアクセスしてファイルのやり取りができるようになる。便利なのはストレージ間でファイルのコピーが簡単に行えることで、いったんローカルにファイルをダウンロードして再アップロードする必要はない。

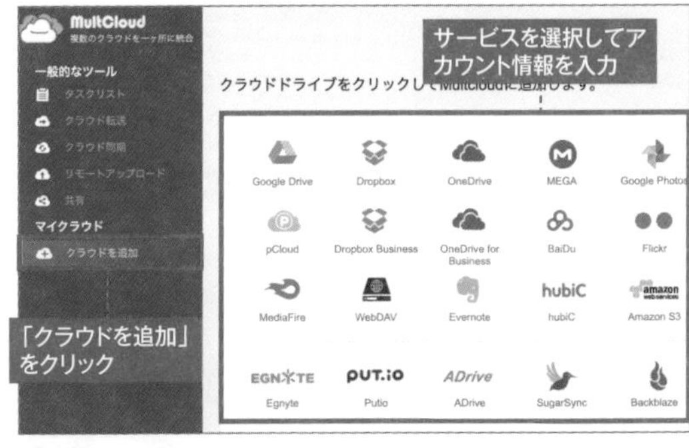

1 アカウント登録後、左メニューの追加ボタンをクリックし、右側からストレージサービスを選択してアカウント情報を入力していこう。

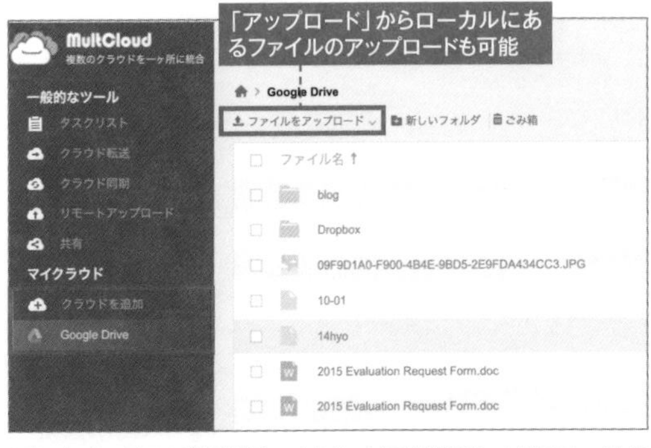

2 サービスの登録が終わったらサービス名を選択。右側にファイルやフォルダが一覧表示される。右クリックメニューから各ファイルの各種操作が行える。

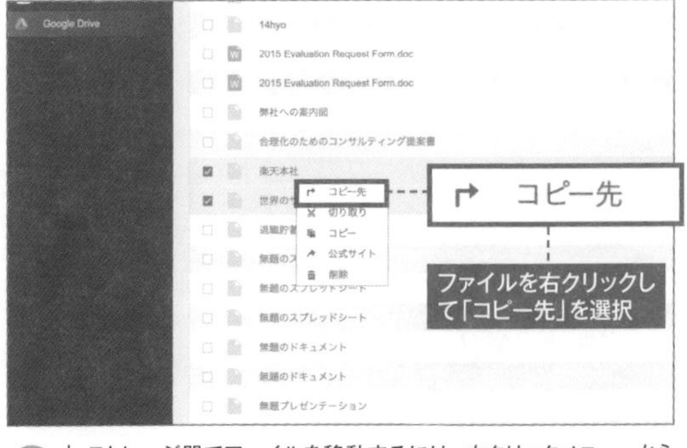

3 ストレージ間でファイルを移動するには、右クリックメニューから「コピー先」を選択して現れる画面でコピー先サービス名を選択すればよい。

こんな用途に最適!
- スマホ内の写真を無料でバックアップ
- 無圧縮のままバックアップ
- Googleフォトの後継サービスには最適!

141

無圧縮写真を無制限にアップロードできる

Amazonプライム加入者ならAmazon Photosも使おう!

Amazonプライムに入会しているならAmazonが無料で提供しているクラウドサービスも積極的に使おう。Amazon Photosは、写真やビデオを保存できるオンラインストレージサービス。プライム会員なら容量無制限で写真ストレージを利用できる。

APP
Amazon Photos
https://www.amazon.co.jp/b?ie=UTF8&node=5262648051

Googleフォトの無料サービス終了後はAmazon Photosに乗り換えよう

写真を無料で無制限にアップロードできるサービスはAmazon Photosのほかに Googleフォトがある。しかし、Googleフォトは21年5月末で容量無制限のサービスを終了し、無料ユーザーは画質に関わらず合計15GBまでに制限された。一方、Amazon PhotosはRAWも含め無制限にアップロードできるのが特徴だ。すでにプライム会員を利用しているユーザーならGoogleフォトからAmazon Photosへ乗り換えるのがおすすめだ。

Amazon PhotosとGoogleフォトの比較

	Amazon Photos	Googleフォト
料金	プライム会員は無料	Googleアカウントさえあれば無料
圧縮(写真)	なし	高画質のものは1,600万画素まで自動圧縮される
圧縮(動画)	5GBまで無料で使える	高画質のものは1080pまで自動圧縮される
RAW	対応	15GBまで
対応端末	ブラウザ、デスクトップ、iOS、Android	ブラウザ、デスクトップ、iOS、Android、
アルバム	○	○
検索	○	○
共有	○	○

従来は容量無制限だったが、そのプランは廃止された!

Amazon Photosに写真をバックアップしよう

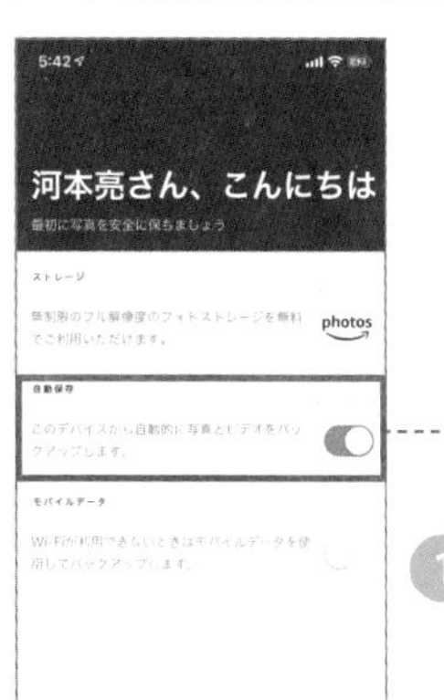

1 Amazon Photosを起動すると初期設定画面が表示される。「自動保存」を有効にするとスマホ内にある写真が自動でAmazon Photosにアップロードされる。

2 複数の写真からアルバムを作成したい場合は、右上の選択マークをタップして写真を選択して、「アルバムに追加」を選択しよう。

3 アルバムほかのユーザーと共有するには、右上の「…」をタップして「共有」をタップする。メニューから「リンクをコピー」を選択しよう。

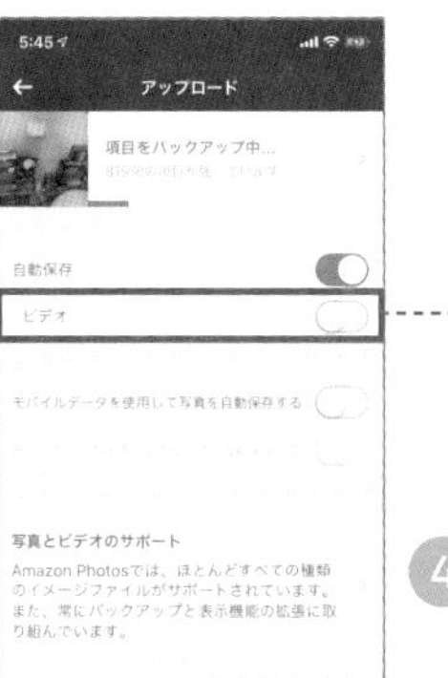

4 標準では動画ファイルもアップロードされてしまう。写真だけアップロードするには設定画面の「アップロード」画面で「ビデオ」をオフにしよう。

(※)Googleのスマホ「Pixel」シリーズの2、3、4、5を利用しているユーザーは例外的に21年6月以降も従来と同じ条件で利用できる。

142

▶ クラウドストレージを節約したい
▶ 動画ファイルをサムネイルで管理したい
▶ 特定のユーザーと動画を共有したい

ストレージを節約する裏テクニック

YouTubeをクラウドストレージ化!?
非公開にして動画をアップロードする

APP
YouTube

写真はともかく動画をクラウドサービスにバックアップしていると容量がすぐにいっぱいになってしまう。あふれた動画を一時的にクラウド上に保管したいならYouTubeを使う手もある。

非公開設定にした動画をアップロードしよう

「YouTube」は本来、動画をアップロードして不特定多数に公開するサービスだが、アップロード時の設定で非公開にすることでストレージ代わりに利用することができる。動画の長さは15分以内である必要があるが、アカウントの確認が完了していれば、15分を超える長さの動画をアップロードできる。なお、アップロードできるファイルの最大サイズは、128GBまたは12時間以内となっている。

YouTubeにアップロードできる動画の条件

- 動画ファイル(MOV、MPEG4、MP4、AVIなど)
- 不適切と認識される内容は削除される可能性あり
- 著作権保護された内容は削除される可能性あり(著作権のある音楽が使われているなど)
- 動画の長さは15分以内(アカウント確認が完了すると15分以上の長さをアップロードできる)
- ファイルサイズは最大128GB

動画内容に問題がある場合は、自動的に削除されてしまうのでアップロードする動画内容は事前に注意しておこう。

YouTubeに動画をアップロードしよう

1 YouTubeの自分のアカウントにログインしたら、右上にあるカメラボタンをクリックして「動画をアップロード」をクリック。

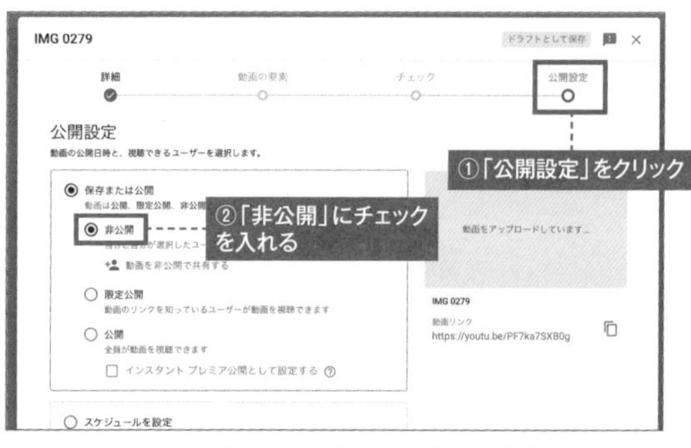

2 動画を選択すると自動的に動画のアップロード処理が始まる。公開しないように「公開設定」をクリックして「非公開」にチェックを入れておこう。

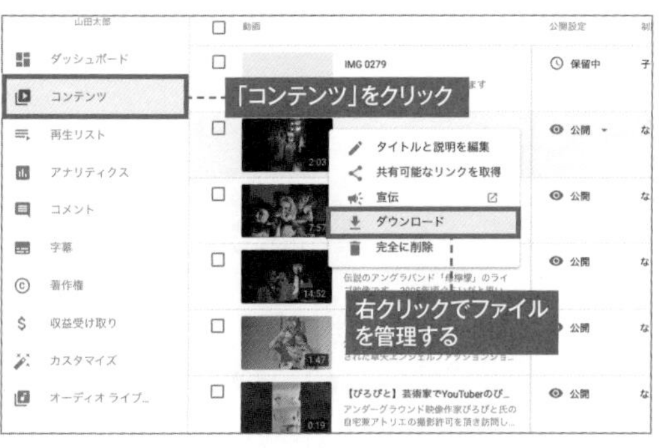

3 アップロードしたファイルを確認したい場合は、左メニューから「コンテンツ」をクリック。動画が一覧表示される。右クリックメニューからダウンロードしたり削除できる。

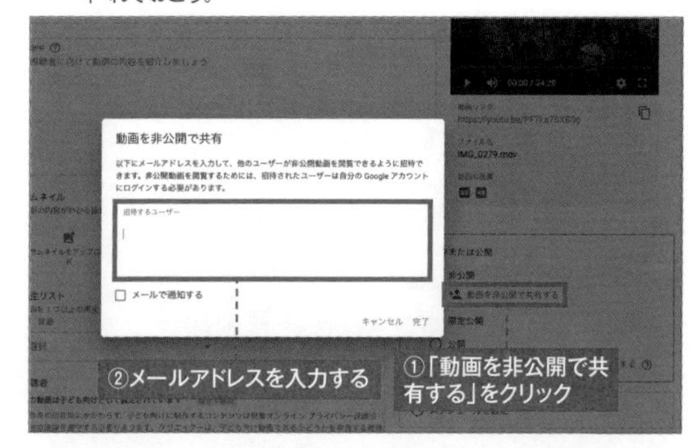

4 特定のユーザーと動画を非公開で共有することもできる。公開設定画面で「動画を非公開で共有する」をクリックして、公開したい相手のメールアドレスを入力して招待しよう。

▶ 出先でプリントアウトしたい
▶ 自宅にプリンタがない
▶ コンビニのマルチコピー機で印刷したい

143

外出先のコンビニからプリントできるネットプリント

出先でファイルを印刷する必要があったらコンビニで印刷しよう

出先で気になったウェブページや携帯端末内にあるオフィスファイルをプリントアウトしたくなるときがある。netprintを使えば近くのコンビニのコピー機でiPhoneやiPadに保存されているファイル、また閲覧中のウェブページをプリントアウトできる。

価格●無料　カテゴリ●ビジネス

セブンイレブンのマルチコピー機でプリントアウトする

「netprint」は、iPhoneやiPadに保存している写真やオフィスファイルをコンビニ（日本国内のセブン-イレブン）のマルチコピー機を使ってプリントアウトできるアプリ。ブラウザで閲覧中のウェブページやメールの本文や添付ファイル、そしてDropboxやGoogleドライブなどに保存しているファイルでもプリントアウト可能だ。ただしプリント料金は別途必要になる。

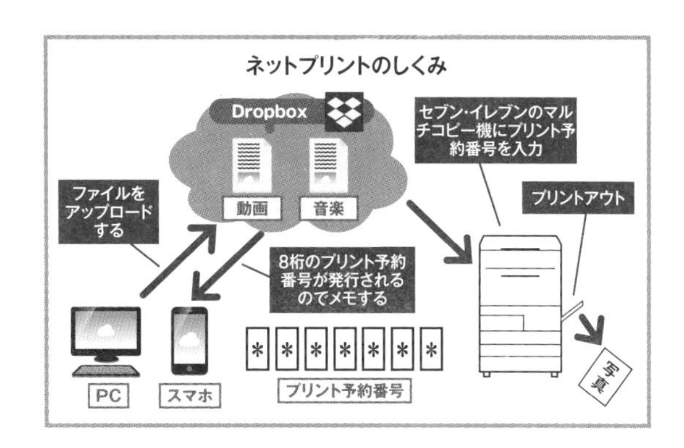

クラウドストレージにあるファイルを印刷してみよう

エクスポートからファイルをnetprintに登録する

ファイルをプリントアウトするには、netprintインストール後、各種ビューアやストレージサービスの公式アプリでファイルを開き、共有メニューから「netprintにコピー」を選択する。これでnetprintにファイルが登録されるので、あとは印刷設定、ファイルのアップロードと進み、発行される8桁の予約番号をメモしよう。コンビニのマルチコピー機で8桁の予約番号を入力するとプリントアウト可能だ。

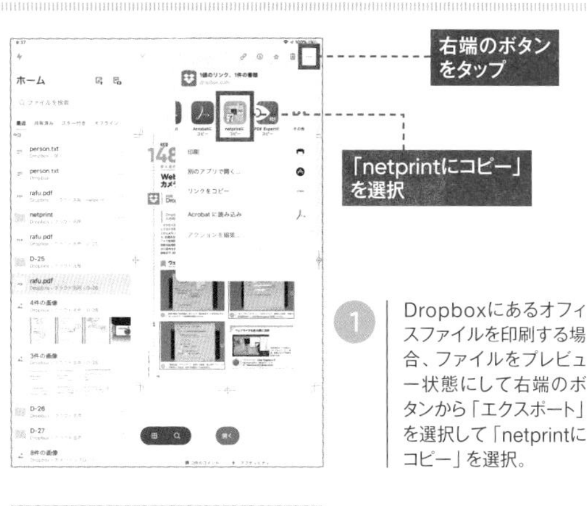

1 Dropboxにあるオフィスファイルを印刷する場合、ファイルをプレビュー状態にして右端のボタンから「エクスポート」を選択して「netprintにコピー」を選択。

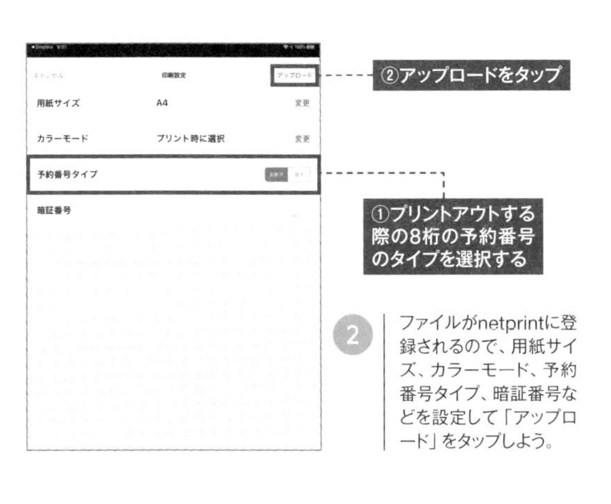

2 ファイルがnetprintに登録されるので、用紙サイズ、カラーモード、予約番号タイプ、暗証番号などを設定して「アップロード」をタップしよう。

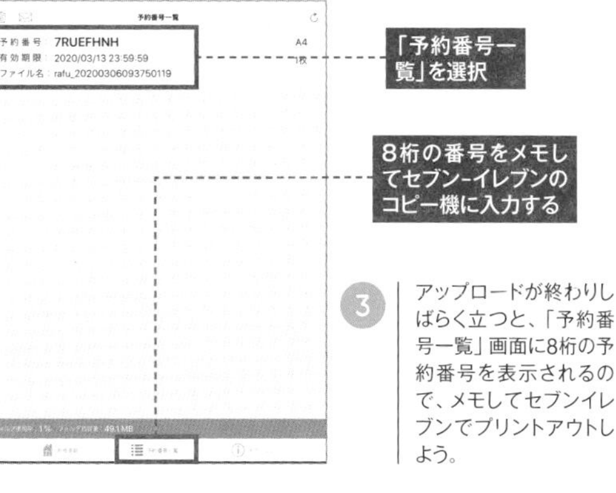

3 アップロードが終わりしばらく立つと、「予約番号一覧」画面に8桁の予約番号を表示されるので、メモしてセブンイレブンでプリントアウトしよう。

144

▶ 普段使っているクラウドも、繋げれば数倍便利に!
▶ SNSやRSSとEvernoteを繋げて情報収集
▶ GmailやLINEとの連携にも対応!

数百種類以上のネットサービス、スマホを自動連携するサービス

自動処理サービス「IFTTT」でクラウドを縦横無尽に活用しよう

APP
IFTTT
https://ifttt.com/

IFTTTは、2つのクラウドサービスを連携させてさまざまな自動処理を行うサービス。たとえば「TwitterからEvernote」といった単純な処理だけでなく、複数のレシピを組み合わせたり、新しいWebサービスを知る手がかりにもなる。使い込むほどに奥が深いシステムだ。

IFTTTの基本と、一歩進んで活用するためのヒント

クラウドサービスは、すべてのデータがインターネット上に存在している点が大きな特徴。IFTTTは、その特徴を活かして2つのクラウド／ネットサービスを繋げ、指定した条件でさまざまな自動処理を実行できるサービス。処理条件と内容を指定した「アプレット」を登録するだけで、ユーザーは何もしなくても自動的にクラウド上のデータを処理してくれる。無料ユーザーは3つアプレットを作成できる。

IFTTTの基本的な利用手順

①「Services」で利用するサービスを登録
↓
②アカウントメニューから「New Applet」を開く
↓
③「If this」で処理条件を指定（トリガー）
↓
④「Then That」で処理する内容を指定(アクション)
↓
⑤作成したアプレットは「My Applets」で管理

アプレット作成だけでなく、さまざまな機能を駆使して活用する

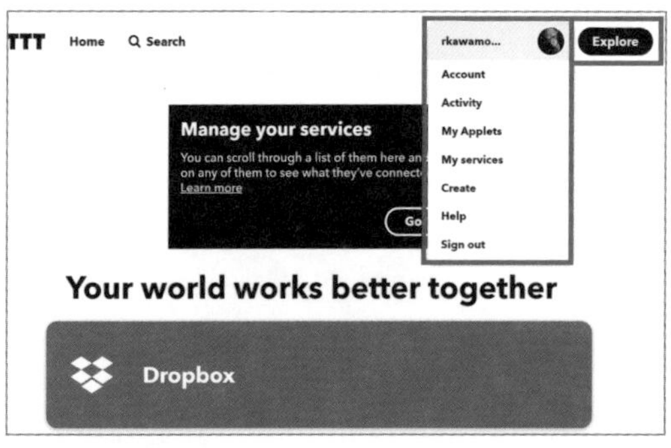

1 IFTTTにログインし、右上のアイコンをクリックすると、連携するWebサービスの接続や管理ができる。

2 Webサービスの連携は「アプレット」を作成して行う。トリガーとアクション、それぞれのWebサービスを指定する、という考え方だ。

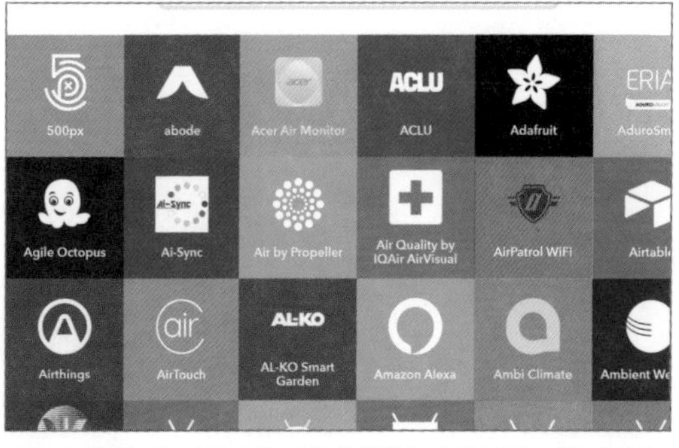

3 対応しているWebサービス数は膨大。クラウドサービスを始め、SNSやRSSフィードなども組み合わせて利用できる。

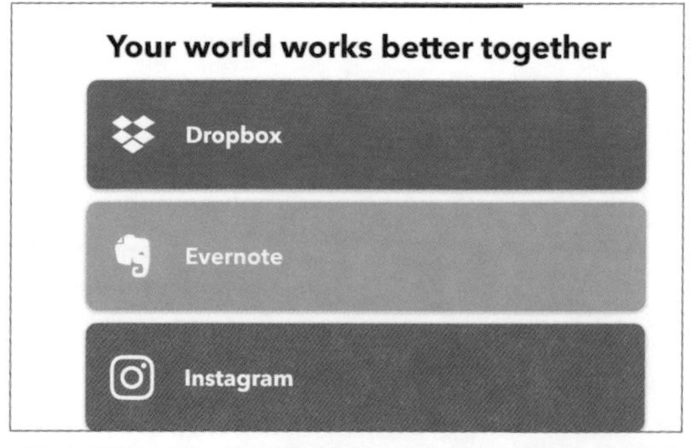

4 便利なアプレットは多数用意されており、自分で作成する必要もない(106ページ参照)。サービス名から利用したいアプレットを探そう。

こんな用途に最適!

▶ Chromeを使えばクラウドがもっと便利になる
▶ Gmailの機能をさらに強化して使う
▶ 便利な機能拡張をChromeストアで探そう

145

ブラウザから直接クラウドを利用できる機能拡張を見つけよう

Chromeに機能拡張をインストールしてクラウドをより便利に利用する

GoogleのWebブラウザ「Chrome」には数多くの機能拡張が用意されており、各種クラウドサービスをブラウザから利用するものもリリースされている。用途と環境に合わせて、機能拡張をインストールして、クラウド環境をもっと便利にしよう。

App
Chrome

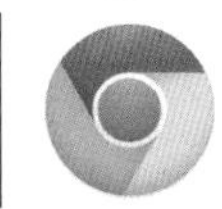

Chromeウェブストアから機能拡張を入手してブラウザをパワーアップさせる

Chromeの機能拡張は、ウェブストアにアクセスして簡単にインストールできる。下記の機能拡張名や、クラウド名で検索するとクラウド関連の機能拡張が見つかる。あとは各機能拡張のインストールボタンをクリックすれば、アドレスバーの右にアイコンが追加され、機能が利用できる。利用しなくなった場合は、Chromeメニューの機能拡張を開き、無効化やアンインストールが行える。

Chromeウェブストア
https://chrome.google.com/webstore/

ブラウザとクラウドをスムーズに連携させるChrome機能拡張

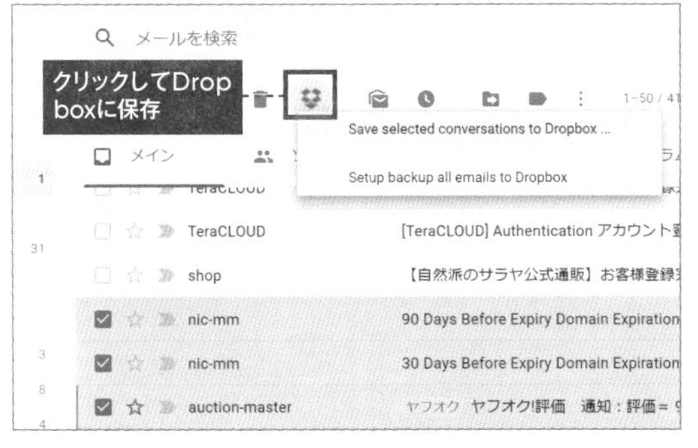

1 **Save Emails to Dropbox by cloudHQ**
Gmailで受信したメールをブラウザ上からクリック1つでPDF形式にしてDropboxに保存できる拡張機能。

2 **Gmail版Dropbox**
Gmailでメールを作成する時、Dropboxから直接ファイルを送信できる。

3 **Googleドライブに保存**
表示しているページを画像形式やリンクとしてGoogleドライブに保存。

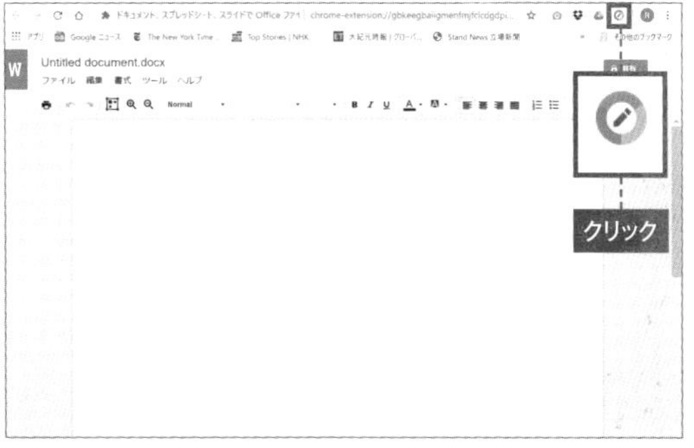

4 **ドキュメント、スプレッドシート、スライドでOfficeファイルを編集**
クリック1つでGoogleドキュメントやGoogleスプレッドシートを作成できるGoogle純正のアドオン。

146

▶ ブラウザも画像編集アプリも、同期して使おう
▶ どこでも同じ環境でPCアプリが使える
▶ 複数台PCへのアプリ導入が簡単に

複数の拠点で同じソフトウェア環境を簡単に構築できる

ポータブルアプリやアプリ設定を同期して好みのソフトをいつでも利用する

APP
Dropbox

USBメモリなどに入れて同じ環境を持ち歩くためのポータブルアプリ。これをクラウドで同期させれば、同期したすべてのパソコンで同じ設定・環境のアプリが利用できるようになる。ブラウザやメーラー、メッセンジャーなどのコミュニケーションツールに向いている。

同期したパソコンで、同じ設定のアプリを使う

「ポータブルアプリ」とは、パソコン本体にインストールせずに、そのまま実行できるプログラムのことで、もともとはUSBメモリなどのストレージに保存して、いつでもどこでも同じ環境のアプリを使えるようにする目的で開発されている。このアプリをDropboxで同期することで、同一設定のアプリを同期したすべてのパソコンで利用できる。

Site あらゆるジャンルのソフトを配布

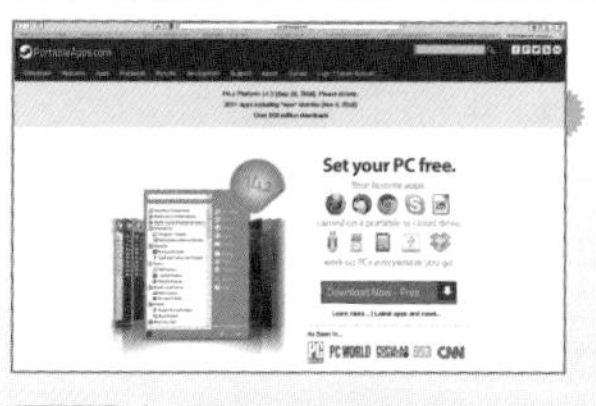

オープンソース中心のアプリを配布している。アプリの入手は「Apps」メニューから行える。

Site **PortableApps.com**
作者●PortableApps.com　料金●無料
URL ●http://portableapps.com/

ポータブルアプリをDropboxへ同期して利用しよう

設定や動作に必要なファイルもすべてクラウドへ導入される

上記サイトで配布しているアプリはインストーラが用意されており、インストール先をDropboxの任意のフォルダへ指定することで、ポータブルアプリとして利用できる。アンインストールはフォルダごと削除すればOK。もちろん、このサイト以外のアプリも、解凍してすぐに起動できる。フリーソフトなども同期しておくと便利だ。複数台のパソコンを使うユーザーには便利なテクニックだ。

1 PortableApps.comの上部メニューから「Apps」をクリックして、各ジャンルから利用したいポータブルアプリをダウンロードする。

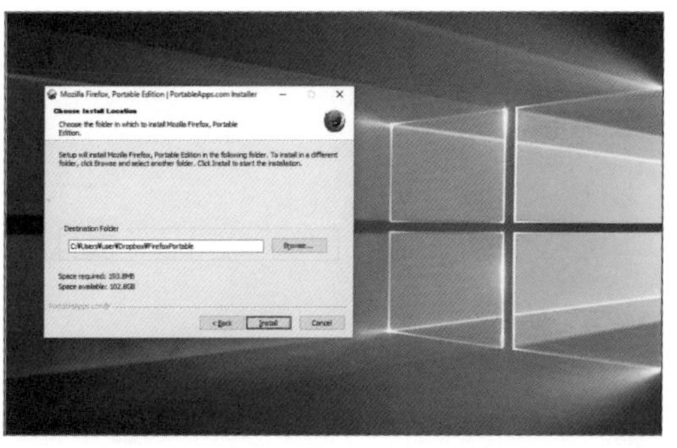

2 ダウンロードしたインストーラを起動して、画面に従ってインストールを進める。保存先は、Dropboxの任意のフォルダを指定。

3 これで同期したパソコンで同じアプリが起動できる。設定ファイルもすべて同期されるので、まったく同じ環境で利用可能。

こんな用途に最適!
- 最小限の通信量でパソコンを高度に遠隔操作
- アップした写真の加工など用途は様々
- バッチファイルを使えば複雑な処理も可能

ファイル変更をトリガーにさまざまな処理を実行

Dropboxを利用して、遠隔地のパソコンでプログラムを自動的に実行する

Dropboxのフォルダ同期機能とフォルダ監視ツールを使って、遠隔地のパソコンで様々な処理を実行してみよう。音楽を再生したり処理時間のかかるバッチ処理を実行するなど、他のアプリケーションと組み合わせて様々な処理を遠隔実行できる。

APP
Dropbox

Dropboxをプログラム起動用に活用する

登録したすべてのコンピュータで指定フォルダを同期させるDropboxの機能を応用したテクニック。フォルダの更新状態を監視するツールを組み合わせることで、外出先からDropboxフォルダを更新させることで、指定した処理を実行させることができる。外出先から自宅のパソコンで何か処理させたい場合や、プログラムを起動させるなどアイデア次第。

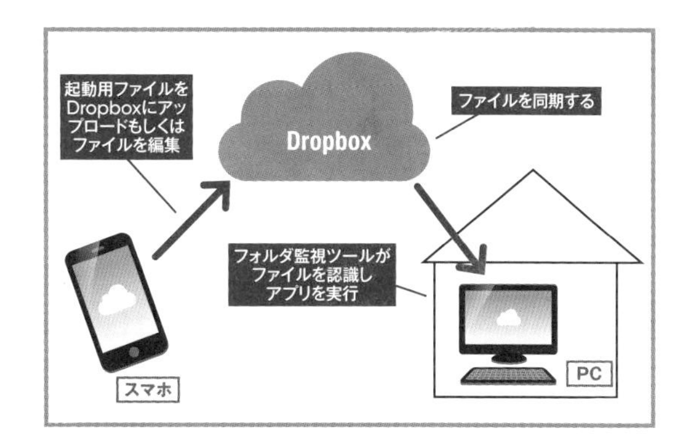

Dropboxのフォルダを監視して任意の処理を自動実行させよう

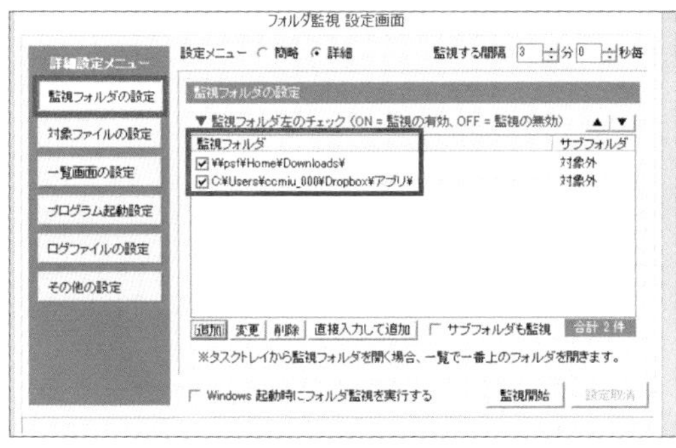

1 「フォルダ監視」の設定メニューを「詳細」に設定し「監視フォルダの指定」で、Dropboxの任意の監視用フォルダを指定する。

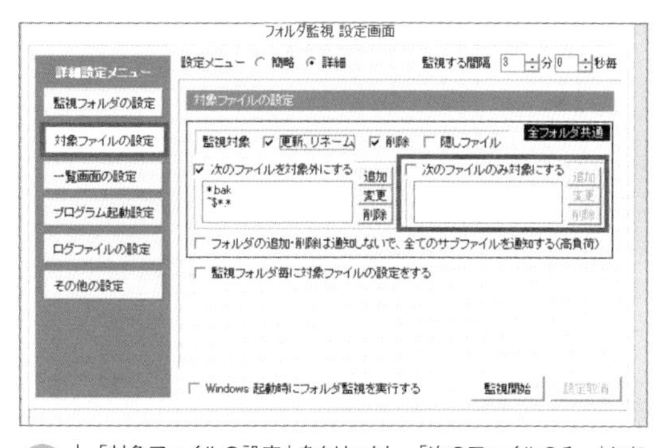

2 「対象ファイルの設定」をクリックし、「次のファイルのみ～」に処理を実行するきっかけになるファイル名を登録する。

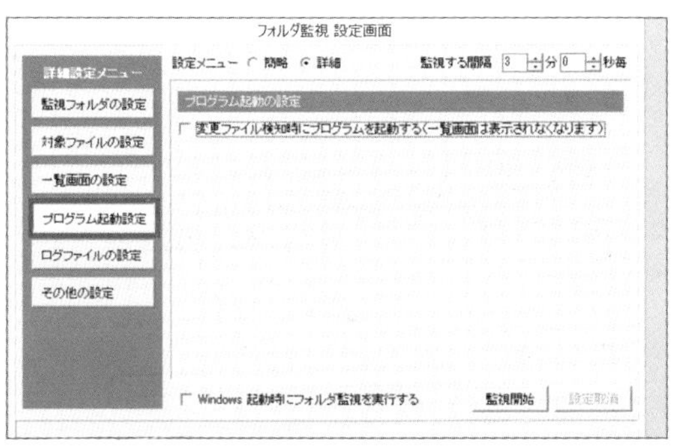

3 「プログラム起動設定」をクリックして「プログラム」に、ファイルが登録されたときに実行するプログラムを指定する。例えば、ファイルのダウンロードが完了したらすぐに再生する……という感じのことができる。

TOOL

フォルダを監視して様々な処理を実行

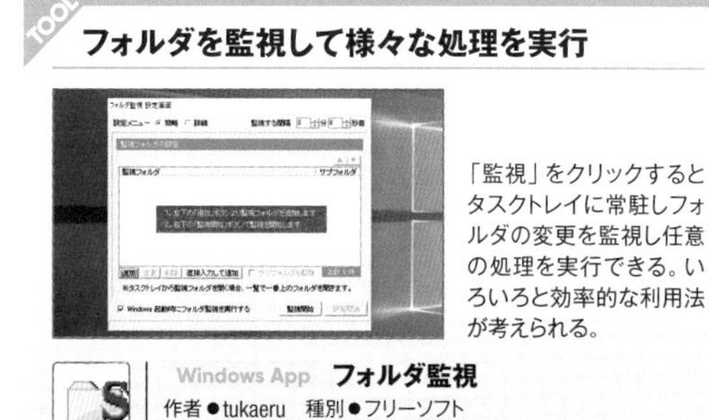

「監視」をクリックするとタスクトレイに常駐しフォルダの変更を監視し任意の処理を実行できる。いろいろと効率的な利用法が考えられる。

Windows App **フォルダ監視**
作者●tukaeru　種別●フリーソフト
URL ●http://www.saberlion.com/tukaeru/

上級

148

こんな用途に最適!
- 外出や旅行で自宅の様子が気になるアナタに!
- ペットや植物の様子を欠かさずチェック
- 動態検知で、侵入者の監視もできる

侵入者の監視からペットの様子まで、活用法はさまざま

WebカメラとDropboxを組み合わせてカメラ監視システムを構築する

APP
Dropbox

飼っているペットの体調が悪いときに、どうしても外出しなくてはいけない時など、外出先からその様子を確認したくなる場合があるだろう。そんな時のために、クラウドストレージとカメラを組み合わせて、簡単な室内監視システムを作ってみよう。

Dropboxで簡易的な室内監視システムを構築できる

クラウドストレージDropboxとウェブカメラ、そしてカメラを制御するフリーソフトを組み合わせることにより、簡易的な室内監視システムを構築できる。仕組みは簡単で、ウェブカメラの映像を監視ソフトで定期的に撮影してDropboxへ保存するだけ。画像は自動的にクラウドへ同期されるので、外出先から室内をチェックできる。セキュリティの向上や趣味まで、利用範囲は広い。

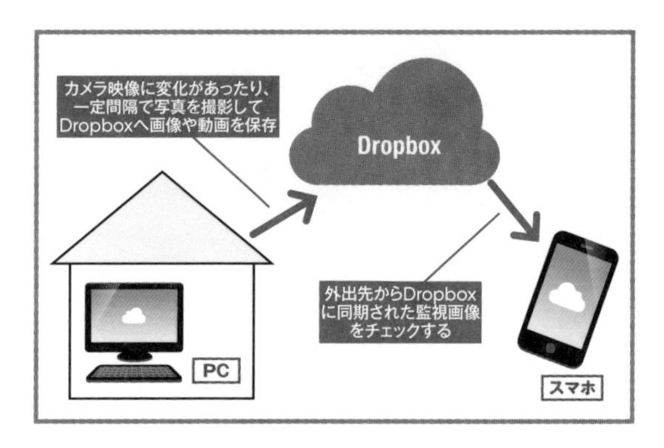

ウェブカメラと「LiveCapture 3」で室内を外出先から監視

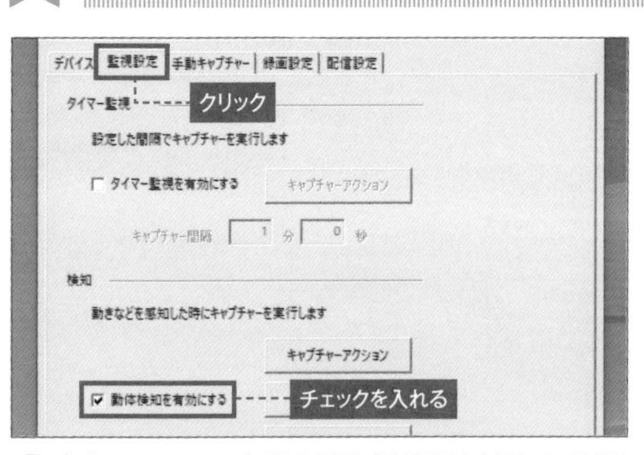

1 「Live Capture 3」の設定を開き「監視設定」をクリック。動体検知モードを有効にする。もしくはタイマーで定期的な撮影も行える。

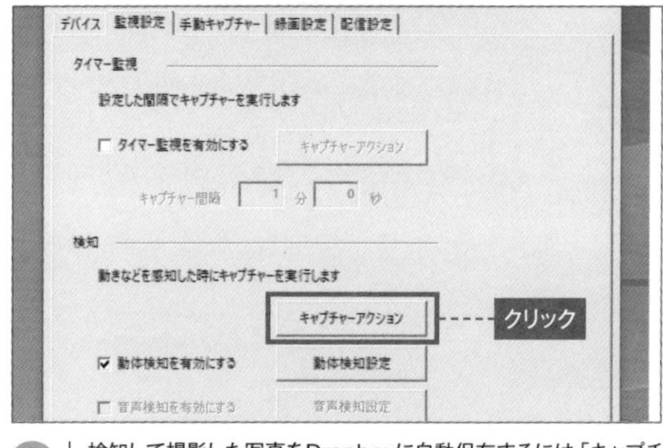

2 検知して撮影した写真をDropboxに自動保存するには「キャプチャーアクション」をクリック。

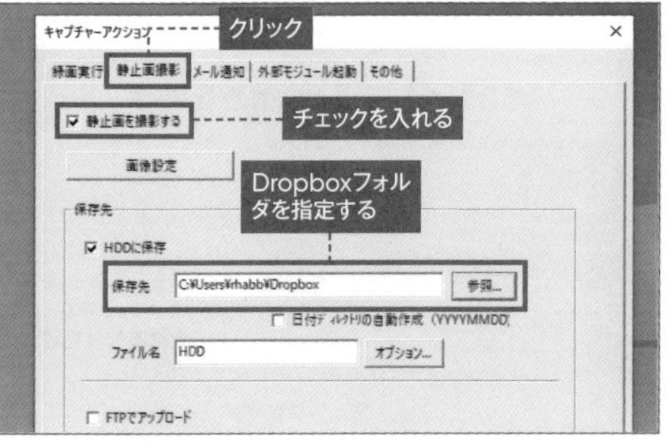

3 「静止画撮影」タブを開き、「静止画を撮影する」にチェックを入れる。「HDDに保存」にチェックを入れ「参照」からDropboxフォルダを指定する。

TOOL

ウェブカメラを最大限に活用

動体検知モードも備えたライブカメラソフト。画像、動画でカメラ映像を記録できる。

Windows App **Live Capture 3**
作者●市川 由紀夫　種別●フリーソフト
URL ●https://lc3.daddysoffice.com/

応用

こんな用途に最適!
- ▶ 共有ファイルにコメントを付けたい
- ▶ ファイルを通したコミュニケーションに便利
- ▶ ダウンロードすることなく閲覧できる

149

共有ファイルにコメントをつけ合おう

面倒なツールは不要! Dropbox上でプレビューを表示させて議論しよう

Dropboxではほかのユーザーと共有しているファイルにコメントを付けたり、付けられたコメントに返信することができる。複数のユーザーと資料内容を検討しているときに利用すれば、円滑に共同作業が進むだろう。

APP
Dropbox

共有しているファイルにコメントを付けよう

Dropboxで共有しているファイルにコメントする方法は2つある。1つはファイルに対してコメントする場合で、この場合は「コメント」と表示されたテキストボックスに文章を入力すればよい。付けたコメントは共有ユーザーなら誰でも閲覧できる。もう1つはコメントに対して返信したい場合で、この場合は「リプライ」欄に返信文を入力すればよい。

TIPS

Dropboxの便利なファイルプレビュー機能

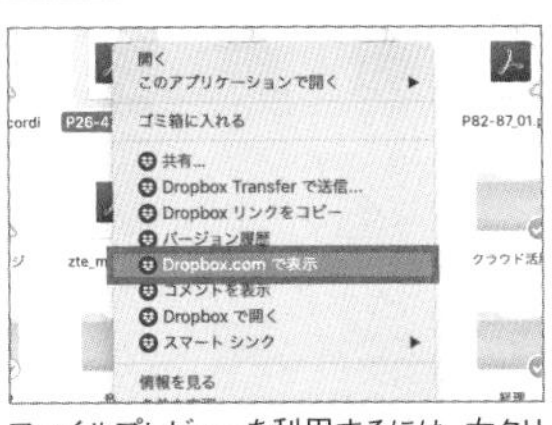

ファイルプレビューを利用するには、右クリックして「Dropbox.comで表示」をクリックしよう。

Dropboxはビューア機能としても優れている。ローカルにファイルをダウンロードしなくても、Dropbox内蔵のファイルプレビュー機能で、ほとんどのファイル内容を閲覧でき、コメントを追加することが可能だ。ただし、プレビュー機能はファイル編集はできない。

ファイルにコメントを付ける

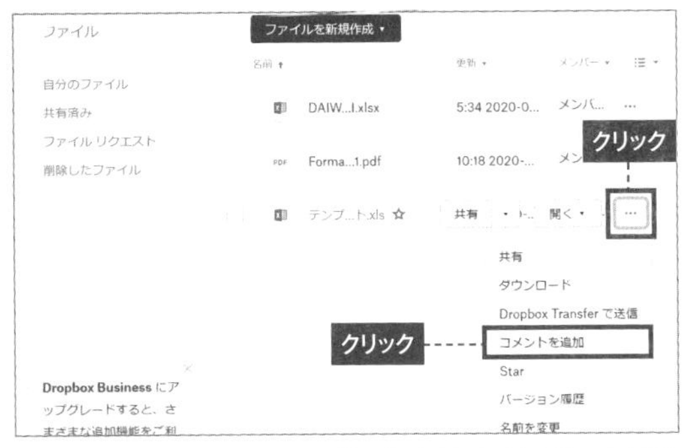

1 コメントを付けたいファイル横の「…」をクリックして「コメントを追加」を選択しよう。

2 入力フォームにコメントを入力して「Post」をクリックしよう。コメントが投稿される。

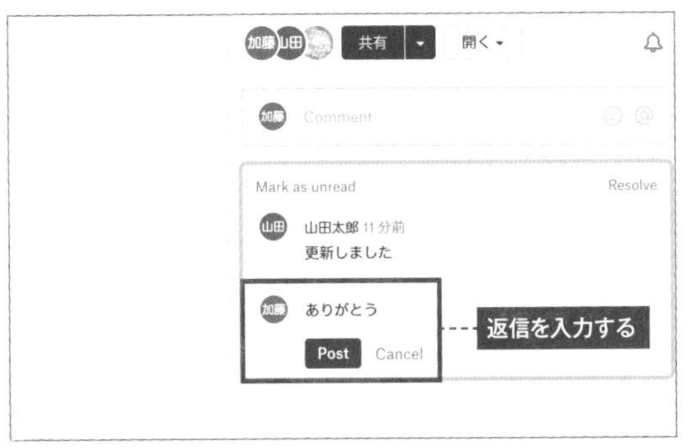

3 コメントに対してリプライする場合は、新しく入力フォームにコメントを入力するのではなく、コメントをクリックして返信を入力しよう。

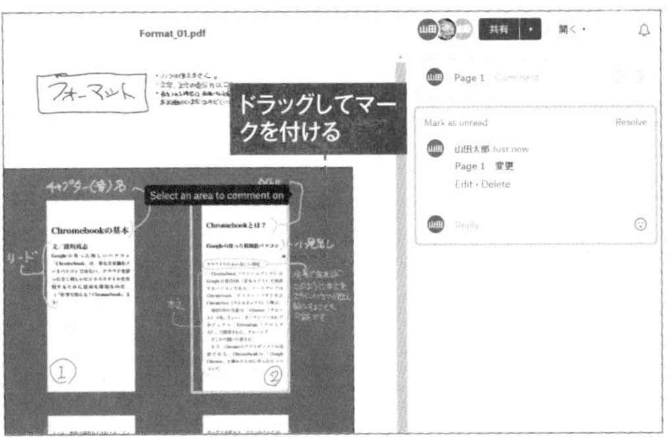

4 PDFの場合は修正した箇所にマークを付けてコメントを残すことができる。どこを指摘しているのかわかり便利だ。

150

- 複数のクラウドサービスを連携させる
- SNSの情報を効率よく収集する
- おもにスマホでクラウドサービスを使う人に便利

複数のクラウドサービスを連携させよう

IFTTTのおすすめアプレットを使ってみよう

APP
IFTTT

IFTTTで作成できるアプレットは無限にあり、どの組み合わせを選択するかは悩みどころ。そこで、ほかのユーザーが作成し配布している人気アプレットを利用しよう。また、使いこなすならブラウザ版よりスマホ版アプリがおすすめだ。

スマホ版IFTTTのほうがアプレットの管理や追加が簡単

IFTTTはパソコン上だけでなくスマホ用アプリも配信されているが、アプレットの追加や管理はスマホ版の方が便利。スマホ版メニューの「My service」から利用するクラウドサービスを選択すると、自分が追加したアプレットが表示される。ここで、オン・オフを切り替えることが可能だ。アプレット管理画面で「Connected」状態になっている場合は「Connect」に変更すればオフになる。

APP
あらゆるジャンルのソフトを配布

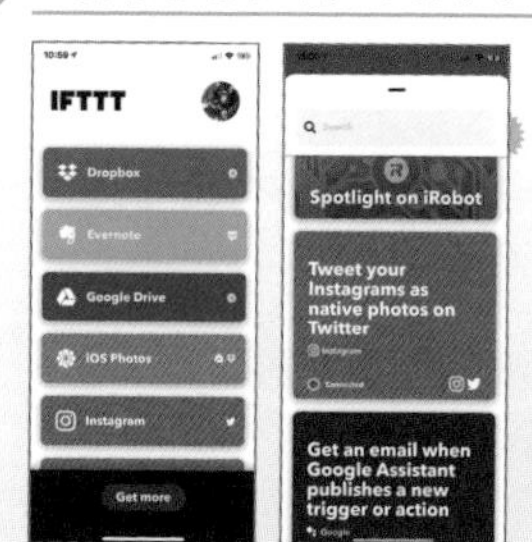

スマホ版アプリのホーム画面。ブラウザ版とやや違うがインターフェースは洗練されており使いやすい。各アプリ名をタップすると利用しているアプレットやおすすめのアプレットが表示される。

APP IFTTT
作者●Connect every thing
価格●無料
カテゴリ●仕事効率化

便利なおすすめアプレット

・Save your Instagrams to Dropbox

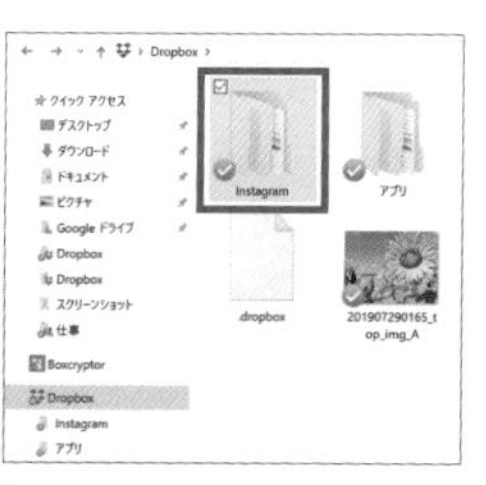

Instagramにアップロードした写真を自動でDropboxに保存できる。

・Save your favorite tweets in an Evernote notebook Activity

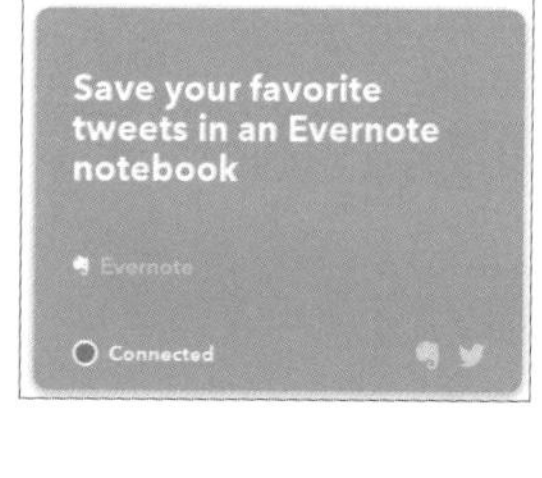

Twitter上で「いいね」をしたツイートだけをEvernoteのノートとして保存する。

・Tweet your Instagram as native photos on Twitter

Instagramにアップロードした写真を自動でTwitterに写真を添付して投稿する（Instagramへのリンクではない）。

・Back up your Facebook status updates to Evernote

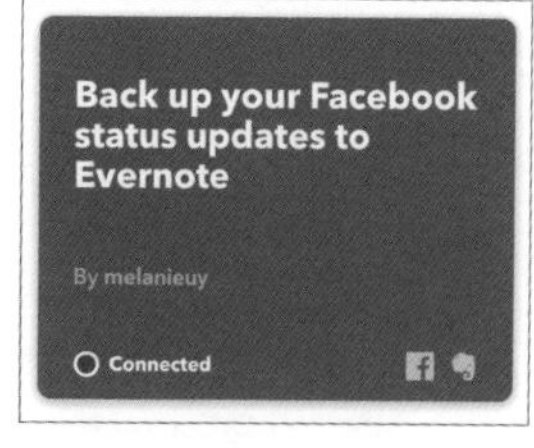

Facebookに投稿した内容を自動でEvernoteにもノートとしてバックアップする。

おすすめ クラウド 集中講座

ここでは本編では扱わなかったが、非常に魅力的で実用的なクラウドツールを3つ紹介する。

OneDriveはMicrosoftが尽力して作り上げた統合型クラウドツールで、Dropbox、Googleドライブ、Evernote、それぞれと同等の機能が使える優れものだ。

iCloudは、Macユーザーにはおなじみであるが、Windowsユーザーにも有益な使い方があるので便利な使い方を紹介している。

Notionは、人気が爆発しているクラウド的ノートツール。Evernoteに近いが、あらゆる要素を自分で柔軟にカスタマイズできる優れものだ。

本編と併せて、これらのツールも使って、より快適にクラウドを使っていこう。

おすすめ
クラウド
集中講座
1

▶ ひらめいたアイデアを記録して同期する
▶ Webの情報収集・思考整理に活用する
▶ Officeの編集を無料で行なえる

Microsoft純正のクラウドストレージ＆便利なツール

OneDrive

Microsoftのクラウドサービス「OneDrive」とOfficeアプリを使いこなす

Windows 10標準ゆえの使い勝手の良さが光る！

Microsoftの「OneDrive」は、Windows 10の標準機能として備わっているため、最も気軽に利用できるクラウドサービス。Windows 10ではエクスプローラと統合されており、オンラインストレージであることを忘れるほど使い勝手がいい。また、Macユーザーも Microsoftアカウントを発行すれば利用できる。

Officeツールとの親和性の高さも魅力だ。便利なメモツール「One Note」は、スマホやタブレットなどの広い環境で利用可能で、どこでも同じメモを確認できる。また、ブラウザ上で利用できるWebアプリ「Office Online」も便利。Officeのない環境でも、内容の確認や簡易的な編集ならこなせるほど優秀だ。

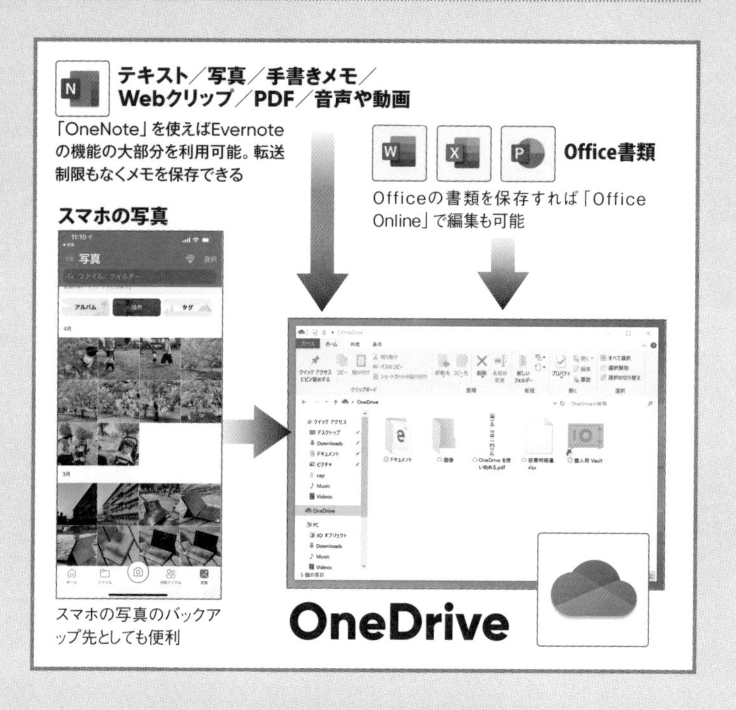

Tool **OneDrive**
作者●Microsoft Corporation　料金●無料
URL ●https://onedrive.live.com/about/ja-JP/download/

Tool **OneNote for Windows 10**
作者●Microsoft Corporation　料金●無料
URL ●https://www.microsoft.com/ja-jp/p/onenote-for-windows-10/9wzdncrfhvjl

OneDriveにアクセスする方法

1

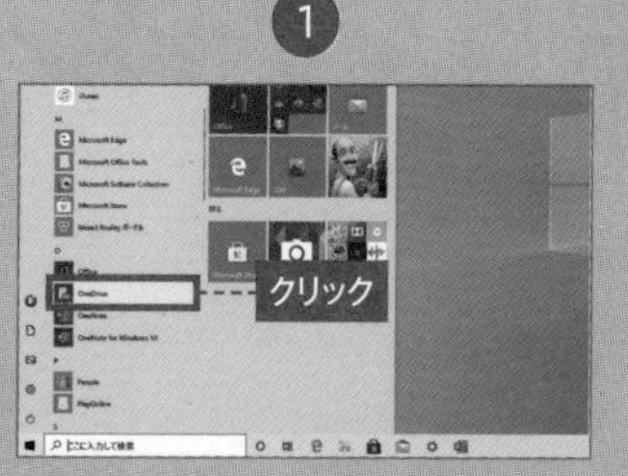

Microsoftアカウントでサインイン済みなら、スタートメニューから「OneDrive」をクリックして起動できる。

2

「エクスプローラー」のナビゲーションウィンドウにある「OneDrive」をクリックしてもいい。

3

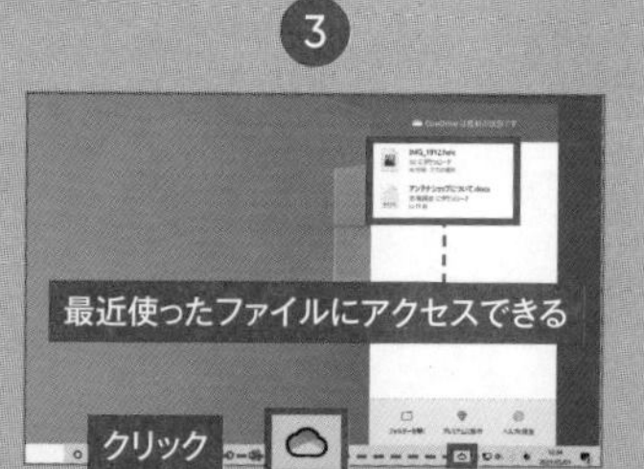

タスクバーの「^」からOneDriveのアイコンをクリックすると、最近利用したOneDriveのファイルに素早くアクセスできる。

01 作業中のファイルを同期して複数のPCで活用する

OneDriveを標準の保存場所にして編集中のファイルを引き継ぐ

OneDriveが最も便利に感じる点は、エクスプローラと統合されているところにある。ファイルの保存場所としてOneDriveを指定しておけば、自動的にファイルはオンラインと同期され、どの場所からも常に最新のファイルにアクセスできる。これが活躍するのが、デスクトップとノートPCのように作業環境を変えるときだ。例えばデスクトップとノートPCで同じMicrosoftアカウントでサインインしておけば、オフィスで作業中のドキュメントもノートPCで外出先から編集できる。ノマドワークやテレワークが一般的になっている昨今では「どこでも」データにアクセスできるOneDriveは頼りになるサービスだ。

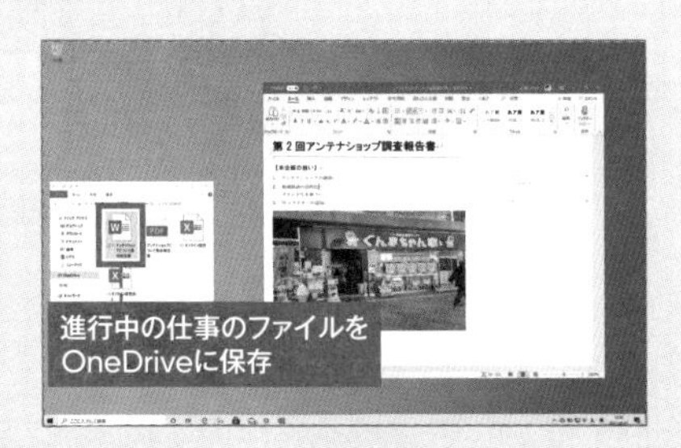

同じOneDriveにアクセス

編集中のドキュメントはOneDriveに保存しておけば、急な外出が差し込まれても、外出先から同じファイルにアクセスできる。

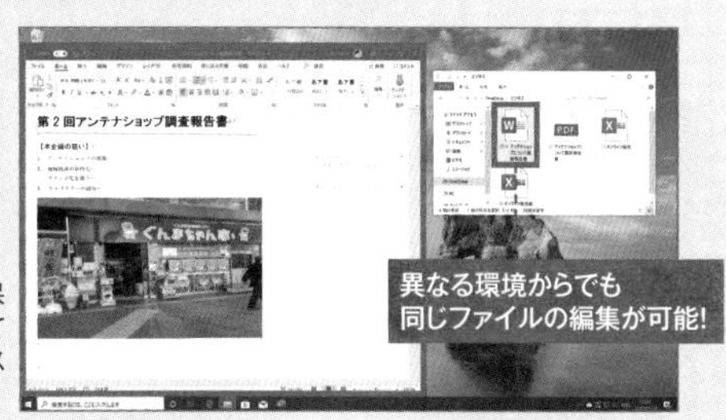

02 スマホやタブレットでファイルを編集する

スマホやタブレットで移動中でもOneDriveの確認が可能

OneDriveはPCだけではなく、スマホやタブレット用アプリも用意されていて、ハードや環境を問わずストレージを利用できるのが強み。どこでもデータ通信が利用できるスマホやLTEモデルのタブレットがあれば、電車の中など移動中であっても書類の確認が可能。編集中のファイルがOffice文書の場合は、端末にMicrosoftのOfficeアプリをインストールしておけば、PCでの編集をスマホやタブレットで引き継ぐこともできる。画面が大きなタブレットとは特に相性が良く、重いノートPCを持ち歩くよりもフットワーク軽く、カジュアルに作業を持ち出せるのは大きな利点。ノマドワークの新しい武器として、導入してみよう。

1 同じMicrosoftアカウントでサインインすれば、スマホからも作業中のファイルを確認できる。Officeアプリがインストールされていれば編集も可能だ。

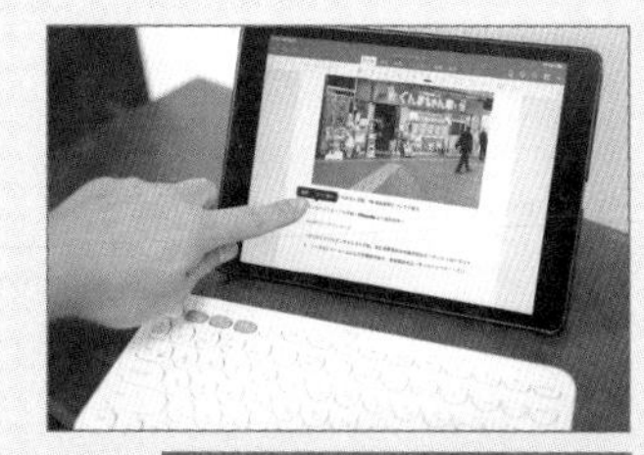

2 画面の大きなタブレットなら、編集時の勝手も良い。Officeアプリも使いやすく、移動中の編集も実用的だ。

03 「OneNote」を使えばEvernoteは不要になる

「OneNote」は何でも保存・同期できる多機能デジタルノート

本誌でも紹介している「Evernote」は、多機能で使いやすいメモサービス。機能も非常に豊富だが、有料プランと無料プランで利用できる機能が大きく異なる。特に無料プランは制限が多く、不自由を感じることも多いので、対抗馬として「OneNote」も検討してみよう。

OneNoteはOneDriveを利用してメモを同期できるメモアプリで、Evernote同様、さまざまな情報をメモしたり、タスクを整理したり、Web記事をスクラップできる。保存容量はOneDriveの容量に依存するので、無料プランでも最大5GBまで利用でき、同期端末数にも制限がない。Windows 10には標準で「OneNote for Windows 10」が用意されているので、そちらを利用していこう。

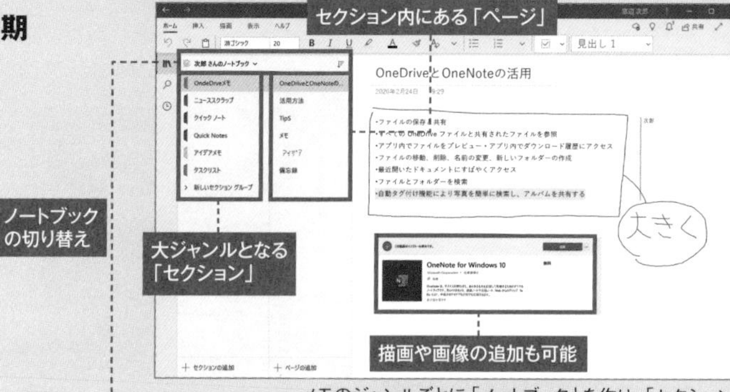

メモのジャンルごとに「ノートブック」を作り、「セクション」でカテゴリを分け、セクションごとにメモの内容である「ページ」を追加していく

「OneNote」と「OneNote for Windows 10」の違い

「OneNote for Windows 10」はWindows 10に標準で付属。「OneNote」はOffice 2019や Microsoft 365の一部として提供されているが、無料でダウンロードも可能。画面のデザインは違うが、クラウドでメモを同期できる点は共通なので、使いやすい方を選ぼう。

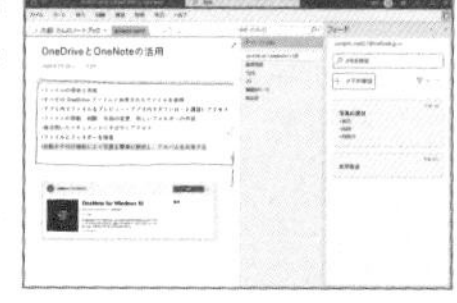

04 「Office Online」でWord、Excelも無料で使える

OfficeがなくてもOK 公式のWebアプリで編集できる!

Word文書やExcelの表データなど、Office文書を表示・編集するには、OfficeがインストールされているPCが必要だ。しかし、OneDriveの機能の一つである「Office Online」を利用すれば「Word」「Excel」「PowerPoint」などの代表的なOfficeスイートをブラウザ内で利用できる。マクロが利用できないなど、ある程度の機能制限こそあれど、Microsoftが提供している機能なだけに、互換性は極めて高く、レイアウトのズレや計算式のエラーなども最小限だ。最近のアップデートでレスポンスが改善され、挙動もデスクトップアプリに近くなった。テレワークでも実用できるレベルなので、一度使って重さを感じた人も、再度試してみてほしい。

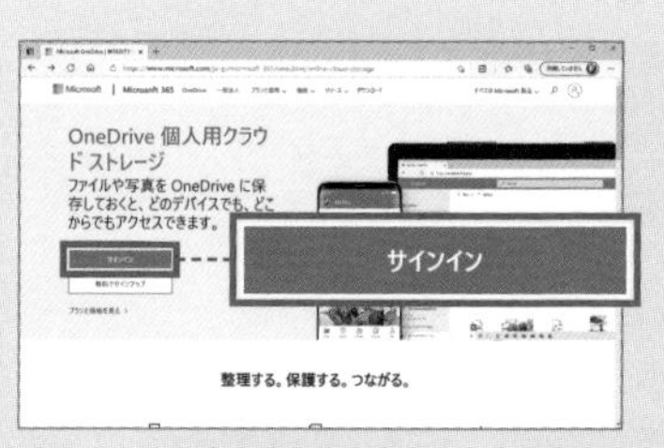

1 OneDriveのWebサイト（https://onedrive.live.com/about/ja-jp/）にブラウザでアクセスし、「サインイン」をクリック。

2 PCに設定しているのと同じMicrosoftアカウントを入力。次の画面ではパスワードを入力してサインインする。

3 エクスプローラから利用しているのと同じOneDriveにアクセスできる。開きたいOfficeファイルをクリックしよう。

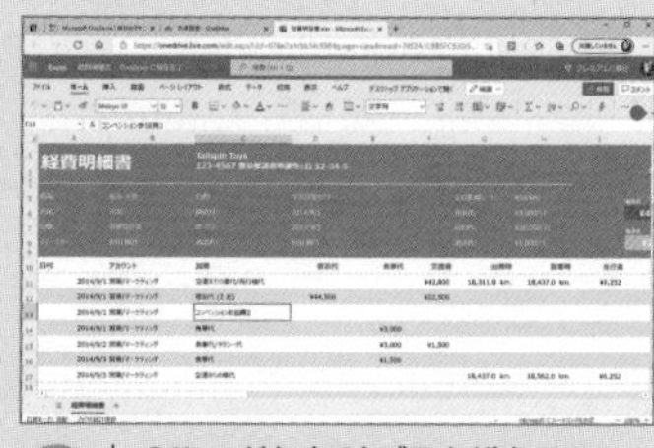

4 OfficeがなくてもブラウザでOffice文書を展開、編集することができる。

05 ファイルの共有リンクを送って複数人で共有する

グループワークに最適なOneDriveのファイルの共有

OneDriveに保存したファイルの実体はオンライン上に存在するため、手軽にファイル共有が可能だ。たとえばOfficeファイルを複数人で共同編集して管理したり、チーム内で内容をチェックしたりといったグループワークもオンライン上のやり取りで手軽にできる。方法としては、OneDrive内のファイルを右クリックして「共有」を選択、「リンクのコピー」からアクセス用URLを取得しよう。その後、コピーしたURLをメールなどで相手に伝えればOKだ。相手はブラウザから手軽にファイルにアクセスできる。共有したファイルがOffice文書の場合は、共有相手も「Office Online」を使ってブラウザ内で編集することもできる。

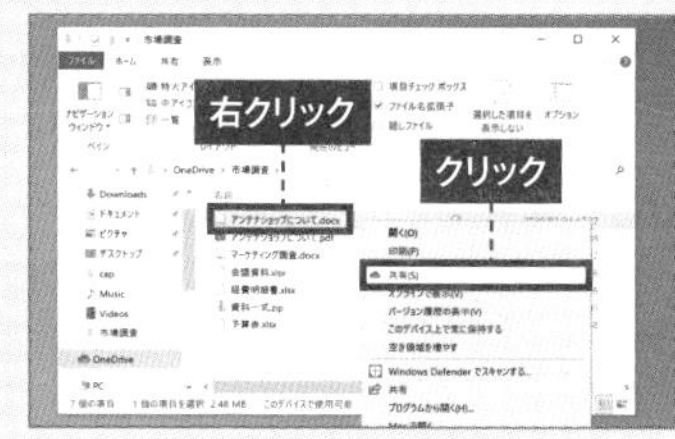

1 OneDrive内にあるファイルを右クリックし、「共有」をクリックする。

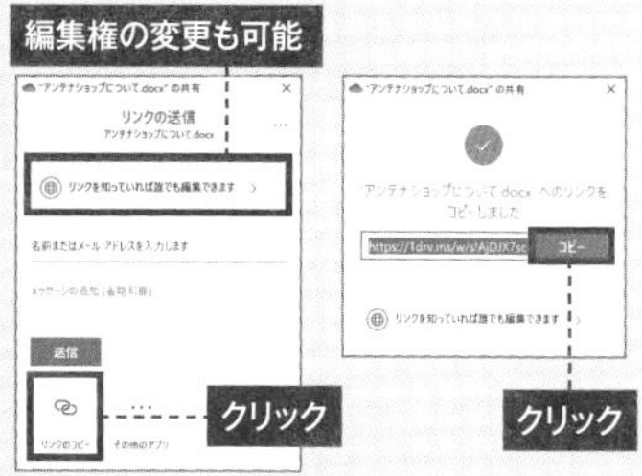

2 「リンクのコピー」をクリックし、表示されたリンクの「コピー」をクリック。共有リンクがコピーされる。

3 共有したい相手へのメールに共有リンクをペーストし、URLを伝えよう。

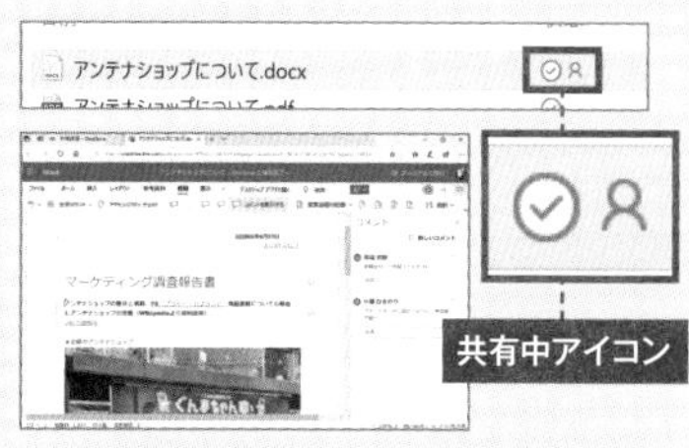

4 共有したファイルは共有中アイコンが付く。リンクを知っている人ならアクセスでき、複数人でのリアルタイム編集も可能。

06 有料プランを利用して大容量ファイルを保存する

保存容量は標準で5GB しかし100GBのプランも格安!

OneDriveは無料で5GBの容量があるが、ビジネスの書類に、メモにファイルに、画像に、動画に……と、なんでも保存していると容量不足を感じることもある。こうしたユーザーに向けてOneDriveを100GBに拡張できる有料プランも用意されている。価格は月額224円と激安なので、そちらも検討してみよう。

なお、Office 365 Personalのサブスクリプションを契約すると、OneDriveのストレージが1TBへと拡張される。また、ファイルの復元や共有リンクのパスワード保護なども可能になり、セキュリティ面も強化される。ビジネスでOfficeを利用するのであれば、Office 365 Personalを契約したほうが使い勝手がよい。

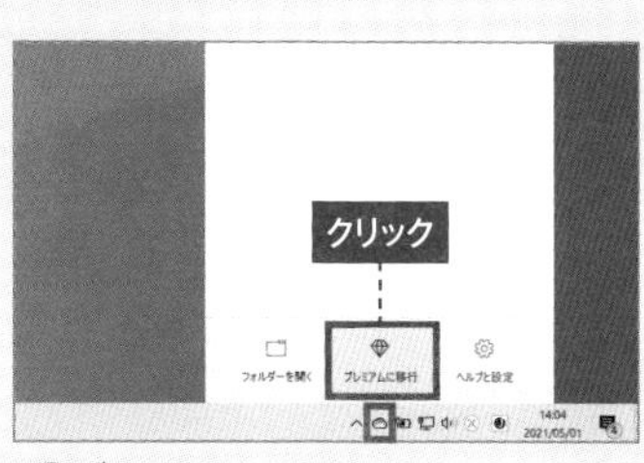

1 タスクトレイのOneDriveアイコンをクリックし、「プレミアムに移行」をクリックする。

2 ブラウザで「OneDriveのプランとアップグレード」画面が表示される。利用したい有料プランを次の2つから選ぼう。

3 プランは「Office 365 Personal」のサブスクリプションと、OneDriveのみのアップグレードで選べる。用途に合ったものを選ぼう。

Office 365 PersonalとOneDrive有料プランの違い

	Office 365 Personal	OneDrive 100GBプラン
価格	月額1,284円／年額12,984円	月額224円
容量	1TB	100GB
Office機能	Office 365が利用可能	－
セキュリティ	「Personal Vault」がストレージ上限まで利用可能／ランサムウェアの検出と復旧／ファイルの復元など	「Personal Vault」は3ファイルまで
生産向上ツール	複数ページのスキャン／オフラインフォルダー／共有の上限を増やす	－
ストレージの拡張	最大2TBまで(別途料金が発生)	－

07 オンデマンド同期でPCのストレージ不足も解消できる!

ファイルをオンラインのみにしてディスク容量を節約しよう

PCのストレージ不足にもOneDriveは便利だ。OneDriveでは「ファイルオンデマンド」機能で、PCのストレージを消費せずに、OneDrive上のファイルにアクセスできる。PCにはファイルへのリンクが残り、利用するときにデータがダウンロードされるしくみだ。利用する際にインターネット接続が必要になるが、ファイルの実体をPCに保存しないため、ストレージの圧迫を防げる。

なお、オフライン状態でも利用したいファイルは、ファイルを右クリックし、「このデバイス上で常に表示する」に設定。ストレージを節約したい場合は、「空き容量を増やす」を選べばいい。利用するたびダウンロードする手間はあるが、その分PCのストレージを空けられる。

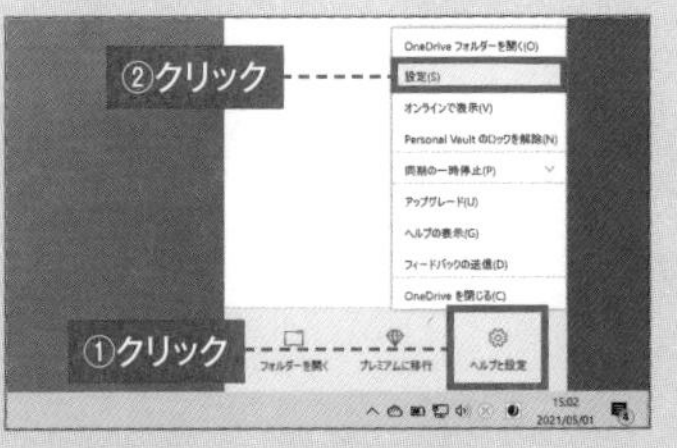

1 タスクトレイのOneDriveアイコンをクリックし、「ヘルプと設定」→「設定」とクリックする。

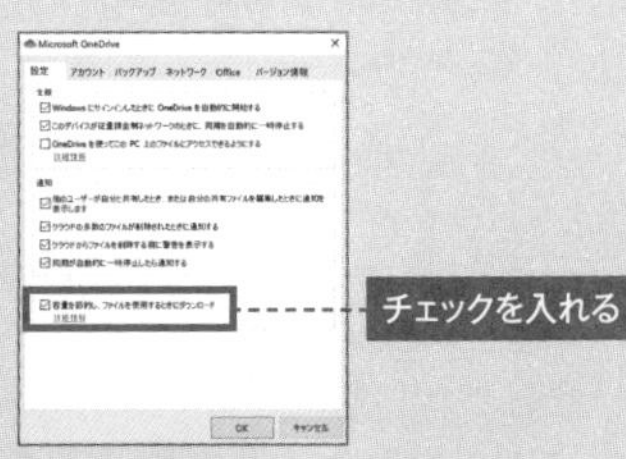

2 「設定」タブの「容量を節約し、ファイルを使用するときにダウンロード」にチェックを入れよう。

クラウドマーク……ファイルの実体がオンライン上にある
チェックマーク……ファイルがPCにダウンロード済みの状態（オフラインでも利用可能）

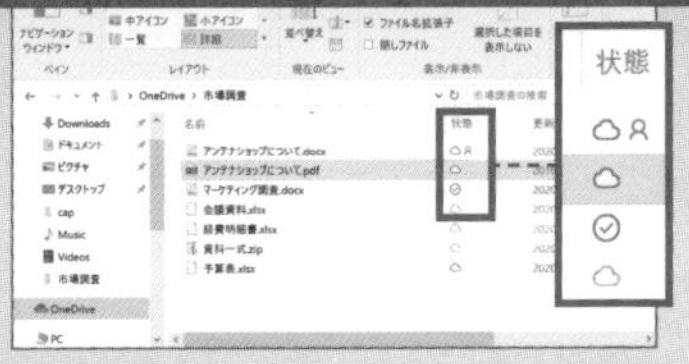

3 オンライン上にあるファイルはクラウドマークが付く。ファイルを開く際にPCにダウンロードされるようになる。

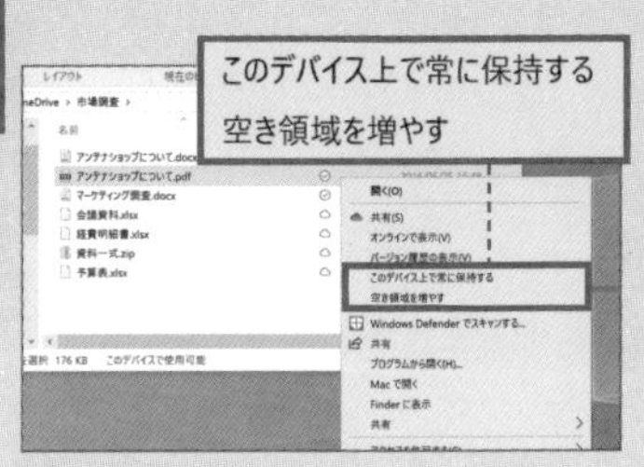

4 ファイルを右クリックし、「このデバイス上で常に表示する」もしくは「空き容量を増やす」で、ファイルの保存状態を変更できる。

08 スマホ写真のバックアップにカメラアップロード機能が便利!

スマホの写真を自動的にOneDriveへとバックアップ

スマホ写真の保管場所としては、「Googleフォト」などがメジャーだが、同様のことがOneDriveでも可能だ。スマホアプリの「カメラアップロード」を有効にすることで、スマホで撮影した写真や動画をOneDrive上にバックアップしておくことができる。OneDriveの容量は消費するが、PCにバックアップする手間もなくなるので便利な機能だ。

iOS **Microsoft OneDrive**
作者●Microsoft Corporation　料金●無料
カテゴリ●仕事効率化　対応●iPhone

Android **Microsoft OneDrive**
作者●Microsoft Corporation　料金●無料
カテゴリ●仕事効率化　対応●Android

初回起動時のセットアップ画面（iOS版）

1 OneDriveアプリのセットアップ中にカメラアップロードを有効にできる。ここで有効にしなくても、後ほど有効化もできる。

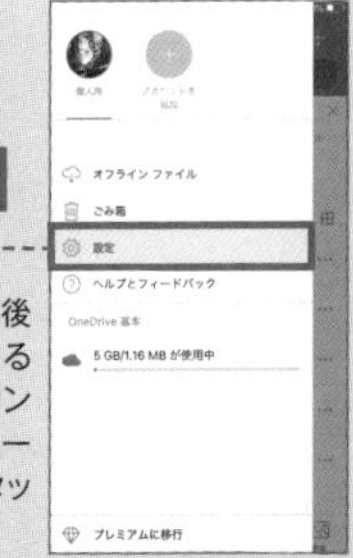

2 セットアップ後に有効にする場合は、自分のアイコンをタップして、メニューの中から「設定」をタップする。

3 設定画面で「カメラのアップロード」をタップ。アップロードしたいアカウント名を選び、アカウント名横のスイッチをオンにすればいい。

4 スマホ内の写真や動画がOneDriveへとアップロードされていく。PCで見たい場合はOneDriveの「画像」→「カメラロール」を開こう。

09 OneDrive上のメディアファイルをスマホでストリーミング再生

音楽・動画ファイルをスマホからストリーミング

端末上に実体を持たないOneDrive上のファイルを利用するには、原則的にファイルを一度端末へとダウンロードする必要がある。しかし、スマホ向けのOneDriveアプリには、ファイルのストリーミング機能があり、動画や音楽などのメディアファイルであれば、待ち時間なくストリーミング再生できる。ストリーミングは画質や音質は回線速度に応じて調整されるので、オリジナルと比べてやや落ちる場合もあるが、すぐに再生が始まるので、メディアの内容を確認したい場合は、OneDriveアプリがオススメだ。有料プランでOneDrive容量が潤沢にあるなら、メディアをOneDriveへとまるごと保存してしまうのも手だ。

PCではファイルのダウンロードが完了してから再生される

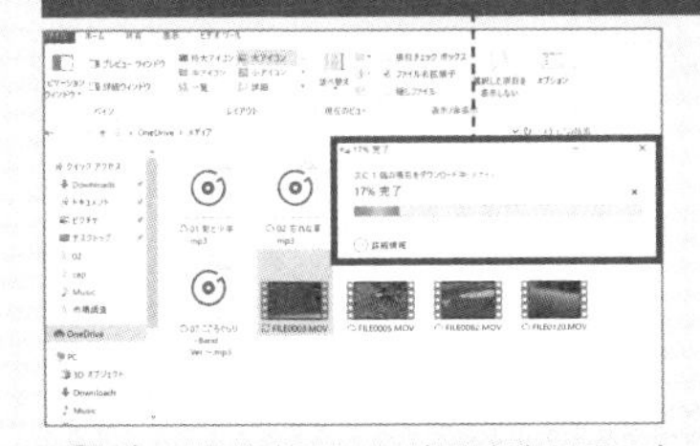

1 PCからOneDrive上のメディアファイルを再生するには、再生前にファイルをダウンロードする必要がある。

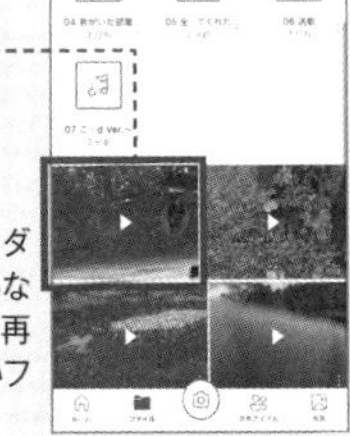

2 スマホではダウンロードしながらのストリーミング再生が可能。再生したいファイルを選ぼう。

3 再生前にストリーミングの準備が必要になるが、この画面は一瞬で終わる。

4 OneDrive上のファイルをストリーミングで再生できる。再生のたびにインターネット接続が必要だが、スマホの容量は圧迫しない。

10 Web上のあらゆる情報をワンクリックでOneNoteに保存する

Webの気になるニュースをOneNoteにスクラップしよう

OneNoteでの情報収集の必須ツールが、ブラウザの拡張機能として提供されている「OneNote Web Clipper」だ。こちらをインストールしておくことで、ブラウザで表示しているサイトをOneNoteへと素早くクリップできる。あとでじっくりと読み返したいニュースや、熟考したい話題など、どんどんクリップしてしまおう。

なお、ここでは「Microsoft Edge」での手順を紹介しているが、ChromeやFirefoxなどのブラウザでも拡張機能が配布されているので、自分の環境に合わせて導入しておこう。

Tool OneNote Web Clipper(Edge用)
作者●Microsoft Corporation　料金●無料
URL ●https://microsoftedge.microsoft.com/addons/detail/onenote-web-clipper/oogbnpmeihfgnccdnmmlgicknopghhma

1 「Edgeアドオン」から拡張機能をインストールしていく。確認画面では「拡張機能の追加」をクリック。

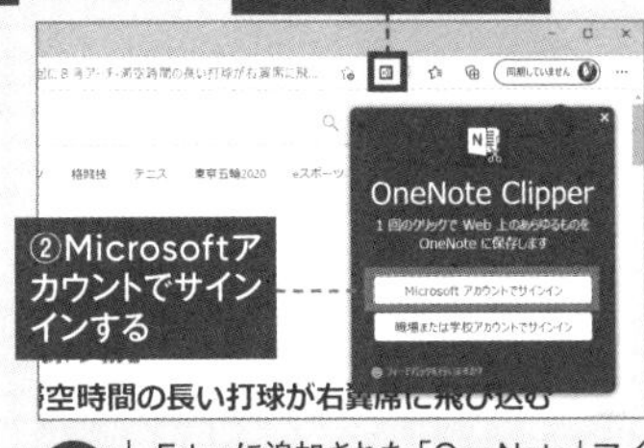

2 Edgeに追加された「OneNote」アイコンをクリック。初回はMicrosoftアカウントでのサインインが必要になる。

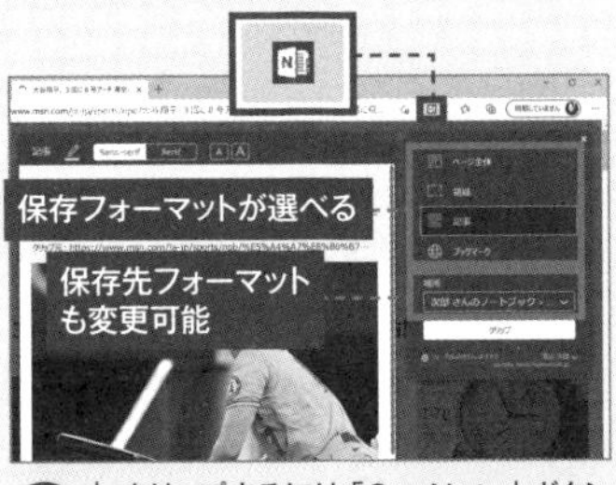

3 クリップするには「OneNote」ボタンをクリックし、「クリップ」をクリックすればいい。保存するノートも変更できる。

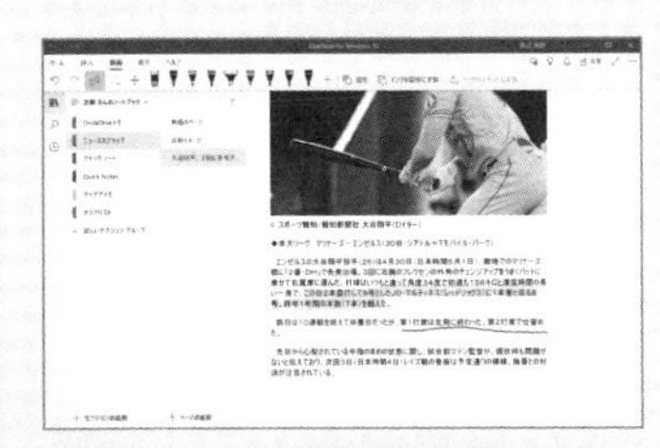

4 クリップしたWebページは、OneNoteアプリでいつでも確認できる。「描画」からマーカーや注釈を引くこともでき、情報整理に活用できる。

おすすめ
クラウド
集中講座
2

▶ 連絡先やスケジュールなどをiPhoneと連携させたい
▶ クラウドにデータを保存してPCの容量を節約したい
▶ オフィスアプリを無料で使いたい

iPhoneとPCをシームレスに連携!

iCloud

アップル純正クラウドサービスなら、面倒な設定不要!

iPhoneユーザーなら絶対に使うべきクラウドサービス

スマートフォンはiPhoneで決まり、という人であれば、「iCloud」の存在は絶対に知っているはず。iCloudはiPhoneの製造元であるAppleが提供する統合クラウドサービスで、無料で取得できる「Apple ID」を使ってサインインすることで、さまざまな機能を利用できる。

iCloudはMacに特化したサービスと思われがちだが、もちろんWindowsでも利用可能。事前にツールをインストールするひと手間は必要だが、WindowsやMac、何より日常的に持ち歩いているiPhoneと、あらゆるデータをシームレスに、特別な操作をすることなく連携できる点は、iCloudの最大の魅力だ。

Tool iCloud
作者●Apple Inc.　料金●無料
URL ●Microsoft Store

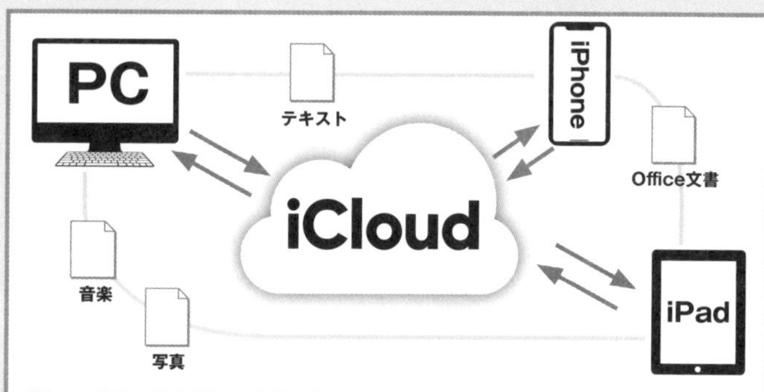

iPhoneやiPadとPC間で、事前設定だけでさまざまなファイルやスケジュール、写真などを「同期」できるのがiCloudの最大の特徴。すべてが無料で利用できる点もうれしい。

iCloudの主な機能

機能	説明
データの同期	ウェブブラウザーのブックマーク、連絡先、カレンダーのスケジュール、タスクをiPhoneと同じ状態に常に保つ。連絡先とスケジュール、タスクは、WindowsのOutlookに同期される。
iCloud Drive	5GBのオンラインストレージ。エクスプローラーでPCの内蔵ドライブと同じ感覚で利用できる。容量は有料で増やすこともできる。
写真のやり取り	Windowsに取り込んだ写真、iPhoneで撮影した写真を、全自動で双方に送ることができる。もちろん、煩わしいケーブル接続は不要。
iCloudメール	「～@icloud.com」のメールアドレスを無料で取得できる。このメールアドレスをOutlookに設定すれば、送受信履歴をiPhoneとPCで同期できる。
ウェブアプリ	ウェブブラウザ上でプラットフォームを問わずに利用できるアプリ。ワープロ、表計算、プレゼンなどのオフィス系アプリも用意されている。
iPhoneを探す	ウェブブラウザから、同じApple IDでサインインしているiPhoneのある場所を探し、地図上に表示する。
音楽の同期	iTunesのライブラリを、ワイヤレスかつ自動的にiPhoneと同期できる（要Apple Musicへの加入）。

WindowsにiCloudをインストール

1

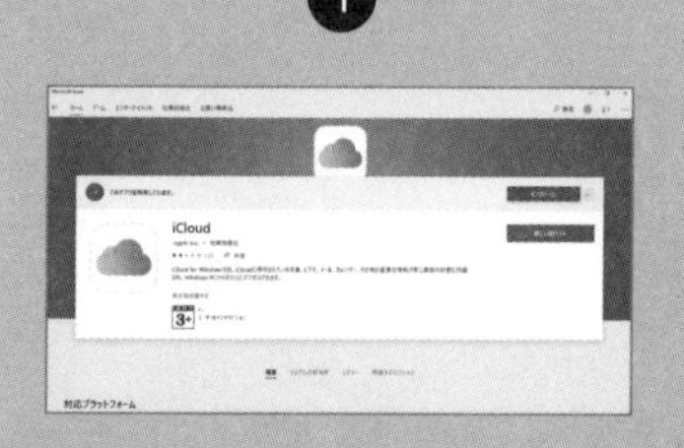

iCloudを利用するためのツールは、Microsoft Storeで無料配布されているので、ダウンロード、インストールしておく。

2

インストールすると、スタートメニューに「iCloud」が追加されるので、これをクリックして起動する。

3

初めて起動したときは、Apple IDのメールアドレスとパスワードを入力してサインインする。Apple IDを持っていない場合は、iPhoneから取得しておこう。

01 エクスプローラー上でのiCloudの操作

内蔵ストレージと同じ操作で利用できる

iCloudのサービスの1つである、オンラインストレージの「iCloud Drive」。これはiCloudユーザーに割り当てられているインターネット上の専用保存領域（無料ユーザーの場合は最大約5GB）に、PCやiPhoneからさまざまなデータを保存できるというものだ。

オンラインストレージといっても、PCの内蔵ストレージと同様に、エクスプローラーから利用できる。iPhoneと大きいファイルサイズのデータをやり取りしたい場合は、iCloud Driveを利用するのが最も効率的だ。なお、iPhoneでは付属の「ファイル」アプリでiCloud Driveにアクセスできる。

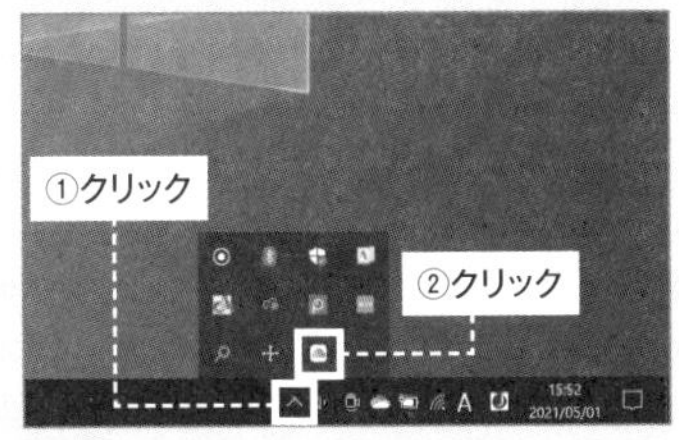

1 タスクバーの「iCloud」アイコンをクリックする。アイコンが表示されていない場合は、「>」をクリックして表示させる。

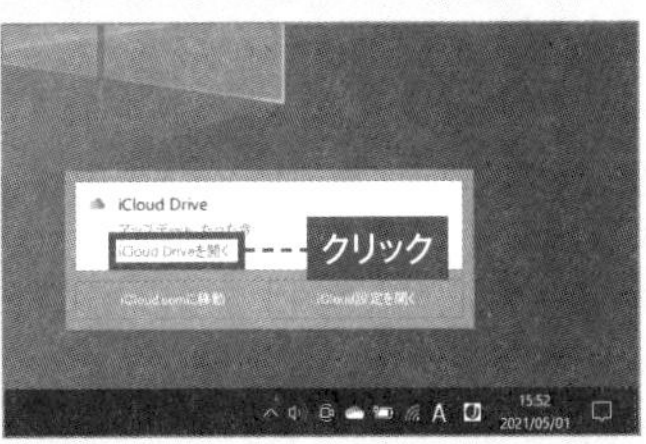

2 iCloudのメニューが表示されるので、「iCloud Driveを開く」をクリックする。エクスプローラーのウィンドウのクイックアクセスにある「iCloud Drive」をクリックしても同様だ。

3 エクスプローラーのウィンドウが開き、iCloud Driveの中身が表示される。操作方法はPCの内蔵ストレージの場合と同じで、ファイルをコピーしたり、フォルダーを作ったりできる。

4 iPhoneの場合は、付属の「ファイル」アプリで「ブラウズ」をタップするとiCloud Driveの中身にアクセスできる。

02 Webでアクセスするだけでもかなり便利に利用できるiCloud

ブラウザーで利用できるiCloudのサービスとアプリ

iCloudユーザーには、iCloudで提供されているすべてのサービス、機能が集約された専用のウェブページが用意されている。この専用ウェブページにアクセスすれば、iCloudメールの送受信やiPhone、PCからアップロードした写真の閲覧、スケジュールの確認などができる。さらに、ワープロや表計算等のビジネスアプリも用意されているので、積極的に利用したい。

専用のウェブページは、iCloudのツールがインストールされていないPCからもブラウザーでアクセスできるので、自分のPCが手元になくてもiCloudを利用できるのが便利だ。

1 タスクバーの「iCloud」アイコンをクリックして、「iCloud.comに移動」をクリックする。ブラウザーのアドレスバーに「icloud.com」と直接入力してアクセスしてもいい。

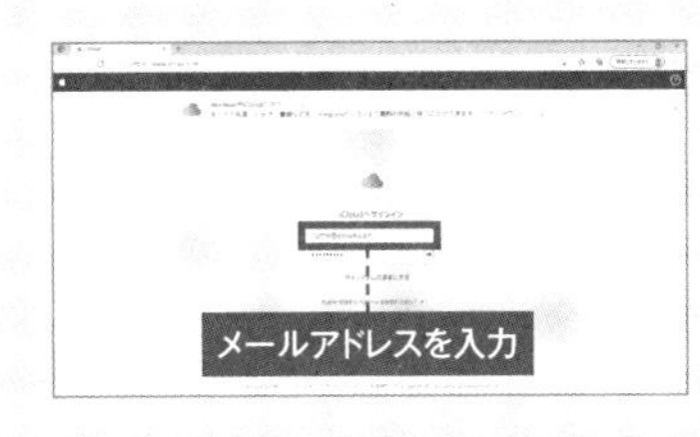

2 ブラウザーが起動してiCloudのページが表示される。Apple IDのメールアドレスとパスワードを入力して、手順を進める。

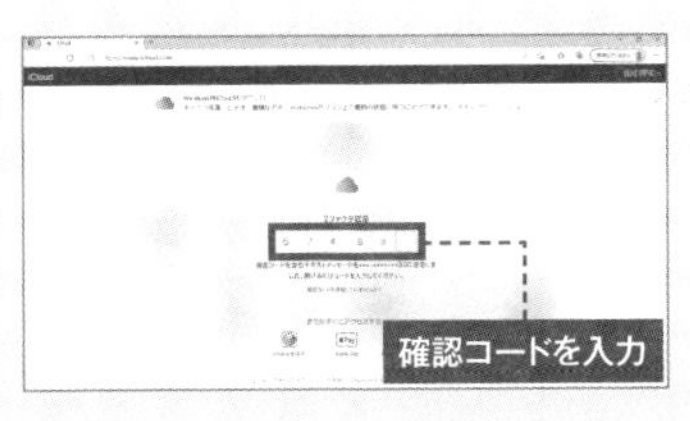

3 2ファクタ認証が有効の場合、iPhoneに6桁の数字の確認コードが届くので、これをPCのブラウザーで入力する。

4 iCloudの専用ページが表示される。各アイコンをクリックすると、そのサービスや機能、ウェブアプリが利用できる。アプリの切り替えは、画面左上から行う。

03 iPhoneの現在地を地図で確認する

iPhoneを紛失してしまったら、PCから探そう!

どこかにiPhoneを忘れてきてしまった！というような場合でも、iCloudのサービスの1つである「iPhoneを探す」を使えば、置き忘れた場所、つまり今iPhoneがある位置が地図上で確認できる。PCを使ってiCloudの専用ページにアクセスして、すぐにチェックしよう。「iPhoneを探す」では、地図でiPhoneの現在地を確認できるだけでなく、拾得者にメッセージを送りつつ個人情報にアクセスできないようにロックする「紛失モード」や、データをリモート消去する「iPhoneを消去」といった機能が利用できるので、緊急の際にはこれらの機能を使うといいだろう。

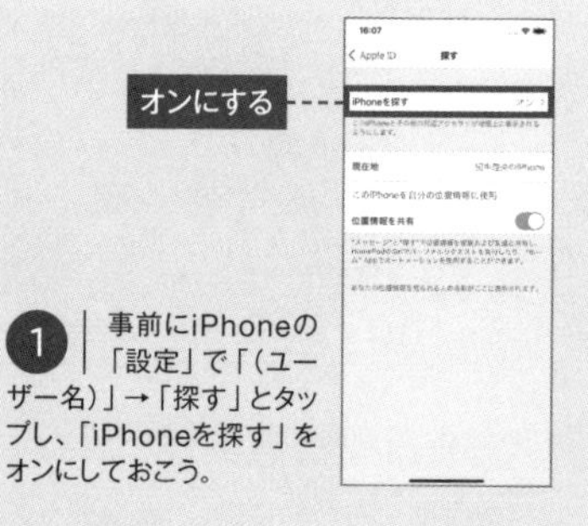

1 事前にiPhoneの「設定」で「(ユーザー名)」→「探す」とタップし、「iPhoneを探す」をオンにしておこう。

2 PCのブラウザーでiCloudの専用ページにアクセスし、「iPhoneを探す」のアイコンをクリックする。

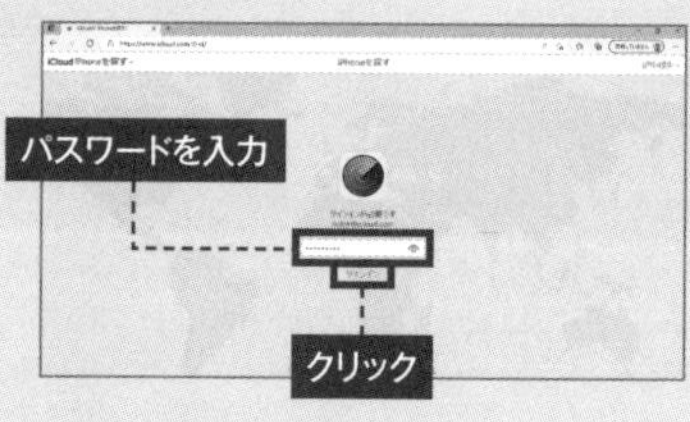

3 Apple IDのパスワードを入力して、「サインイン」をクリックする。

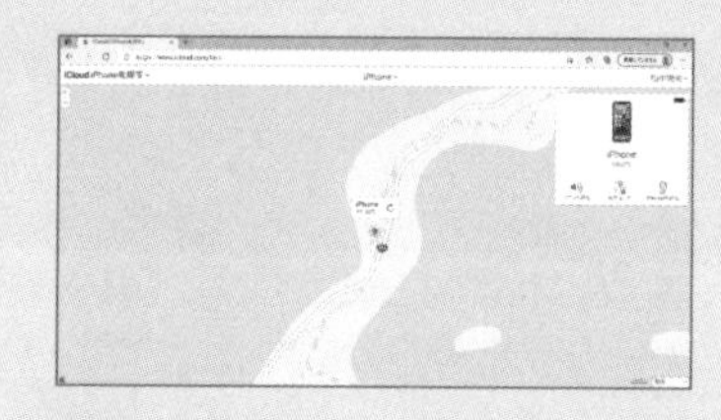

4 iPhoneの現在地が地図上で示される。吹き出しをクリックするとメニューが表示され、紛失モードやiPhoneを消去といった機能が利用できる。

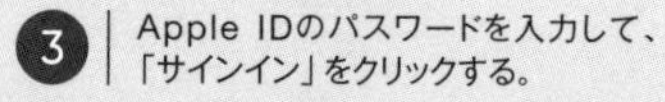

04 WindowsでiCloudメールを送受信する方法は?

Outlookやウェブアプリを使おう!

iCloudユーザーなら無料で取得できる「○○○○@icloud.com」のメールアドレス。このiCloudメールをiPhoneのメインアカウントとして使っている人も多いはず。このメールアドレスを使って、PCからもメールを送受信できる。その方法としては、OutlookにiCloudメールのアカウントを追加するものと、iCloudの専用ページに用意されているウェブアプリの「メール」を使うものが用意されている。

Outlookへのアカウントの追加は、iCloudのツールで行える。ウェブアプリはiPhoneの純正「メール」アプリに近いインターフェースが採用されている。

Outlookにアカウントを追加する

1 iCloudのツールで、「メール、連絡先、およびカレンダー」にチェックを入れ、「適用」をクリックする。

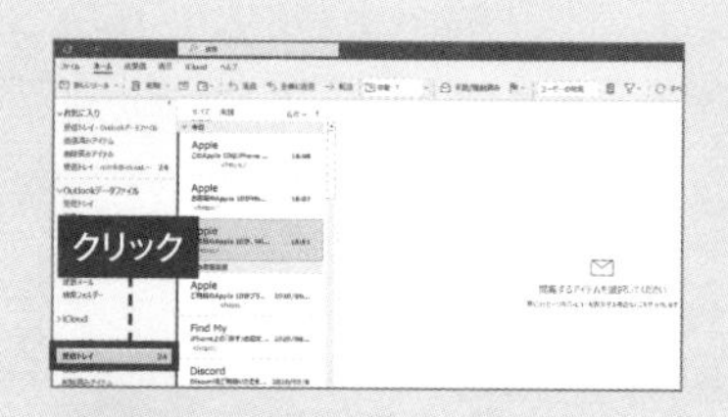

2 Outlookを起動して、Apple IDのパスワードを入力すると、サイドバーにiCloudメールのアドレスが表示される。この中の「受信トレイ」をクリックする。

ウェブアプリを使う

1 iCloudの専用ページにウェブブラウザーを使ってアクセスし、「メール」をクリックする。

2 ウェブアプリの「メール」の画面に切り替わる。ここでiCloudメールのアドレスを使ったメールの送受信や、メールの閲覧、管理が可能だ。

05 iWorkアプリをWindowsマシンで利用できる（ウェブアプリ）

ブラウザーだけで使える、無料オフィスアプリ

ビジネス文書を作るためのオフィスアプリも、iCloudユーザーなら誰でも無料で利用できる。しかも、iCloudの専用ページにブラウザーでアクセスして利用するウェブアプリとして提供されているので、PCに別途アプリをインストールする必要もない。

ウェブアプリとはいえ、iCloudで提供されているワープロ、表計算、プレゼンテーションの機能は本格的なもので、作成した文書はWord形式、Excel形式、PowerPoint形式でそれぞれ書き出すこともできる。保存した文書をiCloud Driveに保存すれば、PCとiPhoneで共有し、どちらからでも編集できるのも便利だ。

ビジュアル文書も簡単に作れる Pages

ワープロアプリの「Pages」では、豊富に用意されたテンプレートから好みのデザインを選択することで、誰でも簡単に、ビジネス文書やフライヤーなどを作成できる。

関数も使える表計算 Numbers

表計算アプリの「Numbers」では、表の作成はもちろん、入力したデータからさまざまな形式のグラフも作成できる。Excelの主要な関数もそのまま使える。

美麗なプレゼンテーションもお任せ Keynote

多彩なアニメーション効果が利用できるプレゼンテーションスライド作成アプリの「Keynote」。スライドショームービーの書き出しにも対応している。

06 iWorkアプリは共同編集も可能！

クラウドを介して、複数人で文書を作り上げる

iCloudの専用ページから利用できるウェブアプリの「Pages」「Numbers」「Keynote」では、現在開いている文書を他のユーザーにシェアして、共同編集できる。これまで複数人で1つの文書を作成する場合、ファイルをUSBメモリや電子メールの添付ファイルなどを介してやり取りするのが一般的だったが、これではどのファイルが最新なのかが分かりづらくなってしまい、最悪紛失するリスクもある。iCloudのウェブアプリのように、クラウドを介した共同編集であれば、こうしたリスクは起こり得ないうえ、招待した相手しか文書を編集、閲覧できないので、セキュリティ的にも安心だ。

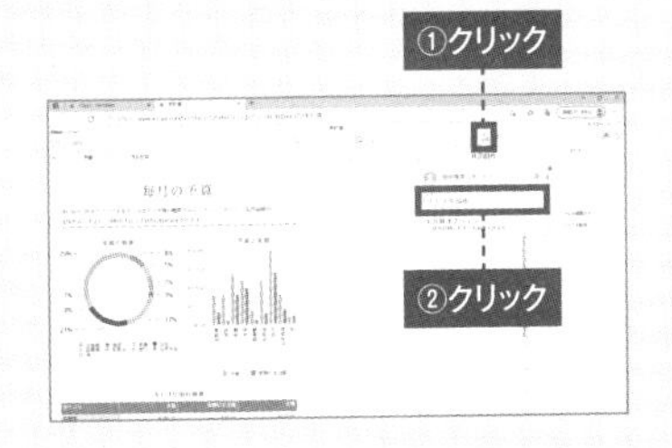

1 iCloudの専用ページから、各ウェブアプリで共同編集する文書を開いておき、画面上にある共同編集のアイコンをクリックし、「人を追加」をクリックする。

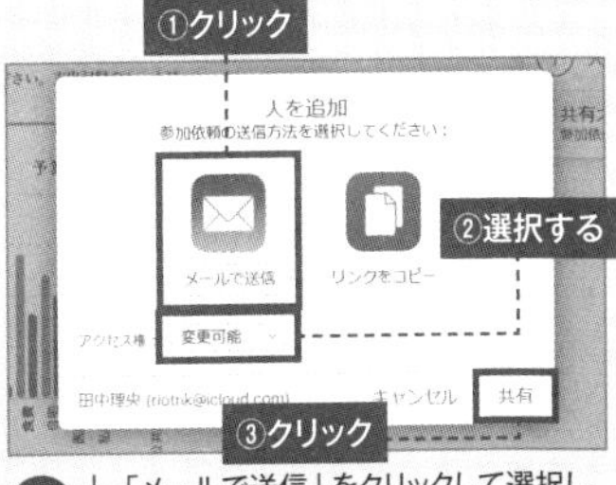

2 「メールで送信」をクリックして選択し、「アクセス権」で「変更可能」を選択して、「共有」をクリックする。

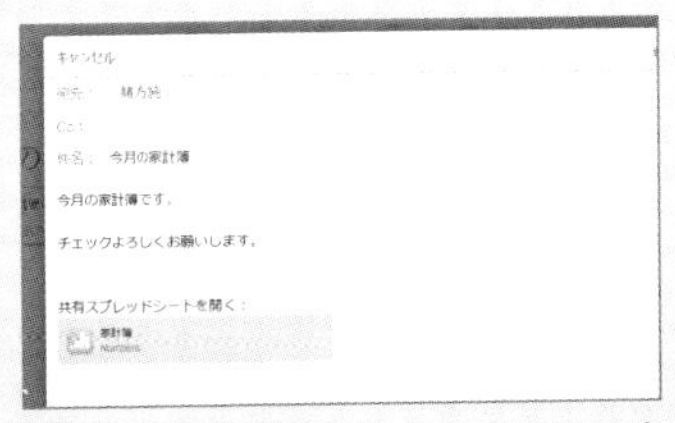

3 共同編集する相手のメールアドレスを入力して、メールを送信する。メールを受け取った相手は、本文内の「共有スプレッドシートを開く」をクリックすると共同編集できる。

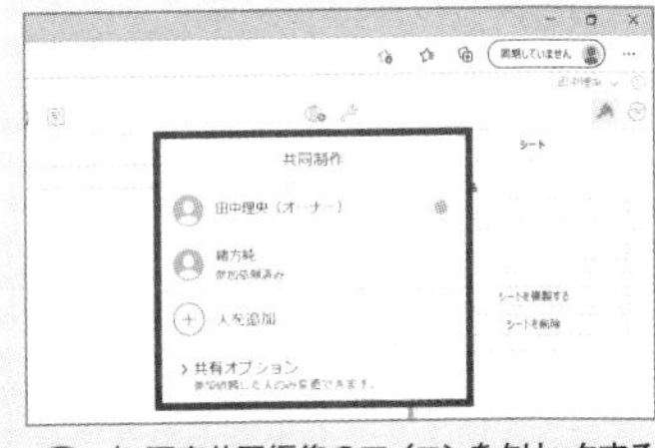

4 再度共同編集のアイコンをクリックすると、この文書の編集に参加しているユーザーが表示される。なお、共同編集はApple IDを持っているユーザーのみが行える。

07 Evernoteのようにも使える純正メモアプリ

ちょっとしたメモを書き留めるのに便利に使える

iPhoneでちょっとしたメモを書き留めるのに便利な「メモ」アプリ。このアプリを使って書き留めたメモも、iCloudを介してPCで読むことができる。メモを読むにはiCloudの専用ページにブラウザでアクセスし、ウェブアプリの「メモ」を起動すればいい。ウェブアプリの「メモ」でも、もちろんメモを書くことができるので、PCで書いたものも瞬時にiPhoneに同期されるのは便利だ。

メモは単なるテキストの入力だけでなく、フォントサイズなどの書式を設定したり、チェックリストを作ったりできるので、本格的な文書の下書きツールとして使うのもアリだろう。

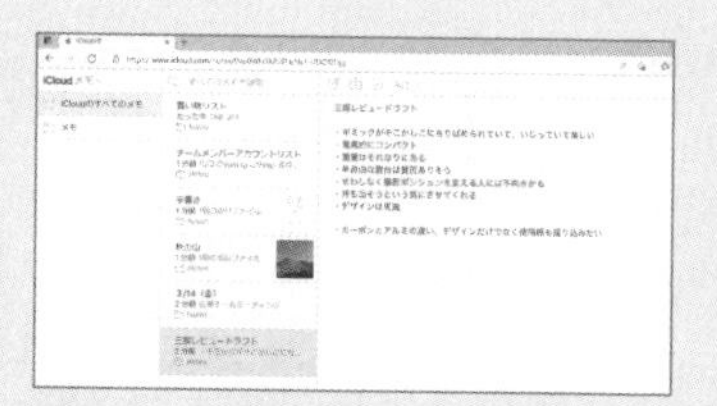

1 iCloudの専用ページから利用できるウェブアプリ版「メモ」。PCやiPhoneで書き留めたメモを一元的に管理し、iPhoneに同期されるメモを書き留めることができる。

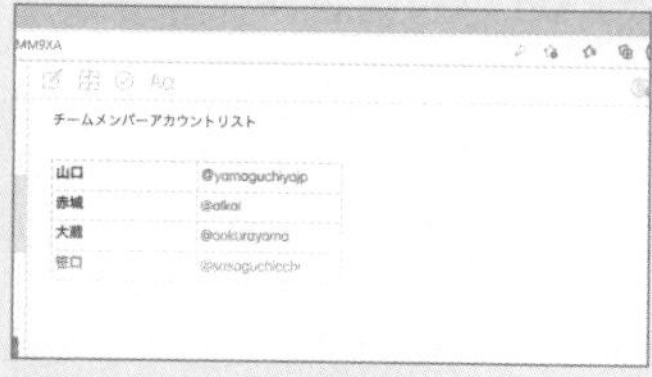

2 メモの中には表を挿入することができる。また、タイトルや本文などの文の属性に応じた書式（スタイル）を設定して、テキストの見栄えを整えることも可能だ。

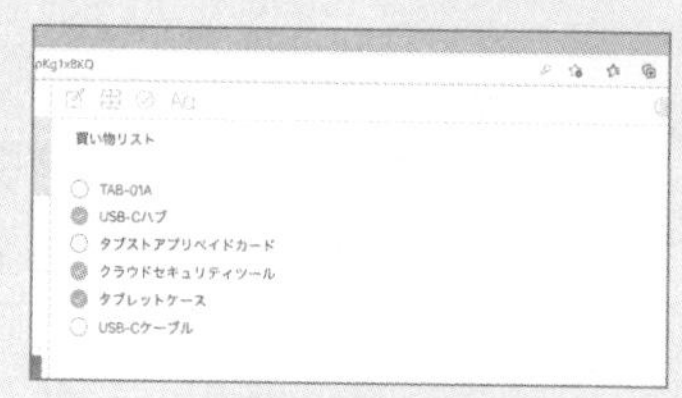

3 チェックリストを作ることもできるので、買い物リストやタスク、ToDoとして使うのもおすすめだ。Outlookなどのタスク管理アプリを持っていない場合は、ウェブアプリの「メモ」で代用できる。

4 i Phoneの「メモ」アプリでは、手書きメモを作ったり、メモの本文に写真を貼り付けたりできる。こうしたメモはウェブアプリでは作れないが、同期はされるのでPCから閲覧可能だ。

08 メモアプリは共同編集も可能!

メモの内容を他ユーザーとかんたんに共有できる

ウェブアプリの「メモ」で作成したメモは、Apple IDを持っている他のユーザーと共有できる。1つのメモを介して、仕事の同じプロジェクトに関わっているユーザー同士で意見を出し合うようなときに、このメモの共同編集機能を使うとスマートだ。

メモの共有方法は、PagesやNumbers、Keynoteなどの他のウェブアプリと同様で、相手のメールアドレス宛にメールを送信して招待することで始められる。相手がスマートフォンをメインに使っているユーザーであれば、メールの代わりにSMS（MMS）のメッセージでメモへのリンクを送って招待することもできる。

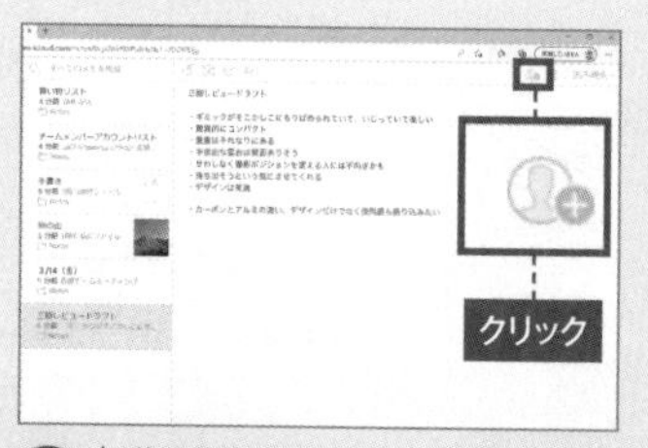

1 共同編集するメモをウェブアプリの「メモ」で開いておき、画面上にある共同編集アイコンをクリックする。

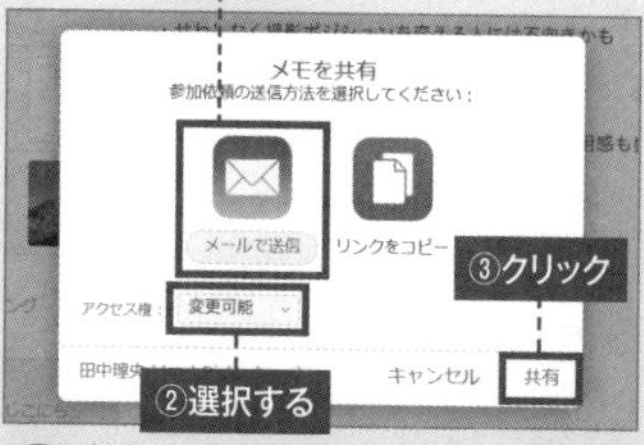

2 「メールで送信」をクリックして、「アクセス権」で「変更可能」を選択し、「共有」をクリックする。SMSでリンクを送る場合は、「リンクをコピー」をクリックして手順を進める。

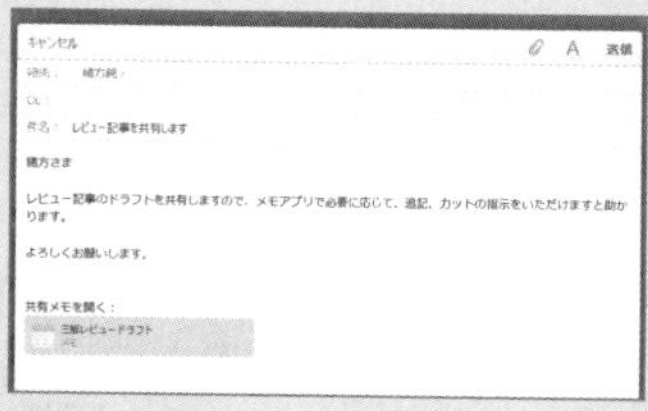

3 相手のメールアドレスを入力してメールを送信する。メールを受け取った相手は、本文の「共有メモを開く」をクリックすると、招待を受諾したことになる。

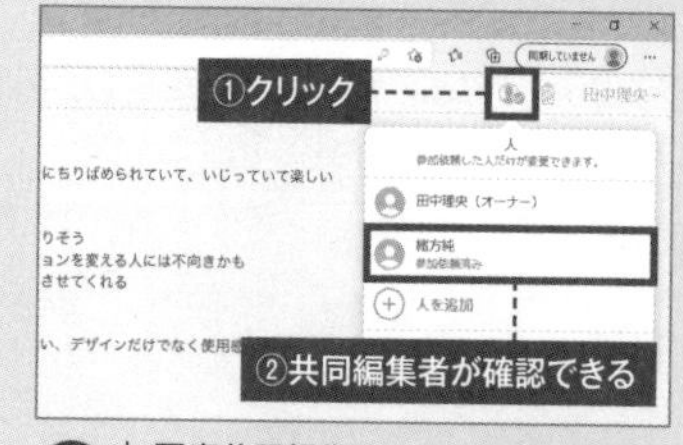

4 再度共同編集アイコンをクリックすると、現在開いているメモを共同編集するユーザーが確認できる。共同編集を止めるには、ここで「共有を停止」をクリックする。

09 連絡先は Outlookと同期も可能!

連絡先、タスク、スケジュールを同期しよう

iPhoneなどのスマートフォンを、かつてのシステム手帳代わりに使っているなら、スケジュールやタスク、連絡先の管理は、iPhoneの純正アプリが重宝する。こうしたデータをiPhoneに集約するのもいいが、PCでもスケジュールをチェックしたい、連絡先に登録したメールアドレス宛にメールを送りたいといった場合もあるはず。そんなときは、PC用の個人情報管理アプリである「Outlook」とこれらのデータを同期すればいい。iCloudのツールを使って同期を有効にすれば、自動的にOutlookとの同期設定が行われる。なお、これらのデータはiCloudの専用ページのウェブアプリからも参照、編集できる。

1 スタートメニューで「iCloud」をクリックしてこの画面を表示し、「メール、連絡先、およびカレンダー」にチェックを入れ、「適用」をクリックする。

2 Outlookで下の「連絡先」をクリックすると、サイドバーに「iCloud」が追加されていることが確認できる。この「iCloud」をクリックすると、iPhoneの連絡先が表示される。

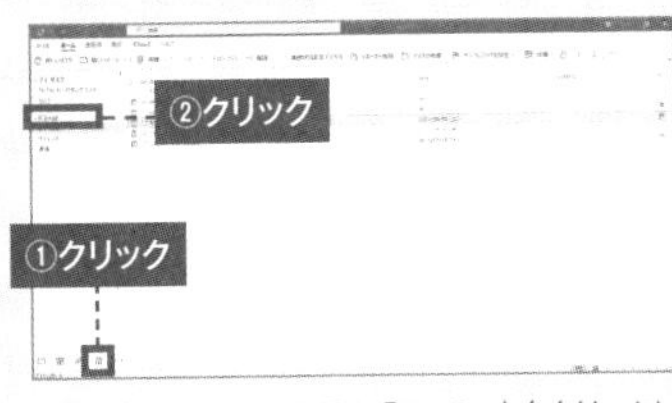

3 Outlookで下の「To Do」をクリックしても、サイドバーに「iCloud」が追加され、iPhoneとリマインダー(タスク)が同期される。

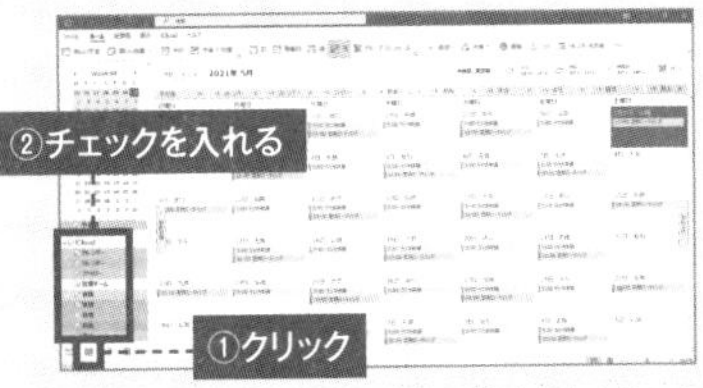

4 Outlookで下の「予定表」をクリックし、サイドバーの「iCloud」の各カレンダーにチェックを入れると、スケジュールも同期される。Outlookで追加したスケジュールもリアルタイムでiPhoneに反映される。

10 iOSのブックマークは Windowsでも活用できる

iPhoneのブックマークをChromeに同期できる

ウェブブラウザのブックマーク(お気に入り)も、iCloudを使えばPCとiPhone間で簡単に同期できる。どちらか一方で追加したブックマークが、リアルタイムでもう一方に自動反映されるため、よく閲覧するウェブページにどちらのデバイスからでもすばやくアクセスできるようになるので便利だ。

ブックマークを同期できるのは、iPhone付属のSafariと、PCのChrome、Internet Explorer、Firefoxだ。残念ながら、現時点ではWindows 10の標準ブラウザ「Microsoft Edge」には対応していない。

1 スタートメニューで「iCloud」をクリックすると表示される画面で、「ブックマーク」にチェックを入れる。

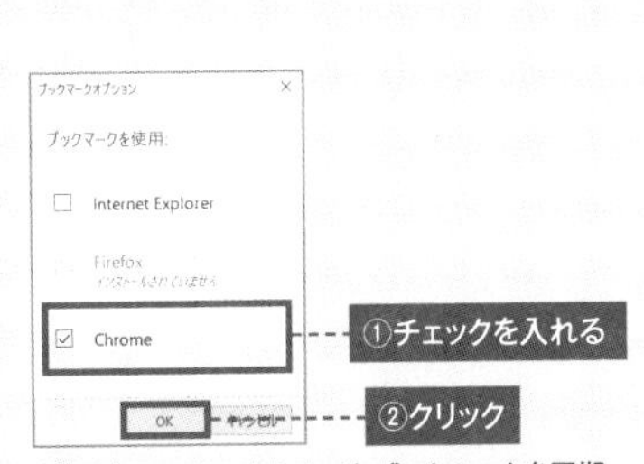

2 iPhoneのSafariとブックマークを同期するウェブブラウザーにチェックを入れ、「OK」をクリックする。

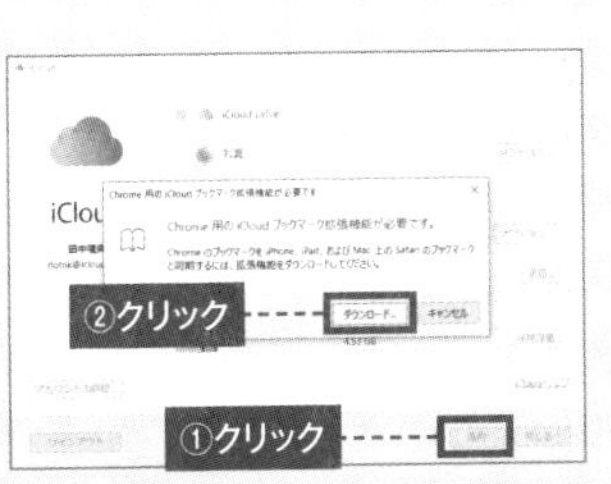

3 「適用」をクリックすると、選択したウェブブラウザーによってはこのようなメッセージが表示されるので、「ダウンロード」をクリックする。

4 選択したウェブブラウザーが起動して、機能拡張「iCloudブックマーク」のダウンロードページが表示される。この画面から機能拡張をダウンロード、インストールしよう。

11 iCloud写真もとても便利に使える

iPhoneとPC間の写真のやり取りが瞬時にできる!

iPhoneで撮った写真をPCの大きな画面で見たい場合、通常はケーブルでそれぞれを接続してiPhoneから写真を転送するが、iCloudならそんなわずらわしいことをする必要はない。同じApple IDでiPhoneとPCのiCloudのツールにサインインし、写真の同期を有効にすれば、以降iPhoneで写真を撮影すると即座に、PCの所定のフォルダーにその写真がコピーされるのだ。もちろんコピーはワイヤレスで行われる上、iPhoneとPCが同じWi-Fiアクセスポイントに接続されている必要もない。外出先で撮影した写真でも、iPhoneが携帯電話回線を通じて通信できる状態であれば、コピーされる。なお、iPhoneの「設定」アプリで「写真」→「モバイルデータ通信」をタップし、「モバイルデータ通信」のスイッチをオフにすれば、Wi-Fi接続時のみ、写真がコピーされるようになる。

この機能のことを、「iCloud写真」と呼ぶ。iCloud写真では、写真を自動的にiCloud Driveにアップロードすることで、iPhoneとPCの双方での共有を可能にしているため、写真や動画を多く撮影する人の場合、あっという間に初期設定の5GBの容量がいっぱいになってしまう。必要に応じて、P.121の解説を参考に容量を増やすといいだろう。

iCloud Driveに自動アップロードされた写真は、エクスプローラーの「クイックアクセス」にある「iCloud写真」をクリックすると確認できる。通常のファイルと同様に、この「iCloud写真」に写真をドラッグ＆ドロップすれば、PC内の写真をiPhoneで閲覧、編集できる。また、「iCloud写真」内の写真をPCにバックアップしたい場合も、PC内の任意のフォルダーに写真をドラッグ＆ドロップすればいい。

写真を同期するように設定する

1 スタートメニューで「iCloud」をクリックすると表示される画面で、「写真」にチェックを入れる。

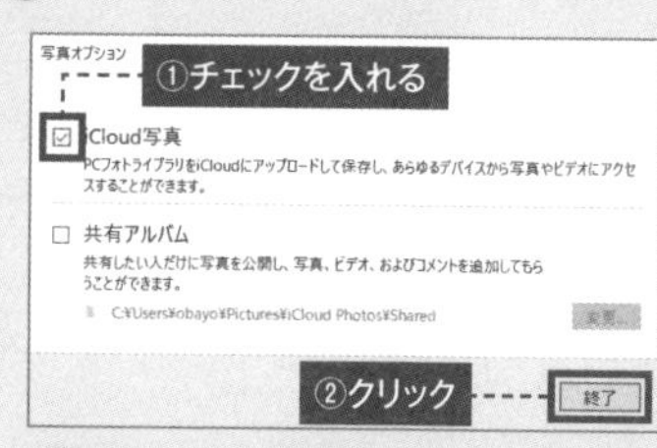

2 「iCloud写真」にチェックを入れ、「終了」をクリックする。前の画面に戻るので、「適用」をクリックする。

iPhoneで撮った写真をPCで確認する

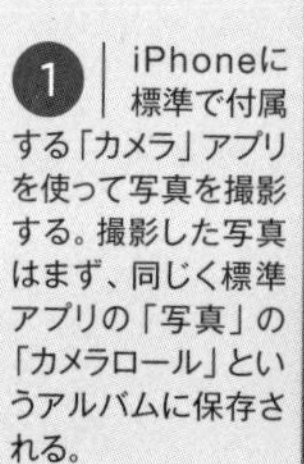

1 iPhoneに標準で付属する「カメラ」アプリを使って写真を撮影する。撮影した写真はまず、同じく標準アプリの「写真」の「カメラロール」というアルバムに保存される。

2 エクスプローラーの「クイックアクセス」に「iCloud写真」が追加されるので、これをクリックすると、iPhoneで撮影した写真が確認できる。

PCとiPhoneで写真をやり取りする

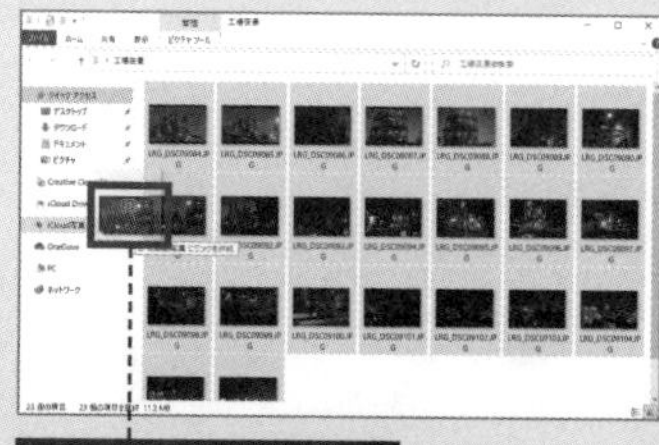

1 PCの写真をiPhoneでも閲覧したい場合は、目的の写真を「クイックアクセス」の「iCloud写真」にドラッグ&ドロップする。

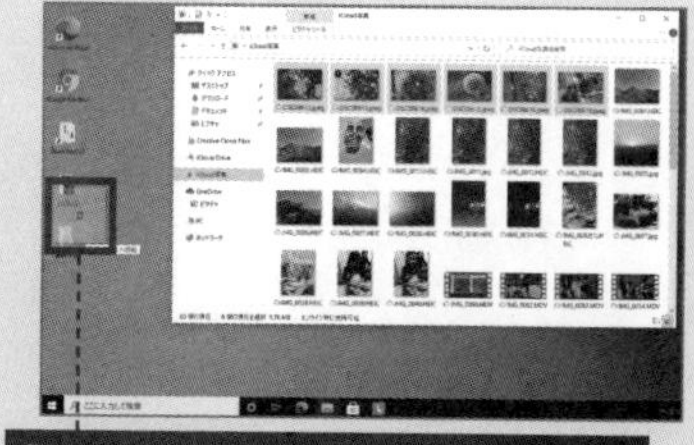

2 iPhoneで撮影した写真をPCに取り込む場合は、「iCloud写真」内の写真をPC上の任意のフォルダーにドラッグ&ドロップする。

12 友だちや家族にクラウド経由で写真を見せる

「iCloud共有アルバム」アプリを使おう!

遠方に住む両親に子どもの写真を見せたい、旅行で撮った写真を友達と共有したいといった場合、写真をメールで送るのは今ひとつスマートではない。特に写真が何枚もある場合、メールだと受け取る側に大きな負担をかけてしまうことになってしまう。せっかくiCloudを使っているのであれば、「iCloud共有アルバム」を使って、スマートに写真を共有しよう。

iCloud共有アルバムは、iCloudのツールと一緒にインストールされるアプリで、これを使えば、PC内の写真を選んで相手を招待するだけで、写真を共有できる。相手は好きなタイミング、負担のかからない環境で、共有された写真を閲覧可能だ。

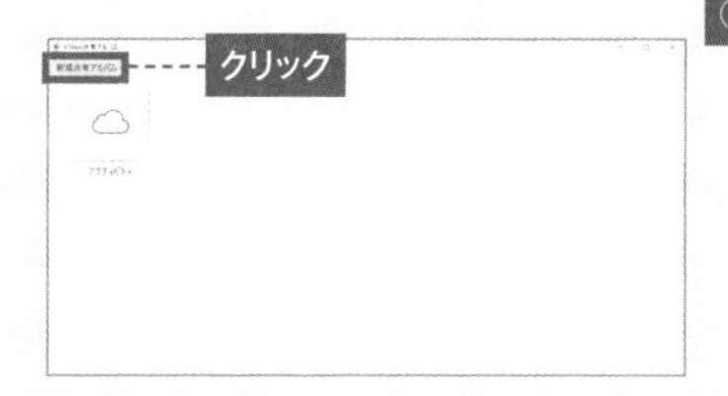

1 スタートメニューで「iCloud共有アルバム」をクリックしてアプリを起動し、「新規共有アルバム」をクリックする。

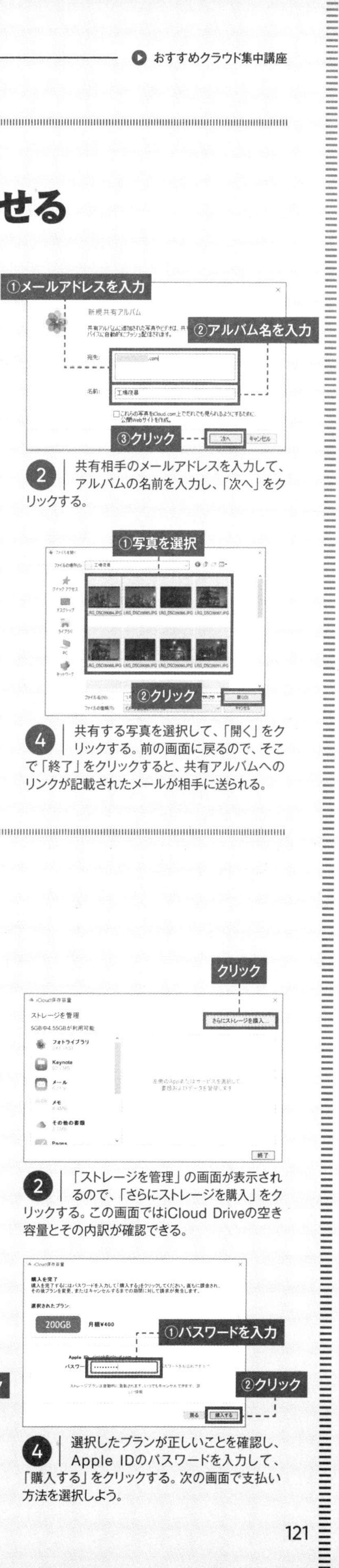

2 共有相手のメールアドレスを入力して、アルバムの名前を入力し、「次へ」をクリックする。

3 このようなウィンドウが表示されるので、「写真またはビデオを選択」をクリックする。

4 共有する写真を選択して、「開く」をクリックする。前の画面に戻るので、そこで「終了」をクリックすると、共有アルバムへのリンクが記載されたメールが相手に送られる。

13 iCloud Driveの容量を増やす

大容量データを保存する場合は容量アップしよう

iCloud Driveの容量は初期設定では約5GBだが、デジカメで撮影した写真などの大容量データを貯めておくと、すぐにいっぱいになってしまう。また、iCloud DriveにはiCloudメールでの送受信履歴、添付ファイルの履歴も保存されるため、実際は5GBよりも少ない容量しか利用できない。容量不足と感じたら、有料になってしまうが増やすことができる。とはいえ50GBへの容量アップで月額130円からと、比較的手軽な価格設定になっているので、空き容量不足がストレスになるくらいであればすぐに容量を増やしてしまおう。なお、支払いにはクレジットカードかプリペイドカードを使用する。

1 スタートメニューで「iCloud」をクリックすると表示される画面で、「保存容量」をクリックする。

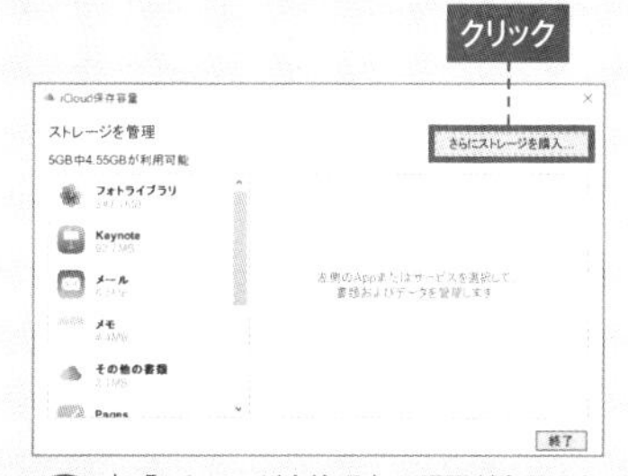

2 「ストレージを管理」の画面が表示されるので、「さらにストレージを購入」をクリックする。この画面ではiCloud Driveの空き容量とその内訳が確認できる。

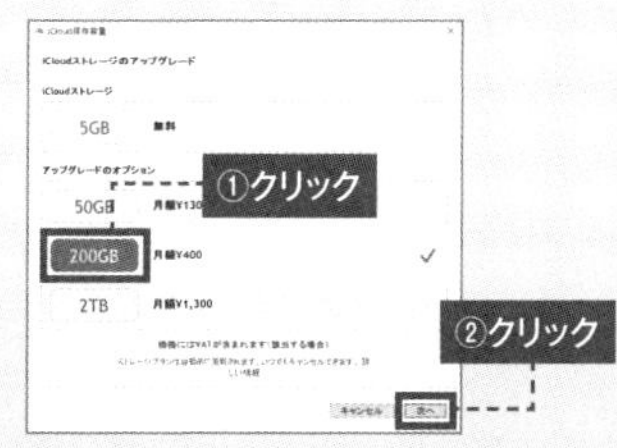

3 目的のプランをクリックして選択し、「次へ」をクリックする。プランは「50GB」「200GB」「2TB」の3種類が用意されている。

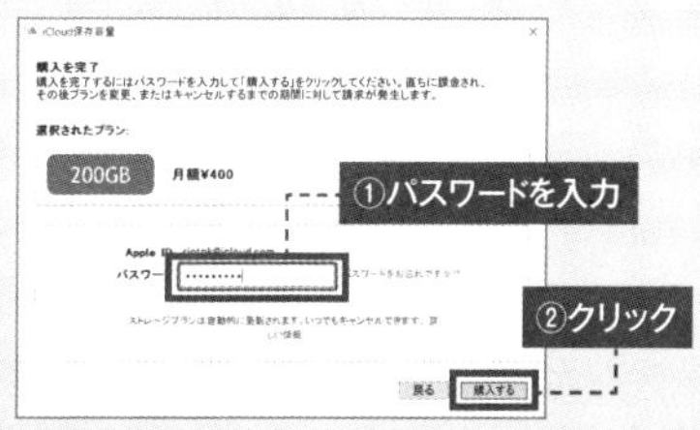

4 選択したプランが正しいことを確認し、Apple IDのパスワードを入力して、「購入する」をクリックする。次の画面で支払い方法を選択しよう。

おすすめクラウド集中講座 3

▶ あらゆる情報を1つのアプリに集約、管理したい
▶ タスクやスケジュールを効率的に管理したい
▶ 情報の見せ方を自分で工夫したい

自由度の高さで大人気のクラウドメモツール

Notion

文書作成、データ保管、スケジュール管理までおまかせの万能アプリ

やりたいことがすべてできる、Notionを使いこなす

今、"デキる"ユーザーの間で最も注目されているオンラインサービスの「Notion」。その理由は、メモやビジネス文書の作成、写真、PDFといった各種ファイルの保管、さらにはスケジュール管理に至るまで、多彩な機能が集約されている点にある。一見、Evernoteに近いように感じられるが、集約した情報同士を高度に連携できること、さらには情報の見せ方の選択肢が豊富に用意されていることは、Notionならではのアドバンテージだ。

このNotionのあらゆる機能を利用できるのが、無料で提供される公式アプリだ。あまりにできることが多く、何から始めていいのか分からないという人向けに、以降ではアプリの基本的な使い方を解説する。

Tool Notion for Windows
作者●Notion Labs, Inc.　料金●無料
URL ●https://www.notion.so/

文書やスプレッドシート、メモを作成できる

オンラインストレージとして使える

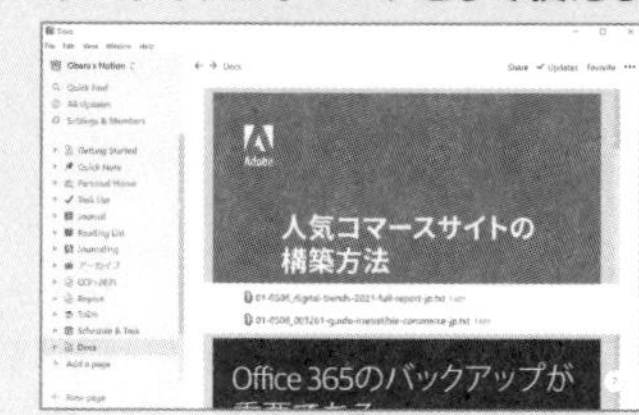

Notion(公式アプリ)

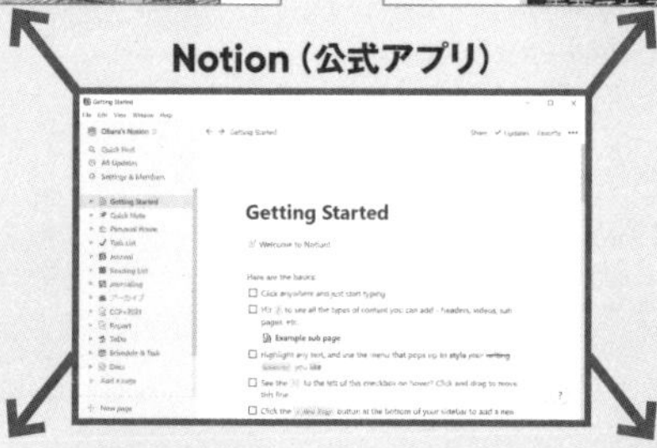

タスク、スケジュール管理ができる

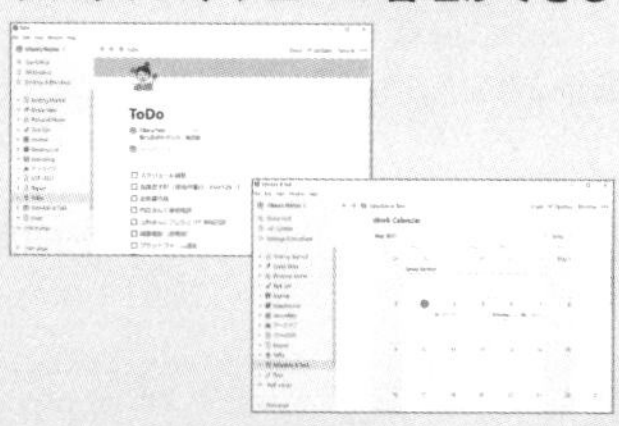

目的の情報をすばやく抽出できる

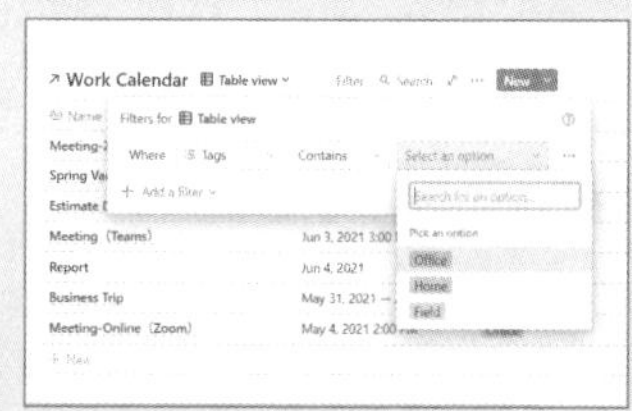

単なるクラウドメモに留まらず、ユーザーの多様なニーズに応えてくれる豊富な機能を備えるNotionの公式アプリ。これ1つあれば、ビジネス文書の作成からデータの集計、スケジュール管理まで、あらゆることをこなせるのが魅力。

Notionを使い始めるために

❶

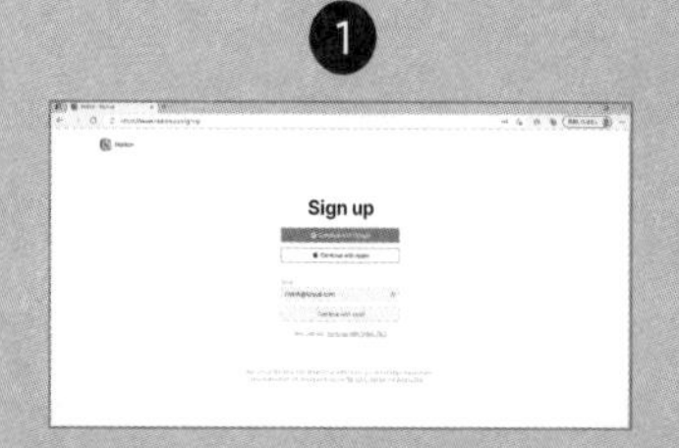

Notionを使い始めるには、最初に公式サイトからサインアップ(メールアドレスとパスワードの登録)する。サインアップではGoogleのIDやApple IDを使うこともできる。

❷

公式アプリは、Notionの公式サイトから無料でダウンロードできる。Windows版だけでなく、Mac版も用意されているので、環境に合うものをダウンロードしよう。

❸

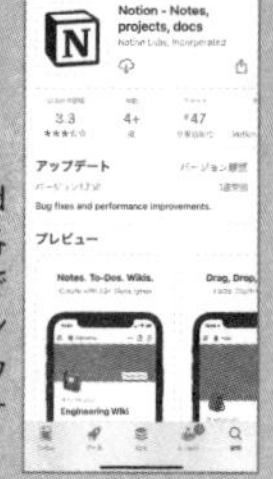

iOS/Android/iPadOS版の公式アプリも、各種アプリストアから無料でダウンロード可能。サインアップ時に登録したアカウントでアプリにログインすれば、情報が同期される。

01 Notionで「ページ」を作成する

ページ単位で、さまざまな情報を記録、管理する

Notionにおける最小の編集単位となるのが「ページ」だ。ページは右のように操作すると新規作成でき、作成したページはアプリのウインドウ左側にあるサイドバーにどんどん追加されていく。ページを作成すると、ページの編集画面が表示されるので、ここでページのタイトル、必要に応じて本文などを入力しよう。

ページの編集画面で本文が未入力のうちは、本文を入力するエリアにメニューが表示されている。メニューでは各項目をクリックすることで、ページにPDFや画像などのファイル、Notionの特長の1つであるカレンダーや表などのデータベースを挿入できる。本文の入力が済んだら、編集画面外のどこでもいいのでクリックすると自動保存される。

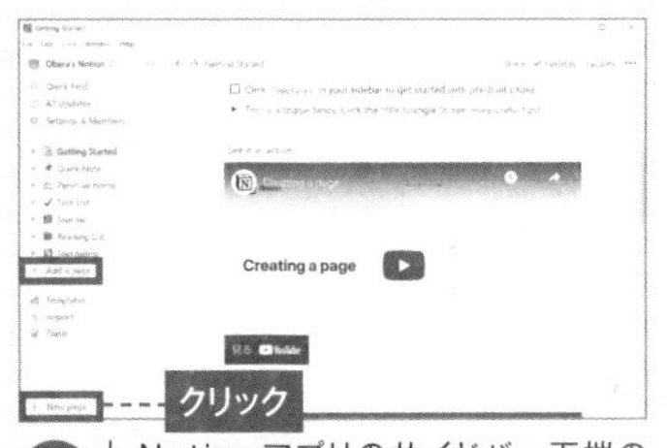

1 Notionアプリのサイドバー下端の「New page」をクリックする。サイドバーの中段にある「Add a page」をクリックしても同様に新規ページを作成できる。

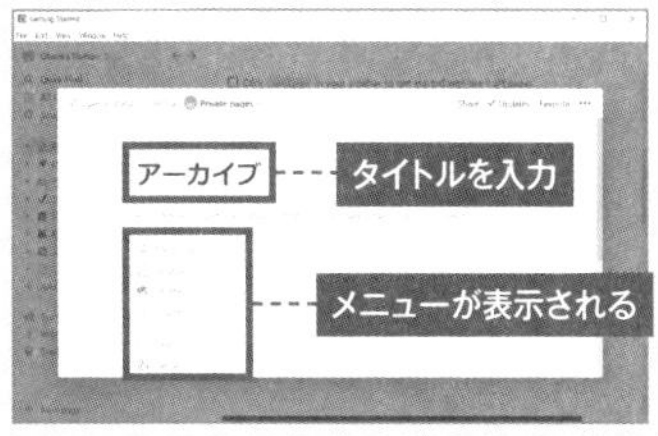

2 ページの編集画面が表示される。まずは最上段にページのタイトルを入力する。その下の本文入力エリアには、メニューが表示されている。

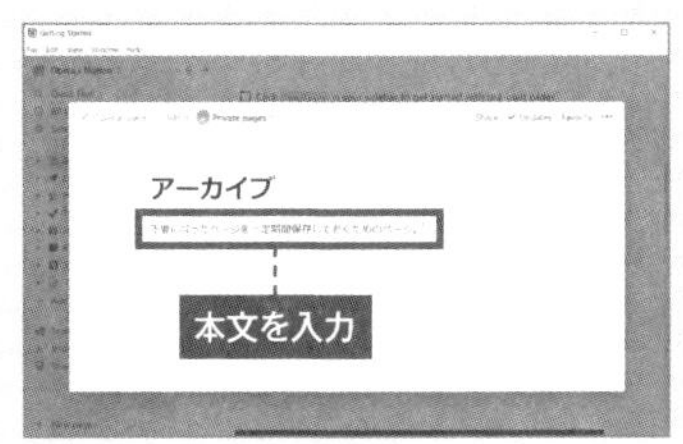

3 続けて本文を入力する。入力が済んだら、編集画面の外側をどこでもいいのでクリックすると、編集画面が閉じられ、ページが自動保存される。

4 サイドバーに新たなページが追加される。サイドバーでページをクリックすると、画面右側にページの内容が表示され、編集できる。右クリックメニューで「Delete」をクリックするとページを削除できる。

02 アイコン、カバー画像を設定、変更する

ページごとにアイコンを設定して、見分けやすくする

Notionで作成、管理する各ページには、ページごとにアイコンを設定できる。設定したアイコンはサイドバーのページタイトル左側に表示されるので、ページの内容にマッチするアイコンを設定しておくと、一覧の中でも見分けが付きやすくなる。アイコンは最初から用意されているものに加え、オリジナルの画像をアップロードして使うこともできる。

またページには、カバー画像を設定することもできる。カバー画像はサイドバーでページをクリックしたときに、ページ上部の背景として表示される画像で、こちらもNotionにはじめから用意されているものだけでなく、オリジナルの画像を設定できる。本文のレイアウトが似たページが複数あるような場合、カバー画像で区別するようにしよう。

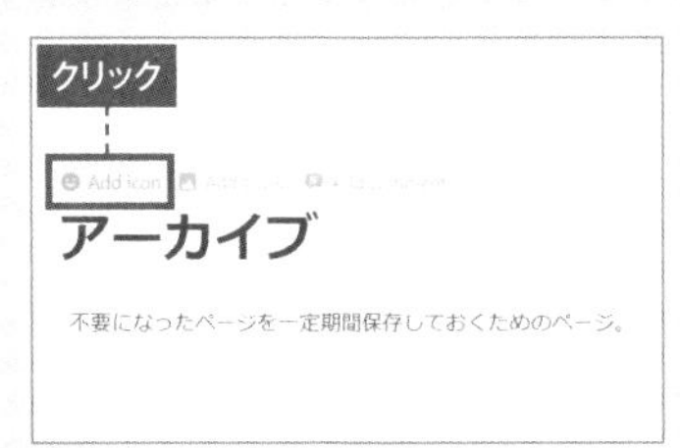

1 ページのタイトル付近にマウスポインターを移動すると表示される、「Add icon」をクリックする。

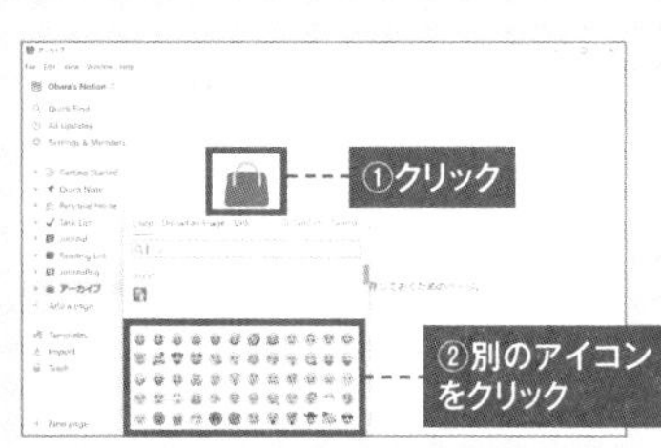

2 アイコンが自動設定される。アイコンを変更する場合はアイコンをクリックし、表示されるメニューから目的のアイコンをクリックする。

3 ページのタイトル付近にマウスポインターを移動すると表示される「Add cover」をクリックすると、カバー画像が自動設定される。変更する場合は「Change cover」をクリックする。

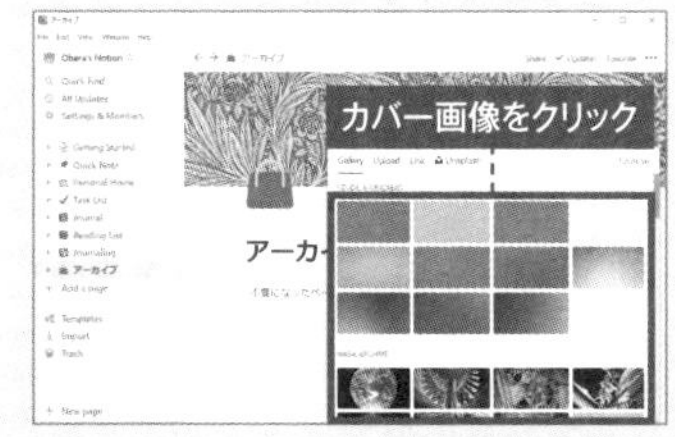

4 他の画像が表示されるので、目的のものをクリックする。「Upload」をクリックすると、手持ちのオリジナル画像をアップロードし、カバー画像として使うことができる。

03 テキストの編集にはさまざまな書式が設定できる

単なるメモに留まらない、映える文書も作成できる

基本中の基本の機能であるテキストメモの作成だが、Notionではさらに、ワープロのように文字色や太字、イタリック、アンダーラインなどを設定して、映える文書として仕上げることができる。こうした文字書式を設定するには、入力したテキストを選択すると表示されるツールバーの各機能を使用する。また、ウインドウ右上の「…」をクリックすると表示されるメニューから、フォントのスタイルを変更することもできる。さらに、見出し用の書式や、ToDo用のチェックボックスも、ツールバーから設定できる。

なお、Notionでは改行ごとにテキストを1まとまりの「ブロック」として扱う。書式やフォントのスタイルなどの設定は、ブロック単位で行う必要がある。

ToDoリストを作成する

②クリック
①選択する
③クリック

1 テキスト（ブロック）を選択するとツールバーが表示されるので、「Text」をクリックして、メニューから「To-do list」をクリックする。

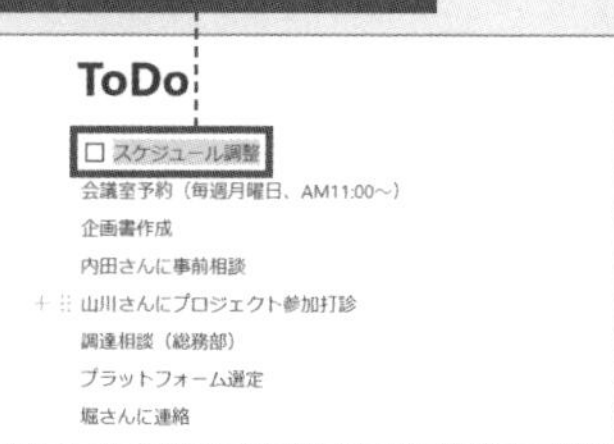

2 テキストの先頭に、タスクの進捗状況を示すチェックボックスが挿入される。タスクが完了した場合は、このチェックボックスをクリックしてチェックを入れる。

フォントスタイルを変更する

1 サイドバーで目的のページをクリックして表示しておき、画面右上の「…」をクリックすると表示されるメニューで、「STYLE」の「Serif」をクリックする。

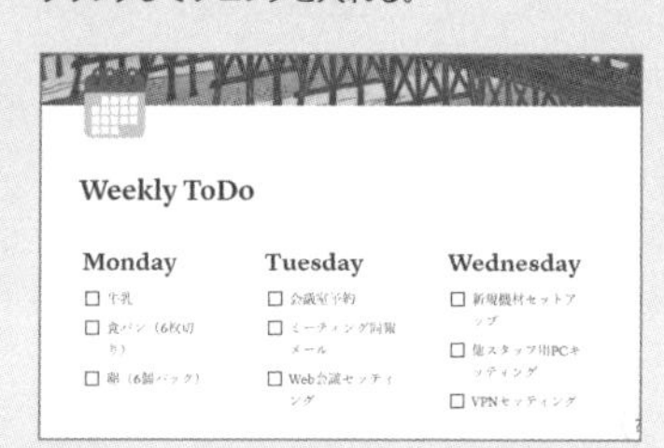

2 ページのフォントスタイルが「Serif」に変わる。前の手順のメニューで「Small text」のスイッチをオフにすると、ページ全体のテキストのフォントサイズが大きくなる。

04 ページに画像を挿入する

Notionならではのスラッシュメニューを使いこなす

Notionのページには、画像や動画、PDFファイルなど、テキスト以外のデータも挿入することができる。そこで覚えておきたいのが、スラッシュメニューの使い方だ。スラッシュメニューは、ページの本文で「／（スラッシュ）」を入力すると表示されるメニューで、ここから画像などを挿入するためのコマンドを呼び出し、実行できる。画像挿入のコマンドは「Image」だが、「／」に続けて「ima」とコマンド名の先頭数文字を入力するとコマンドを選択できるので、よく使うコマンド名を覚えておくと便利だ。

スラッシュメニューには各種データの挿入だけでなく、チェックボックスを入力する、見出しの書式を呼び出すといったコマンドも用意されている。

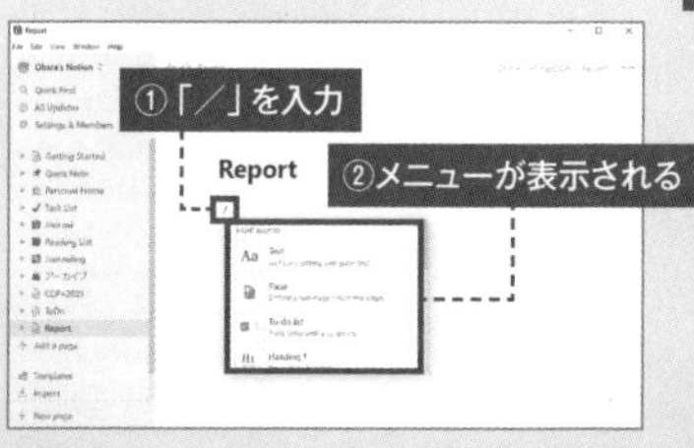

1 ページの本文で「／」を入力すると、スラッシュメニューが表示され、実行できるコマンドが一覧表示される。

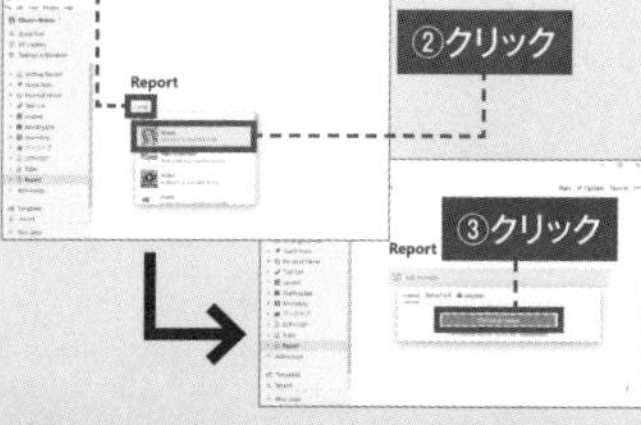

2 続けて「ima」と入力すると、「Image」コマンドが表示されるので、これをクリックし、続けて表示されるダイアログボックスで「Choose an image」をクリックする。

3 「開く」ダイアログボックスが表示されるので、ページに挿入する画像を選択して、「開く」をクリックする。

4 最初に「／」を入力した位置に、選択した画像が挿入される。画像を削除するにはクリックして選択し、Backspaceキーを押す。

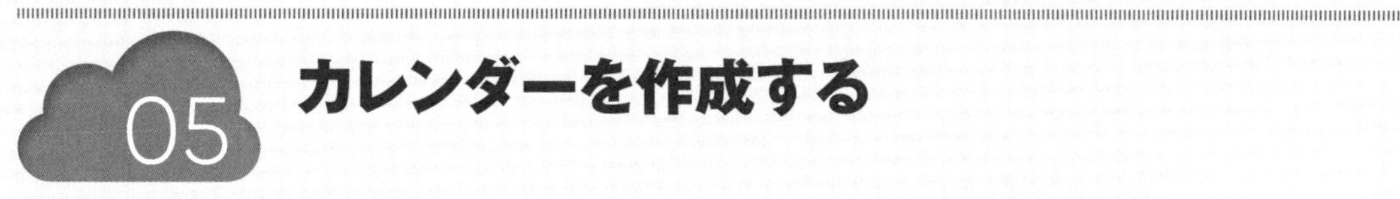

05 カレンダーを作成する

スラッシュメニューでページにカレンダーを挿入する

スラッシュメニューを使えば、ページにカレンダーを挿入できる。実はページの新規作成時のメニューで「Calendar」をクリックしてもカレンダーは作成できるが、こうして作成したページではカレンダーが下方向に延々と続く形になり、使い勝手はよくない。スラッシュメニューで挿入すれば、1ヶ月分のカレンダーのみがページに表示され、それ以外の部分にテキストをはじめとする他の要素も挿入できるので、こちらの方がおすすめだ。

作成したカレンダーでは、一般的なカレンダーアプリと同様に、日付をダブルクリックしてスケジュールを入れることができる。実はNotionでは、個々のスケジュールも「ページ」として扱われることを覚えておこう。

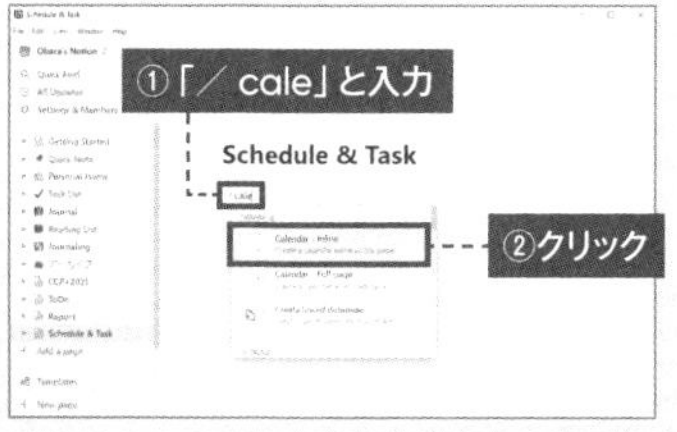

1 ページ本文で「／」に続けて「cale」と入力すると、スラッシュメニューに「Calendar-Inline」が表示されるので、これをクリックする。

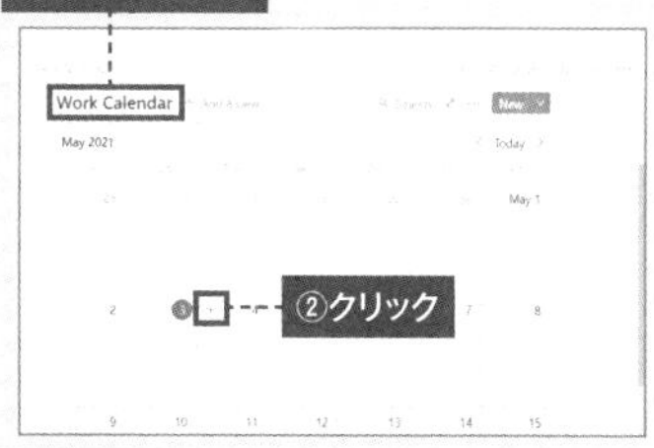

2 「／」を入力した位置にカレンダーが挿入されるので、カレンダーのタイトルを入力する。スケジュールを作成するには、目的の日付をダブルクリックするか、「＋」をクリックする。

3 ページの編集画面が表示されるので、スケジュールのタイトルを入力する。開始時刻を設定する場合は、「Date」欄をクリックする。

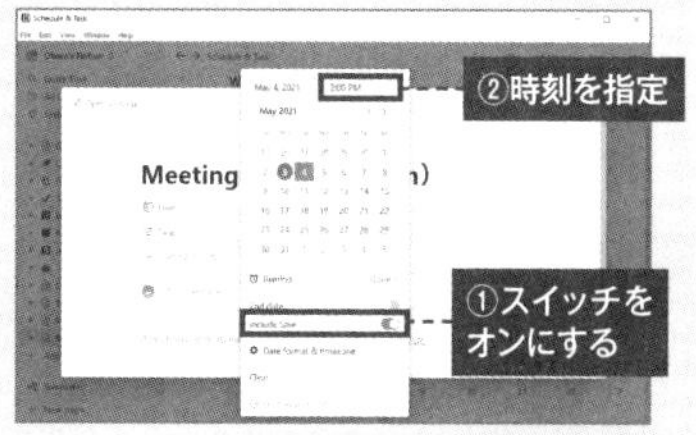

4 「Include time」のスイッチをオンにして、画面上段の時刻欄で開始時刻を指定する。この画面の「Remind」では、指定した時刻に通知するように設定することもできる。

06 カレンダーと連動する表を作成する

スケジュールを一覧表で確認できるようにする

カレンダーを作成したら、続けて同じページにスケジュールの一覧表を作成するのがおすすめ。カレンダーではどの日付、期間にスケジュールが入っているのかは視認しやすいが、その内容を確認するのにその都度カレンダー上をクリックしなければならず、不便だからだ。一覧表にしておけば、スケジュールのタイトルがひと目で分かるようになるため、当日にやるべきことが把握しやすくなるはず。また、カレンダーとスケジュールの一覧表を同じページ内で確認できるメリットも大きい。

こうした一覧表を作るには、カレンダーと同様にスラッシュメニューを使うと便利。選択するコマンド名は、「Create linked database」となる。

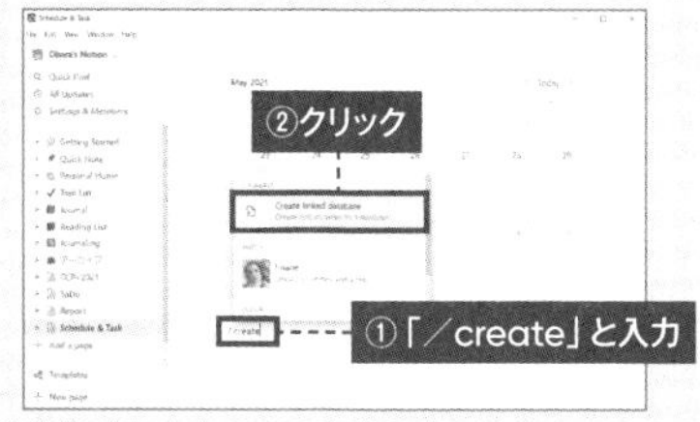

1 ページ本文、カレンダーの下で「／」を入力し、続けて「create」と入力すると、「Create linked database」が表示されるので、これをクリックする。

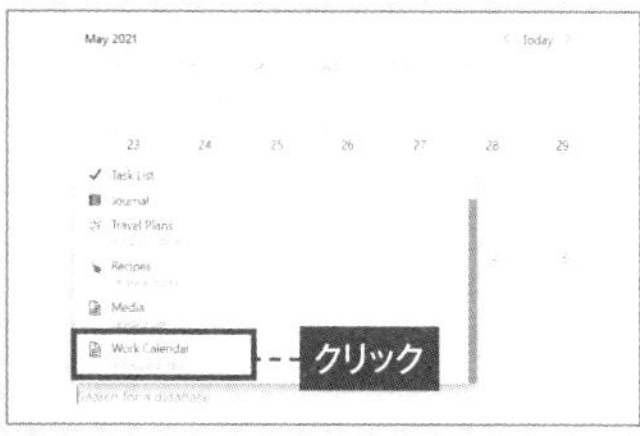

2 一覧表と連携させるカレンダーのタイトルをクリックする。これにより、カレンダーで作成したスケジュールが、自動的に一覧表にも追加されるようになる。

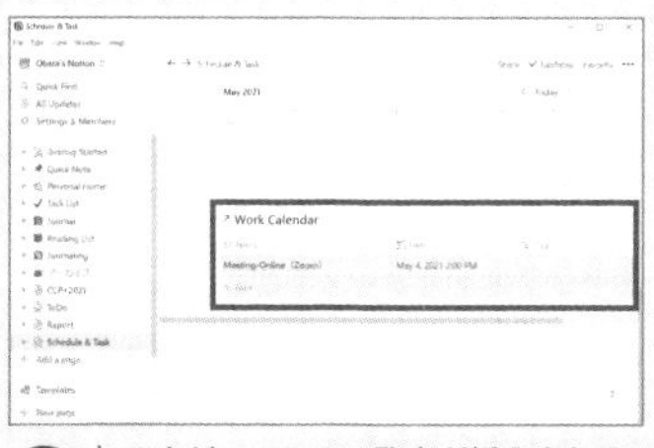

3 スケジュールの一覧表が挿入される。この一覧表の末尾のセルにカーソルを移動し、Returnキーを押すと行が追加される。

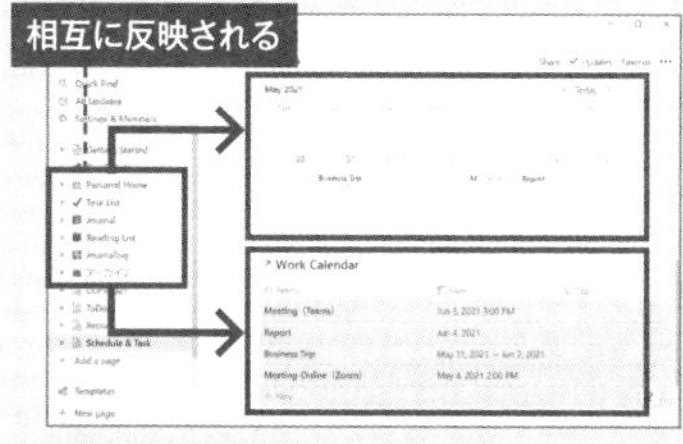

4 追加した行にスケジュールを入力すると、カレンダーにもそのスケジュールが反映される。カレンダー側でスケジュールを作成しても、同様に一覧表にそれが反映される。

一覧表の見た目（ビュー）を変更する

ビューを追加して、目的に応じて切り替える

Notionでは、カレンダーや一覧表といった複数のデータを管理するための要素のことを「データベース」と呼ぶ。データベース要素には「ビュー」と呼ばれる「見た目」が設定でき、複数のスケジュールがカレンダーの体裁になっているのは「Calendar」というビューが、一覧表には「Table」というビューがそれぞれ設定されているためだ。一覧表などを別の見た目に変更したい、より視認性を高めたいといった場合は、データベース要素に新たなビューを追加して、必要に応じてビューを切り替えよう。ビューの追加と切り替えは、右のように操作することで可能になる。

ビューは他にも、「Board」「Timeline」「Gallery」などが用意されている。

1 データベース要素のタイトル付近にマウスポインターを移動すると表示される、「Add a view」をクリックする。

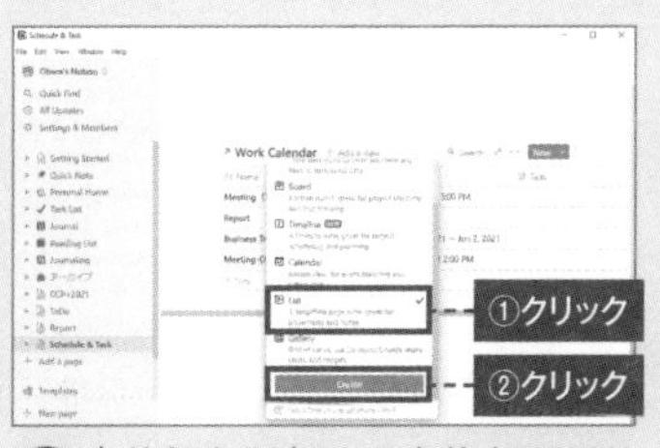

2 追加するビューの名前（ここでは「List」）をクリックしてチェックを付け、「Create」をクリックする。

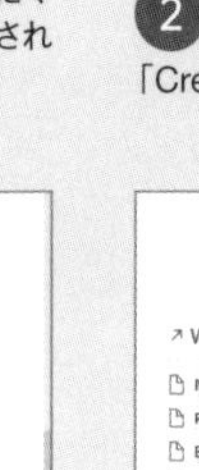

3 ビューが「List」に切り替わり、一覧表の見た目が変わる。同時に、一覧表のタイトルの右に現在のビューが表示される。

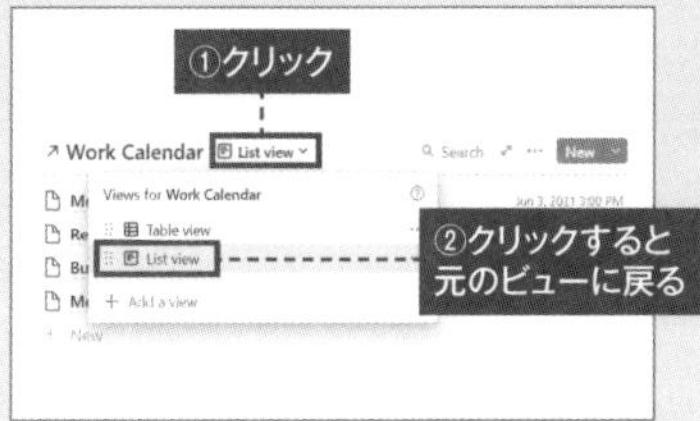

4 現在のビューをクリックすると表示されるメニューから、「Table view」をクリックすると、元の見た目に戻る。さらにビューを追加する場合は、「Add a view」をクリックする。

08

ページのレイアウトを変更する

ブロック単位で上下、左右に並べ替える

前述のとおり、Notionではテキストの段落（改行と改行の間）、カレンダーや表、画像などのページ上の要素のことを「ブロック」と呼ぶ。ブロックはドラッグ＆ドロップで上下、左右に並べ替えることができるので、ページ内を見やすく、好みのレイアウトにしたい場合は、覚えておきたいテクニックだ。

ドラッグ＆ドロップするのは、ブロック先頭付近にマウスポインターを合わせると表示される6つの点で構成されたアイコンだ。ドラッグすると移動先にマーカーが示されるので、それが目的の位置であればそこでドロップしよう。特にテキストを単に入力、改行するだけではできない、横方向にブロックを並べるレイアウトのことを、カラム表示と呼ぶ。

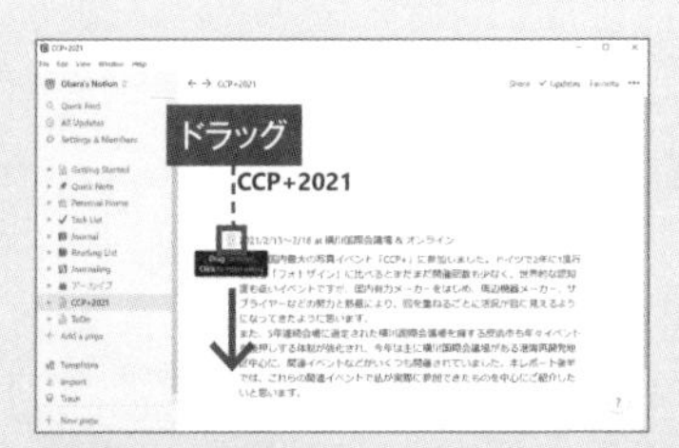

1 ブロックの先頭にマウスポインターを合わせると、6つの点で構成されたアイコンが表示されるので、これをブロックの移動先までドラッグ&ドロップする。

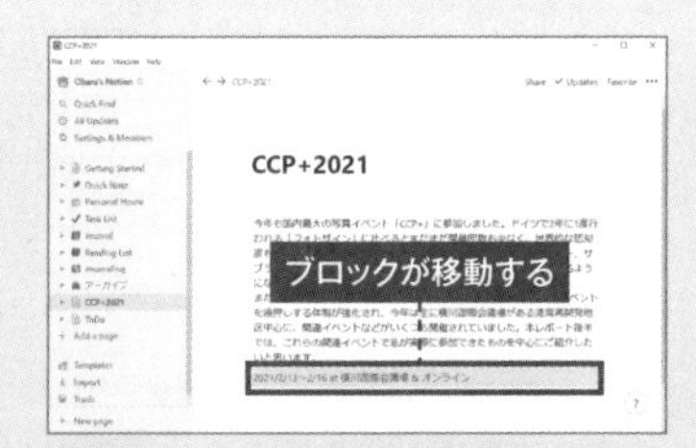

2 ドラッグ&ドロップした位置に、ブロックが移動する。

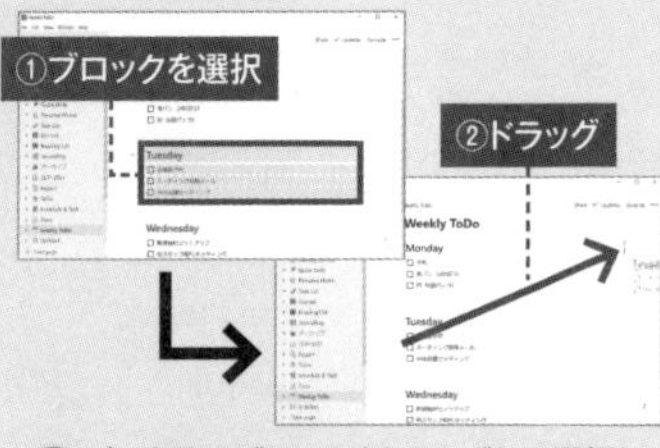

3 複数のブロックをドラッグして選択し、いずれかのブロックの6つの点のアイコンを、縦のマーカーが表示される位置にドラッグ&ドロップする。

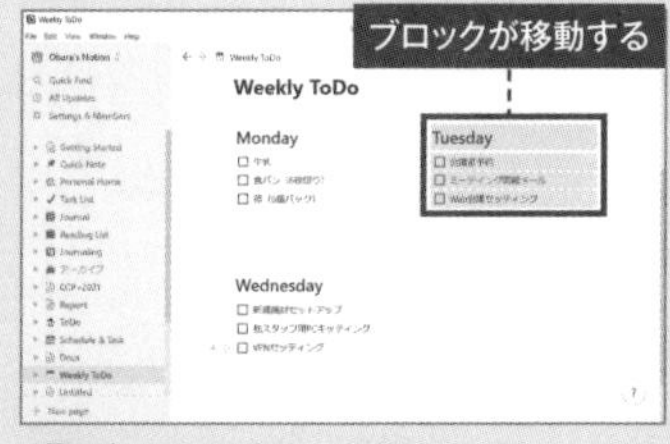

4 既存のブロックの横に、ドラッグ&ドロップしたブロックが移動して、カラム（横方向）の表示となる。

09 データベースの要素をタグで分類する

タグを作成してスケジュールなどに設定する

スケジュール管理アプリやオンラインメモアプリでおなじみのタグは、Notionでも利用できる。Notionでタグを設定できるのは、カレンダーや一覧表など、データベース要素およびそこに含まれる要素となる。タグは「仕事」「趣味」などの内容ごとに、データベース要素を分類するための目印のようなものだと考えるといいだろう。タグを設定することで、要素を整理しやすくなり、検索機能などを使って特定の内容の要素を抽出することもできるようになる。

タグを設定するにはまず、任意のタイトルのタグを作成する。以降は作成したタグを、同一のデータベース要素内の他の要素にも設定できるようになるが、他のページの要素には設定できない点に注意しよう。

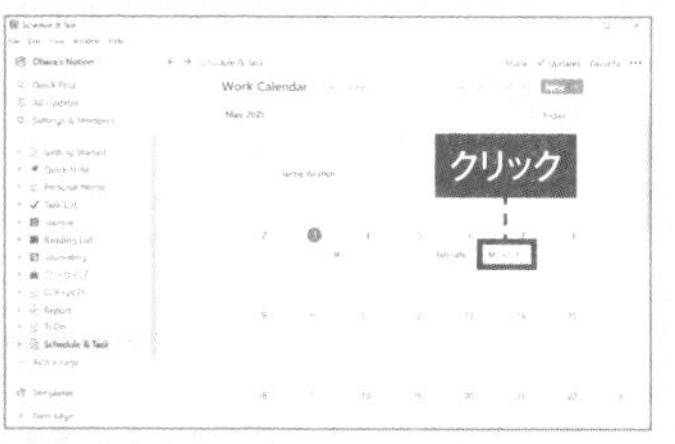

1 カレンダーのタグを設定したいスケジュールをクリックして、編集画面を表示する。

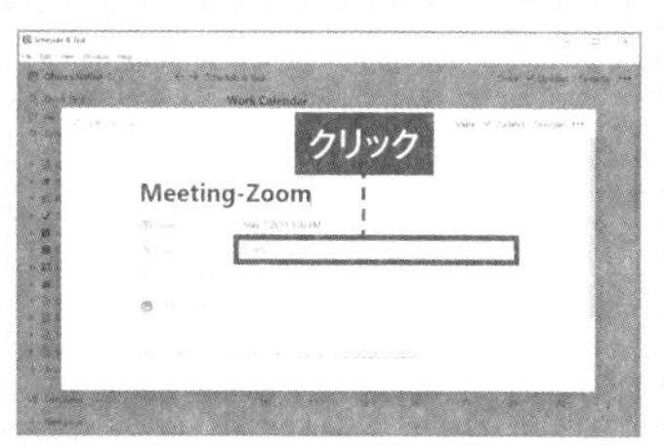

2 カレンダーなどのデータベース要素の編集画面には、「Tags」という項目が表示されるので、これをクリックする。

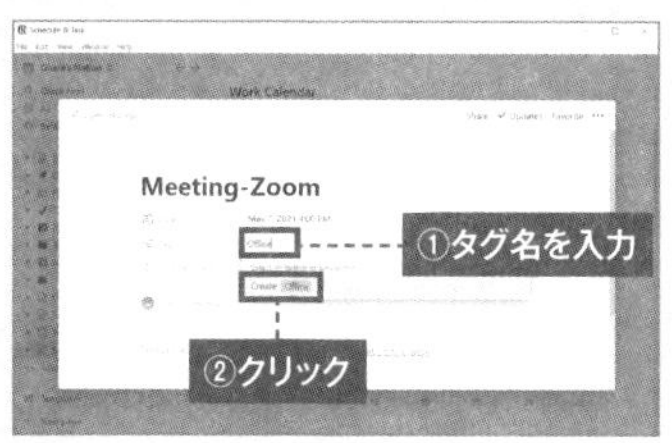

3 タグ名を入力して、「Create（タグ名）」をクリックすると、タグが作成、設定される。

4 以降は同一データベース要素、カレンダーと連動する一覧表などで、作成したタグを他の要素にも設定できるようになる。

10 フィルター機能で条件に合うデータだけを抽出する

データベースから、特定の条件にマッチするものを選ぶ

スケジュールの一覧表から、特定のタグが設定されたものを抽出する、指定した期間内のスケジュールを確認するといった場合は、Notionのデータベース機能に含まれるフィルター機能を利用しよう。フィルターは表計算アプリのExcelを使っている人ならおなじみの機能で、指定した条件に合致するデータを抽出し、一覧表示してくれる。カレンダーや一覧表など、Notionのデータベース要素に対して利用できる。

目的のデータを抽出するには、最初に抽出条件を指定したフィルターを作成する。右の手順では、「Field」という名前のタグが設定されたデータベース要素を、一覧表から抽出するようなフィルターを作成している。

1 一覧表のタイトル右側にある「…」をクリックすると表示されるメニューから、「Filter」をクリックする。

2 「Add Filter」をクリックするとメニューが表示されるので、そのメニューの「Add a Filter」をクリックする。

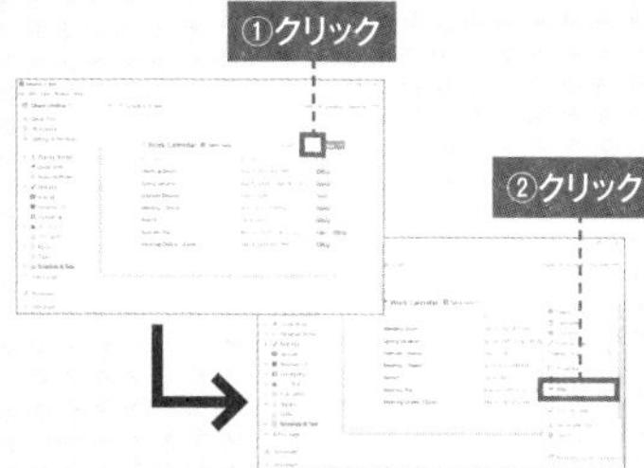

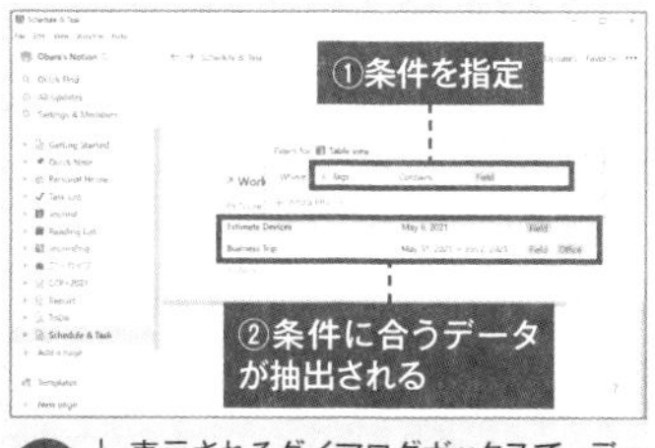

3 表示されるダイアログボックスで、データの抽出条件を指定すると、条件にマッチするデータだけが抽出される。一覧表の場合、最初に抽出対象のデータが含まれる列名を指定する。

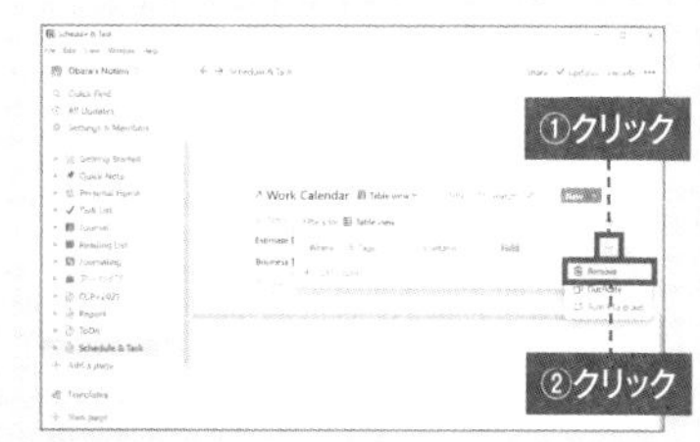

4 フィルターを解除してすべてのデータを表示するには、「Filter」をクリックして、ダイアログボックスの「…」をクリックすると表示されるメニューから「Remove」をクリックする。

クラウド活用テクニック150

2021 Cloud Activate Manual 150 !!!!

2021年 最新版!

2021年6月1日　発行

著者
河本亮
小暮ひさのり
小原裕太

カバーデザイン
ゴロー2000歳

本文デザイン
ゴロー2000歳
松澤由佳

本文DTP
松澤由佳

編集人:内山利栄
発行人:佐藤孔建

発行・発売所:スタンダーズ株式会社
〒160-0008　東京都新宿区四谷三栄町12-4
竹田ビル3F
営業部(TEL)03-6380-6132
印刷所:三松堂株式会社